风景园林与观赏园艺系列丛书

风景区规划

（修订版）

主　编　付　军
副主编　闫晓云　李金苹
参编者　陈　戈　曹　娟
　　　　张维妮

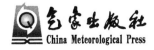

气象出版社
China Meteorological Press

内 容 简 介

　　该书根据国家质量技术监督局、中华人民共和国建设部编发的《风景名胜区规划规范》内的规范,全面系统地介绍了风景区规划的有关内容。内容包括:有关风景、风景区概述、风景区规划概述、风景资源调查、风景资源评价、风景游赏规划、环境容量及人口规模预测、旅游设施规划、保护培育规划、典型景观规划、基础工程规划、居民社会调控规划、经济发展引导规划、风景区土地利用协调规划。本书内容系统,理论结合实例分析。可作为大专院校教材,并适合于风景规划设计人员、风景区工作人员及科研单位相关人员使用。

图书在版编目(CIP)数据

　　风景区规划/付军主编. —2 版(修订本). —北京:气象出版社,2012.12 (2016.10 重印)
　　(风景园林与观赏园艺系列丛书)
　　ISBN 978-7-5029-5651-6

　　Ⅰ.①风…　Ⅱ.①付…　Ⅲ.①风景区-规划-中国
Ⅳ.①TU984.18

　　中国版本图书馆 CIP 数据核字(2012)第 307034 号

气象出版社出版

(北京市中关村南大街 46 号　邮编:100081)

总编室:010-68407112　　发行部:010-68409198

网址:http://www.qxcbs.com　E-mail:qxcbs@cma.gov.cn

责任编辑:王小甫　方益民　　　终审:黄润恒

封面设计:刘　扬　责任技编:吴庭芳

* 　 * 　 *

三河市百盛印装有限公司印刷

气象出版社发行　全国各地新华书店经销

开本:787×960　1/16　印张:15.25　字数:305 千字

2012 年 12 月第 2 版　2016 年 10 月第 3 次印刷

印数:6001—9000　定价:32.00 元

出 版 说 明

　　《风景园林与观赏园艺系列丛书》在原《园林建设管理丛书》的基础上经过再次修订终于与读者见面了，这是一件值得庆贺的事。

　　北京农学院与中国花卉报社联合举办了24期园林花卉函授班，9期面授，9期园林规划设计与工程培训班及5期林业站长培训班，为我国园林花卉行业培训了1万余名学员，遍及全国各省市、自治区及港澳特别行政区及台湾地区。自1992年出版第一套油印教材开始，先后经历了中国建筑工业出版社、气象出版社三次修订再版，参加编写的人员涉及到北京农学院、北京林业大学30余名专家教授，不断有新的内容充实，新的课程教材增加，有新人加入编写队伍，向全国推广普及数万套，近百万册的教材，不能不说这是一个历经10年的巨大工程。总结10余年所走过的道路，深感再次系统修订出版这套教材的重大意义。此次修订再版特别新增了《园林工程概预算》、《草坪与地被植物》、《植物造景》、《风景区规划》、《园林树木栽植养护学》、《花坛、插花与盆景艺术》、《景观设计初步》7部新教材，以便让更多的园林工作者、生产第一线的干部、工人、农民选择更适合自己的教材。

　　这套丛书较系统地阐述了园林花卉专业的基本理论、基本技能，又有最新的研究成果和新的应用技术，参考了大量的国内外较有价值的文献资料，在编写中注意由浅入深，程度适中，是一套易于推广使用的普及型丛书。由于其内容较丰富，特别是配有大量的黑白图及彩色照片，直观丰富，也适于园林、城市林业、园艺等专业的科技人员及农林院校的师生作为参考用书及教材用书。

　　由于编者水平有限，多有不足，望得到园林界的同仁批评指正。

　　本丛书在出版过程中得到了气象出版社方益民同志的大力支持，在此表示深深谢意。

《风景园林与观赏园艺系列丛书》

编委会

2004年3月30日

《风景园林与观赏园艺系列丛书》编委会

修订版前言

　　风景区规划是风景区合理开发建设的基础。为了适应我国风景区旅游迅猛发展的形势，使风景区能够合理地保护与开发，并满足规划人员和风景区建设的要求，本书在2004年版的基础上进行了重新修订。本次修订是根据编者多年来使用本书的经验，并结合目前园林行业的发展及社会的需求进行的修订，力求理论与实际相结合，更加突出本书的科学性、实用性和系统性。

　　本书是根据国家质量技术监督局、中华人民共和国建设部编发的《风景名胜区规划规范》内容而编写完成的。

　　本书由来自北京农学院、内蒙古农业大学、《中国园林》编辑部等多所高等院校及专业人员共同编写完成。其中第一章、第三章、第六章、第七章、第八章、第十一章、第十三章由付军编写；第四章、第五章由陈戈编写；第九章、第十章由曹娟编写；第十二章、第十四章由闫晓云编写；第二章由李金苹编写；张维妮参加了第六章的编写工作。全书由付军统稿。

　　由于资料、编写人员水平有限，书中错误敬请批评指正。

编者

2012 年 5 月

目　录

绪　　论

　　1872 年 3 月 1 日,美国国会通过了设立国家公园的法案,并在怀俄明州建立了世界上第一个国家公园——黄石国家公园,并公布了《黄石公园法案》。黄石国家公园面积达 8 983 km²,在这个范围内的自然地貌、森林草原和野生动物,都按原始状态保护下来,供群众旅游、娱乐和进行科学普及、科学研究之用。在黄石国家公园建立后的 50 年间,国家公园理念在美国得到广泛而迅速地传播,随后在世界范围得到发展并逐步走向成熟。许多国家政府为了保护本国的自然风景资源(山岳、岩溶、江河、湖泊、海洋、生物、沙漠、冰川、特殊地质地貌等)和人文景观资源(名胜古迹、人类遗址、陵园、园林艺术、社会风情、城乡风貌、现代工程等),使风景资源免遭破坏,使本国人民都有机会欣赏到大自然的美景和辉煌的历史古迹,相继建立了国家公园或风景名胜区。100 多年来,全世界已有 124 个国家建立了 2 600 多个国家公园,其总面积约占地球陆地面积的 2.6%。

　　虽然各国国家公园的定义和标准不一,但国家公园所具有的价值及功能相当一致。国家公园可以提供人类追求的健康环境、美的环境、安全环境以及充满知识源泉的环境,这使得国家公园具备健康的、精神的、科学的、教育的、游憩的、环境保护的以及经济方面的多种价值。

　　尽管中国尚未建立真正的国家公园管理体系,但中国于 1982 年开始建立了风景名胜区,就性质、功能和保护利用而言,中国的风景名胜区相当于国外的国家公园。1982 年 11 月 8 日,中华人民共和国国务院审定公布了中国第一批国家级重点风景名胜区 44 处;1988 年 8 月 1 日,国务院又审定公布了第二批 40 处国家级重点风景名胜区;1994 年底,审定公布了第三批 35 处国家级重点风景名胜区;2002 年 6 月,审定公布了第四批 32 处国家级重点风景名胜区;2004 年 1 月,审定公布了第五批 26 处国家级重点风景名胜区;2005 年 12 月,审定公布了第六批 10 处国家级重点风景名胜区;2009 年 12 月,审定公布了第七批 21 处国家级重点风景名胜区。截至 2009 年 12 月,中国国家级风景名胜区已达 208 处,其中泰山、黄山、庐山、武夷山、三江并流等 22 处国家重点风景名胜区被列入世界遗产名录。中国在国际自然保护领域占据着重要地位。

　　中国的国家风景名胜区,源于古代的名山大川,是国家乃至世界最珍贵的自然文化遗产。中国是一个幅员辽阔的国家,从北到南跨越寒温带、温带、暖温带、亚热带、热带 5 个主要气候带,由西向东地形垂直高度相差 8 000 多 m,自然条件多变,地质状况复杂,形成了丰富多彩的动植物区系和千姿百态的地貌景观。中国境内,有世界上最高的山峰珠穆朗玛峰,有著名的世界屋脊青藏高原;有世界上最低的盆地新疆吐鲁番盆地;有亚洲最长的河流长江。雄奇瑰丽的名山大川、奇峰怪石、飞瀑流泉、急湍回流、雪山草地、森林原野、名花奇葩等天然奇景,游览不尽。另外还有冰川、峡谷、断层、火山、熔岩、石林、溶洞、地下河流、原始森林、孑遗濒危物种等天然纪念物。

引种到世界各地的许多奇花异葩,都原产于中国,所以中国有"园林之母"的称号。闻名中外的云南山茶、400多种常绿华丽的云南高山杜鹃以及川、黔、滇野生的洪桐等中国名花,都已经成为今天欧美名园引以为贵的珍品了。中国是世界上动植物种类最多的国家之一,仅高等植物就占世界总数的12%以上,其中,苔藓植物约有2 100种,蕨类植物约有2 600种,裸子植物近300种,被子植物有25 000多种。在地质年代的第四纪初期,地球上许多地区被冰川所覆盖,由于中国某些地点幸免于冰川的覆盖,因而保留了许多古老植物的孑遗种和特有物种,如银杏、水杉、银杉等,这些和美国的北美红杉一样,被称为活化石。

中国还有闻名于世的野生动物濒危物种,诸如大熊猫、金丝猴、白鳍豚、扬子鳄等古老孑遗种类。

在人文景观方面,如果从新石器时代中晚期以农业生产为主的仰韶文化算起,从西安半坡村的发掘来看,中国至少已有6000年以上的历史,如果单从中国产生文字的历史开始计算,也至少有四五千年的文化传统。所以中华民族在自己赖以生存繁育的这块土地上,留下了许多自成体系的、具有独特风格的文化艺术遗物和遗迹。

中国有13亿人口,除汉族外,还有50多个少数民族,又加上各地气候物产不同,诸如戏剧、舞蹈、音乐、建筑、民歌、服装、宗教、雕塑、民居等文化艺术和民俗风情,堪称丰富多彩,各地和各民族都有自己鲜明的特色和不同的风格。

广泛分布于中国境内绚丽的自然景观和人文资源,既是中国及全世界共有的宝贵自然遗产,也为中国风景区的兴起和发展提供了得天独厚的条件。

第一章　有关风景

风景是在一定的条件之中,以山水景物以及自然和人文现象所构成的足以引起人们审美与欣赏的景象。日出日落、黄山云海、太白积雪等均为一方风景。风景构成必须具备两个条件:一是具有欣赏的内容即景物,二是便于被人欣赏。

第一节　风景构成的条件

一、景物

景物是风景构成的客观因素、基本素材,是具有独立欣赏价值的风景素材的个体。不同的景物,不同的排列组合,构成了千变万化的形体与空间,形成了丰富多彩的景象与环境——景观。景物主要归纳为以下几种:

1. 山

山形地貌、地质构造、土壤母质、海拔高度等,形成峰峦谷坡、岗岭崖壁、丘壑沟涧、洞石岩隙等。山,常是构成风景的骨架。

2. 水

长的有江河川溪,宽的有池沼湖塘,动的有瀑布叠水,地下有河湖涧潭,还有涌射滴泉、冷温沸泉、云雾冰雪等。水的光、影、形、声、色、味常是最生动的风景素材。

3. 植物

有乔木、灌木、藤本、花卉、草地及地被植物等,植物群落的林相、林龄和覆盖率是造成四时景象和表现地方特点的主要素材,是造成优美的旅游环境和维持生态平衡的重要条件,是衡量风景资源的重要指标之一。

4. 动物

包括野生和驯养的兽类、禽类以及鱼、虫等各类动物。动物的活动可为风景区增加野趣与活力,大型的动物活动场所还为旅游者提供狩猎和观赏条件。

5. 气

空气的流动(风)产生直接或间接的景观效果。春风杨柳、荷风夏月、万壑松风、桂岭晴岚、罗峰青云等从不同角度反映了清新高朗的大气给予的自然美的享受。

6. 光

日光、月光、灯光、火光等可见光是一切视觉形象的先决条件。旭日晚霞、秋月明星、花彩河灯、烟火渔火等历来是风景名胜的素材,宝光神灯、海市蜃楼等自然界特殊的光效应更是造成奇观之一绝,如峨眉金顶佛光、青岛崂山的海市蜃楼等。

7.建筑

泛指古迹构筑物和现代构筑物,凡具有史料意义和造型艺术特征的均可为风景资源,同时还具有功能意义,所以也是装饰加工和组织控制风景的重要手段。如云垣景洞、墙台驳岸、道桥广场、装饰陈设、功能设施等。

8.其他

上述 7 类景物之外的,具有风景点缀作用的均可归此类,如雕像碑刻、胜迹遗址、自然纪念物、机具设备、游乐器械等小品物体,亦可为风景素材。

二、景感

景感是风景构成的活跃因素、主观反应,是人对景物的体察、鉴别、感受能力。景物以其属性对人的眼、耳、鼻、舌、身等感观起作用,通过感知印象、综合分析等主观反应与合作,从而产生了美感和风景等一系列观念。

人类的这种景感能力是社会发展过程中培养起来的,是含有审美能力的,是多样的和综合的,据其特点分析大致可有如下几种:

1.视觉

尽管景物对人的官能系统的作用常是综合的,但是视觉反应却是最主要的,绝大多数风景都是视觉感知和鉴赏的结果。如独秀奇峰、香山红叶、花港观鱼、云容水态、旭日东升等景主要是观赏效果。

2.听觉

以听赏为主的风景是以自然界的声音美为主,常来自钟声、水声、风声、雨声、鸟语、蝉噪、蛙叫、鹿鸣等。如双桥清音、南屏晚钟、夹镜鸣琴、柳浪闻莺、蕉雨松风,以及"蝉噪林愈静,鸟鸣山更幽"等境界均属常见的以听觉景感为主的风景。

3.嗅觉

嗅觉感知为其他艺术类别难有的效果。景物的嗅觉作用多来自欣欣向荣的花草树木。如映水兰香、曲水荷香、金桂飘香、晚菊冷香、雪梅暗香等都是众芳竞秀四时芬芳的美妙景象。

4.味觉

有些景物名胜是通过味觉景感而闻名于世的。如崂山、鼓山的矿泉水,诸多天下名泉或清冽甘甜的济南泉水,虎跑泉水龙井茶等都需品茗尝试。

5.触觉

景象环境的温度、湿度、气流和景物的质感特征等是需要通过接触感知才能体验其风景效果的。如叠彩清风、榕城古荫的清凉爽快,冷温汤泉、河海浴场的泳浴意趣,雾海烟雨的迷幻瑰丽,岩溶风景的冬暖夏凉,都是身体接触到的自然美的享受。

6. 联想

当人们看到每一样景物时,都会联想起自己所熟识的某些东西,这是不可替代的知觉形式。"云想衣裳花想容"就是把自然想象成某种具有人性的东西。园林风景的意境和诗情画意即由这种知觉形式产生。所有的景物素材和艺术手法都可以引起联想和想象。例如,杭州西湖的断桥残雪一景通过景名得到了强化,使一座并不起眼的小桥上升为特征鲜明的景观,如果不借助于想象和推理,很可能把它看成貌不惊人的普通小桥。

7. 心理

由生活经验和科学技术手段推理而产生的理性反应,是客观景物在脑中的反应。如野生猛兽的凶残使人见之无暇产生美感,但当人们能有效地保护自身安全或其被人驯服以后,猛兽也就成为生动的自然景物而被观赏。这里,人们遵循着一个理性景感:只有不危害人的安全与健康的景象素材和生态环境才有可能引起人的美感。

8. 其他

人的意识中的直观感觉能力和想象推理能力是复杂的、综合的、发展的,除上述 7 种外,如错觉、幻觉、运动觉、机体觉、平衡觉、日光浴、泥疗等对人的景感都可能会有一定的作用。

第二节 景的种类

一、按景的形成分

1. 自然景观

凡没有被人工雕饰的景观谓之自然景观。如未被人开发的原始森林,未被人为改造的山山水水、气象天象等。

2. 人文景观

是人为创造的各类景观。如建筑、花园等。

二、按景的动静分

1. 动态景观

凡按照一定的规律和节奏并随着时间变化的景观称为动态景观。它给人以动态美,如北京西山红叶、波涛澎湃的大海等。

2. 静态景观

景观本身是相对静止的,不随时间改变而有明显变化。静态景观常给人以幽静、雅淡之感,如西安大雁塔等。

三、按景的位置分

1. 主景

凡在全园或景区起主导作用的景叫主景。园的主景对整个风景区起控制作用。景区的主景对景区起控制作用,同时要同全园的主景相协调。

突出主景的方法有:使主景在体量、色彩、质地上要比其他景突出。如主景在风景透视线的焦点处或轴线端点、交叉点上设置配景;突出主景,选好背景,使主景的轮廓明显突出,如远山、白云、蓝天等要素简洁、明朗,均可作背景;观叶植物、墙面、栏杆等作为花卉、树木、雕塑的背景,效果也很好。

2. 配景

对主景起衬托作用的景为配景,配景在不超过主景的原则下,应尽量地美丽、动人,数量也不要太少。

3. 对景

道路的端部或轴线的中心处之景为对景。轴线两端之景互为对景,轴线端部之景为正对,正对具有庄重严肃和一目了然的效果。有时将它作为主景。

4. 障景

凡控制视线、引导空间、屏障景物的谓之障景。风景区中可用树木、山脉作屏障,也可几种屏障综合使用。障景能增加景色层次,还可创造欲扬先抑、欲露先藏的效果。障景还可隐蔽不美观或不可取的部分。

5. 框景

凡用框架摄取景物的方法叫框景。框景可以强迫游人观看景观最美丽的部分,其他不美的部分被隔在框外,框景的景框有树框、门框、窗框、洞孔等。

6. 夹景

左、右两侧有树或山丘、建筑等作屏障以挡住视线,形成狭长的空间,在其端部设景谓之夹景。夹景能增加空间的深远感。

7. 漏景

通过疏林,树干之间的框架使内景外漏,谓之漏景。漏景可使景观若隐若现,含蓄雅致。

8. 借景

把园外之景组织到园内来,成为园景的一个组成部分,谓之借景。采用借景手法,可以扩大景象空间,增加景深层次,丰富景物变幻,从而提高环境空间的艺术价值。借景所借之景必须是最佳之景,并且要和园内空间气氛相融合,园内园外景观互相呼应,汇为一体。因此,必须要有好的经营位置,位置适中可集景于一处,或是衬托和渲染主体,或是本身就构成主景。借景有远借、近借、俯借、仰借之分。

9. 添景

当视点同远方景物之间没有近景、中景时，为使主景或对景有层次感，加强景深的感染力，常作添景处理。添景可用树木、花卉等做素材。

10. 点景

根据景物特点，采用题咏等手法画龙点睛地点明风景，谓之点景。对于风景区中同样的景观，由于游人的性格、情绪、素养、好恶等都有所不同，因而在主观成分参与之下，大家从中取得的美的感受就有差异。为了唤起一定的共鸣，促进人们的所谓再创造，运用起着提示、指点、启发作用的匾对、题咏、史话、传说，从而令人浮想联翩，这就是点景的作用。楹联、摩崖、碑刻形式等也有点景作用。

点景不仅丰富了景观的内容，还能增加诗情画意，给游人以联想、诱发思维、想象和情绪活动、感受其间境界的作用。扬州瘦西湖联："秋水才添两三尺，绿荫相间四五家"，点明长堤烟柳的水村之境；天台山万年寺联："露气春林，月华秋水；晴光淑景，芳草远山"，不多的文字，托出一幅淡雅的山野画图；唐朝宋之问曾题韬光庵联："楼观沧海日，门对浙江潮"，这些正是游人把风景与点景诗文相联系感受其间境界的写照。庐山白鹿洞书院贯道涧中一平坦石坡上镌刻着朱熹所题"枕流"二字，点出了在溪中石坡上游憩、欣赏潺潺流水的情趣。

11. 远景、中景、近景

远景是辽阔的空间伸向远方的景，中景是目视所能涉及范围内的景，近景是近视范围内较小的单独风景。合理安排近景、中景、远景，能增加风景的层次感和深远感。近景、中景、远景不一定都具备，而要看远景的要求。如要求广阔开朗、气势宏伟，近景、中景就可以不要，只要简洁背景烘托的主景即可。

第三节　景的观赏效果

观景主要是运用视觉，通过不同的角度和距离，对景观进行审美活动，观景也是一种艺术。观景的效果与很多因素有关。

一、动静不同，效果不同

游人一边走，一边观景为动态观景。由于观景的位置不断变化，目所及的景物画面也相应地改变，从而使游者有步移景异之感。游人在一个位置静状态下观赏某一景物，为静态观景，由于观景时视点和景物位置都不变化，游人如观赏一幅立体的画面。

二、方法不同，效果不同

观景的方法有平视、仰视、俯视。

平视是指视线平视向前，头不上仰下俯，很自然地平望出去。平视可以舒适地透视远景,不感疲劳,游人没有紧张感。平视对空间深度感染力强,能取得平静和深远的景观效果。但平视对高、宽的感染力弱。由于平视给人以深沉、安静、平静的感觉,所以风景区中安排休息区、休息亭、休养、疗养场所,均应选在平视风景地区,如平坦的草地等。

仰视观赏,当景物高、视点低、视距小时,游人用头仰望,易造成景物高大、雄伟的气氛。有时为强调主景,常把视线安排在主景高度一倍以内,不让观赏者有后退的余地,运用错角,感到景物高大。如四川乐山大佛寺的大佛,其视点就在大佛的跟前,后边就是大江,游者只能站在大佛的足下观赏,越显大佛体形高大。

俯视观赏,当视点位置高、景物在视点之下时必须低头观看。如登高山俯视大地,群峰、峡谷、森林皆在游人脚下,朵朵浮云从山腰冉冉而过,游者有平步青云之感。俯视增加垂直深度的感染力,易造成惊险的效果。

如:在广东丹霞山风景区游赏规划中,每个景观单元中的游览道和观景点一般设在单元的基面上(谷底、平地或山腰上),以仰视或平视景观为主,给人以一种画中游的感觉;通过抬高观景点,使有限的景观单元或几条游览线在视觉上得到沟通,此时的景观以鸟瞰为主,兼有平视,给人以一览众山小的感觉。在风景区的 5 个高峰上各设观景点,分别控制 5 个景区,同时这 5 个最高观景点又可通过视线走廊互为联系,使风景区成为一个整体。

三、游人心理不同,效果不同

如对于一组夕阳景观,叶剑英写出"老夫喜作黄昏颂,满目青山夕照明",而弘一法师李叔同却写出"长亭外,古道边,芳草碧连天,晚风拂柳笛声残,夕阳山外山……"的旅愁之词来。同一景观,两种心理,两种效果。

四、视距不同,效果不同

视点是指游人观景所站的地点,也叫观赏点。观赏点到景物之间的距离叫视距。正常人的视力,视距在几十米之内能看清树木和建筑的细部线条,250～270m 时,只能看清楚景物的轮廓,大于 500m,景物的形象模糊,4 000m 以外的景物就不容易看清楚了。在正常情况下,看到景物全部最合适的视距,对于高瘦景物,视距为高度的 3.0～3.3 倍,对于横宽景物,视距为景物宽度的 1.2 倍。

五、角度不同,效果不同

视角是指人与景物之间的角度。在正视情况下,视线垂直视角为 26°～30°,水平视角为 45°,超过此范围,就要转动头部观赏,这样观赏对景物的整体构图印象就不够完整。有的景物,如太白山上的佛光、海边的海市蜃楼等,必须在一定角度范围内才能看到。

第四节　风景的特征

一、环境特征

风景不同于音乐、舞蹈、绘画等,它不能随意搬动,只产生于特定的环境之中。它是一个四维空间,只能在其整体环境中进行欣赏,把环境破坏了,风景亦就不存在了。万里长城脱离险峻的群山也就失去了其雄伟;龙门石窟没有"伊阙"和伊水中流,白居易也就不会有"洛阳四郊山水之胜,龙门首焉"的赞誉。规划中要真正把自然山水作为基础,给予着重的保护和组织,使人文景观和自然环境融为一体。

我国历史上形成的风景名胜区,多是自然奇观与寺庙丛林相结合,用自然之神力来为创造人间"仙境"服务。现在新开辟的风景区,多为以欣赏风景优美的自然奇观为主的自然风景区,如武陵源的砂岩风林奇观、九寨沟的水景奇观、黑龙江的五大连池、云南的路南石林等,均是大自然的造化,不需人工斧凿之功,只要对其景点进行提炼就可以了。

因此,对于自然风景区和风景名胜区,应从生态角度上加强对环境的保护,以保护其地貌、植被、动物或气象景观。对其中风景旅游价值较高的部分,需开放供游人参观时,必须是以不破坏其生态环境为前提条件。

二、时间特征

风景之所以充满着活力,蕴含着变化,还在于它的美中不可分离地结合着时间的美。组成风景空间的各种景观因素,如山水、植被、阳光、云水、月夜,随时间而变幻多致;植物的色、香、形,因四季而不同;动态水景在雨季和旱季的动态效果各异。人们对风景的欣赏也随游人的行进而逐渐展观。许多历史名胜随历史的久远程度而价值不同。所以,风景是在特殊的时空中展开的,是一个具有时间要素的序列。

先看日光转换和朝暮时间变化对风景的影响。画家郭熙说:"今山,日到处明,日不到处晦,山因日影之常形也。"(《林泉高致集》)因阳光的照耀而引起的明暗、阴影变化使山川自然分外变化多趣。"一道残阳铺水中,半江瑟瑟半江红","日落红湖白,潮来天地青"……离开了时间,山水林泉就是一种恒定不变的僵死画幅。山水空间这种表现在昼夜晨昏的时间变化上的美是风景区规划必须注意的。

遍布全国各地的大小风景名胜区,几乎都有观日出、看夕照的风景点,如普陀山的"朝阳涌日",庐山含鄱口的"鄱阳晨曦",以观日出晨景为主题;宁波天童寺太白山的"南山晚翠",承德的"棒槌夕照"则以观赏夕阳西下之景见长。仅杭州西湖周围就有"葛岭朝暾"、"苏堤春晓"和"雷峰夕照"、"三潭印月"4个著名景点以晨夕时光变幻为主题,带有很强的时间特性。此外,时间的流转还使一日之中清晨、中午、傍晚、月夜等不同时辰的山水风景显现出各自的风格特征。明代大文学家、旅行家袁宏道对西湖风景进行了仔细的观察，发现湖光山色一天的变化就很大，白天早晚、月夜都现出不同的美来，并认为朝、暮两时，风景最美，有一种别样的神态。"湖光染翠之工，山岚设色之妙，皆在朝日始出，夕春未下，始极其浓媚"，"月景尤不可言，花态柳情，山容水意，别是一种趣味"。欧阳修的《醉翁亭记》对风景随时间朝暮之变化也作了出色的描写："若夫日出而林霏开，云归而岩穴暝，晦明变化者，山间之朝暮也。"

除了日出日落、月圆月缺等按照一定规律变化的时间之外，转瞬就变、风雨莫测的气候也在一定程度上强化了风景的时间特性。和山水林泉共生的风风雨雨、云雾水气，都是运动的、流逝的，具有瞬息万变、稍纵即逝的特点，因而和时间更是紧密地交融在一起。"壑底云阴奔似马，洞前松树老于龙"，"孤月晴翻江影动，乱松寒送雨声来"，所有这些变化着的景观，都要在时间上才能见出，也必须受制于自然时间。古人对于黄山飘忽飞动的景观，曾经这样来形容："顷刻变幻无定相，人各一见，见各不同，欲举告，则转瞬又非。"这"转瞬"、"顷刻"都表明了时间因素所起的作用，哪怕再快的回旋飞动，再短的刹那变化，都离不开时间。

与这些急剧的突变相反，季节时令的变化展现了时间对风景有规律的永恒作用。我国大部分地区处于北温带，有着比较分明的季节特征，塑造春、夏、秋、冬不同季节景色美的艺术大师就是时间。在风景结构中占有重要地位的植物景观是最易受时间的影响而现出春发、夏荣、秋萧、冬枯的四时律动节奏。梁元帝萧绎说的："木有四时，春英夏荫，秋毛冬骨。春英者谓叶细而花繁也；夏荫者谓叶密而茂盛也；秋毛者谓叶疏而飘零也；冬骨者谓枝枯而叶槁也。"（《山水松石格》）就是对植物季节变化的最贴切的描绘。季节的转换还影响了水和云雾等气象景观的变化，所谓"春水绿而潋滟，夏津涨而弥漫，秋潦尽而澄清，寒泉涸而凝滞"（李成《山水诀》）。这些植被、山水、云雾的四季变化形成了风景名胜区整体气势和风格上的季节特征。如春天的西湖，白堤苏堤桃红柳绿；夏天的庐山、莫干山，凉绿清静，是避暑的佳处；秋天，北京香山、南京栖霞山的红叶，吸引着万万千千的游客；而冬天去苏州郊外的邓蔚踏雪探梅，又别具一番风情。这些名闻天下的美景，带有很强的时间特性。

三、观赏效果的"距离"特征

美学概念上有"心理距离"之说，从"距离太近"直至"丧失距离"。如舞蹈，有高度技巧、富于表现力，同时寓意深刻，谓之"距离正确"；反之，未加工过的日常生活中的行为动作，与真人一样的人体模型，谓之"距离太近"。又如雕塑，表现出人体完美造型的，谓之"距离正确"；反之，与真人一样的人体模型，谓之"距离太近"。

最佳距离就是最佳的主客体汇合点（交叉点），即最佳境界、最佳感受。所以，风景的观赏效果所引起的心理距离如下：

心理距离 ——取决于—→ ⎡客体(风景)所提供的条件⎤ 因人因物而变的可变性
                    ⎣主体(游人)所提供的条件⎦

心理距离和时间距离的关系,可能有两种情况:

第一,客体是古代作品,主体是当代人,因历史相隔久远,不熟悉,不理解而感到疏远(心理距离远)。

第二,但也正因为其历史久远,造成与近代事物的差异,感到新奇,而吸引人去了解(心理距离近)。

风景名胜区之所以还受到当代人的喜爱,除了人们对自然环境的追求之外,历史造成的差异和奇异感,常是吸引人们去游览观光的重要因素。这种心理距离的因素,常使风景名胜区带来永恒的效益。

四、综合特征

风景是一种综合性的资源,在开发的过程中,需多学科协同工作。为了充分发挥风景的科学和艺术价值,需要有地貌学家、动植物学家、园林学家、建筑师、画家、诗人等各行各业的专家协同规划,共同建设。

为了使风景能获得良好的休、疗养效果,以满足人们对舒适环境的需求,环保、医学、气象以及旅游业方面的学者专家,也是风景区规划中必需的成员。所以,风景是人们对大自然特定环境的多学科的综合巧妙利用,只有这样,才能发挥出风景的多方面的效益。

第五节　风景空间

一、风景空间的概念

所谓空间是指由地面、垂直面及顶平面单独或共同围合成具有实在的或暗示性的范围。如在旷野处铺一张放着食品的毯子,立即形成了从大自然中划分出来进行野餐的场地,收起毯子,又恢复了原野;再如森林中的草地,是由森林围合成的空间。

风景空间靠实体来形成,视觉空间的"景"要由景物面来构成。风景之所以引起人们的注意,是因为它具有不同于附近景观的特征。例如,五岳之所以成名,并非山本身的绝对海拔高度(均不超过 2 000m),而是相对海拔高度,相对周围的平原,它们"失去"了附近平原的特征,这种"不同"即成了奇景。美国的大峡谷国家公园,在群山中"失去"了山,而成为空谷,峡谷成了奇景。我国的武陵源风景区,其山中盆地因地貌的切割侵蚀,形成了峡谷中的林,它同时"失去"了山和平原盆地的特征,而成为奇景。所以,上述例子说明,常见地貌(有)的消失(无),常成为有价值的风景,在风景空间中,"有无相生"、"有"与"无"的组织、"有"与"无"的对立统一,是开发风景的主要方法。

风景空间除了要"奇"之外,"景"和"情"的完美结合,是至为重要的。"景"是自然物对视觉空间的表现形象,"情"则是造成感情起伏激动的内在感受,两者完美结合,方为上品。上述用公式表示,即:

$$B = f(P \cdot F)$$

式中:B 为行为(由心理与生活所支配的游览行为);P 为人(社会的人);E 为环境(风景环境)。

如某山,只强调山石造型像鱼、龟、猴、仙人、老人……虽有形之"景",而无"情",久游则兴味索然。因此,风景给予我们的是一种融合观赏者在内的真切的空间美感。

二、风景空间的类型

风景空间是由自然风景的景物面构成的,景物面实质上又是空间与实体的交接面,称之为风景界面。

风景界面主要有底界面、壁界面、顶界面。风景底界面可以是草地、水面、砾石或细沙面、片石台地以及迂回的溪流等类型。风景的壁界面常常是游人的主要观赏面,或为悬岩峭壁,或为古树丛林,或为珠帘瀑布,或为峰林峡谷。风景的壁面处理,除了自然景观外,塑造人工观赏面是我国风景名胜区中常采用的手法,如山东泰山顶上壁面的石刻、山西恒山的悬空寺、甘肃麦积山石壁内的泥塑等,均为风景的壁面增色不少。风景的顶面,一般情况下没有明显的界面,大多以天空为背景。在溶洞中、石窟内,虽有顶面存在,但多为不被注意面,因为长时间仰视观赏,也较为费力。

1. 按照自然风景空间的形式划分

(1)洞式空间:两岸为峭壁,且高宽比大,下部多为溪流、河谷。如武夷山的流香洞,湖南湘西的猛峒河,北京的龙门涧、龙庆峡、野三坡百里峡,杭州的九溪十八涧等,由于河床窄,绝壁陡且高,溪回景异,变换多姿,给人以幽深、奇奥的美感(图1-1、图1-2)。

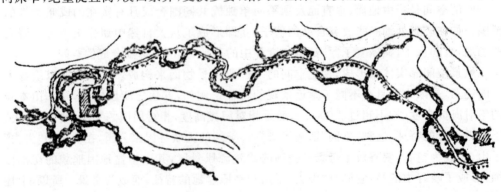

图1-1　杭州九溪十八涧

（2）井式空间：四周为山峦，空间的高宽比在 5：1 以上，封闭感较强，常构成不流通的内部空间。如武夷山的茶洞、张家界的紫草坛等。

（3）天台式空间：天台多为山顶之平台，视线开阔，常是险峰上的"无限风光"之佳处。如武夷山的天游、泰山的极顶、黄山的始信峰、张家界的黄狮寨等地。

（4）一线天空间：是人们对悬崖裂缝的一种形象称呼。意思是人在期间只能看到一条窄狭的天缝。如北京门头沟区的"石围屏"、密云京都第一瀑景区的"幽燕古道"、房山十渡风景区四渡的"千尺窗"等。"一线天"景观可宽可窄，可长可短，宽者可接近嶂谷，窄者就像一条岩缝，仅能容一身穿行。各处"一线天"的形成原因与岩层产状可能有所差别，但其美学形象特征和观赏效果却是一致的，它给人一种险峻感、深邃感和奇趣感。

（5）山腰台地空间：在山腰或山脚上部，有突出于山体的台地，这种地势，一面靠山，三面开敞，背山面水，有开阔与封闭之对比，同时又因离开了山体，增强了层次效果，往往可造成较好的景观。如湖南岳麓山之爱晚亭。

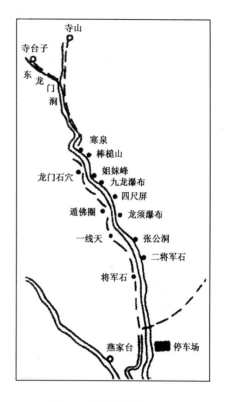

图 1-2　龙门洞风景区

（6）动态流通空间：在溪流河道沿岸，山的起伏和层次变化，配以倒影效果，常富于景观变换，构成流通空间者，宜动态观赏。如桂林的漓江、武夷山的九曲溪等。

（7）洞穴空间：包括溶洞、山内的裂隙、山壁的岩屋、天坑等，常造成阴深、奇险之感。如北京的石花洞、上方山云水洞，重庆的天坑地缝等。

（8）回水绝壁空间：在流水受阻，因水的切割形成绝壁，同时，因水的滞流形成水潭，在潭之出口，流速减缓而形成沙洲，这种空间有闭锁与开阔之对比，常为风水先生利用来造景。

（9）洲、岛空间：沿海的沙洲，沿湖海的半岛与岛屿，特别是水库形成的众多小岛，使开阔的水面产生多层次和多变化的水面空间，其景观效果绝佳。如新安江水库、大连海滨、北戴河等地。

（10）植物空间：林中空地、林荫道等，都是由植物组成的空间，是比地貌空间更有生命力的空间环境,也是自然风景空间必不可少的组成部分。

自然界许许多多的地形地貌、林泉风物塑造了千变万化的风景空间,它们有着不同的形式、不同的个性,也正是这些不同个性的欣赏空间构成了自然山水风景五光十色的风貌。

2.按照风景空间给人的感受划分

(1)开敞空间:开敞空间是指人的视线高于周围景物的空间。开敞空间内的风景叫做开朗风景。"登高壮观天地间,大江茫茫去不还"是对开敞空间的写照。最高的山峰、苍茫的大海、辽阔的平原,均是开敞空间。开敞空间可以使人的视线延伸到远方,给人以明朗开阔和心怀开放之感。

(2)闭锁空间:闭锁空间是指人的视线被周围景物遮挡住的空间。闭锁空间内的风景叫做闭锁风景。闭锁空间给人以深幽之感,但也有闭塞感。

(3)纵深空间:纵深空间是指狭长的地域,如山谷、河道、道路等两侧视线被遮住的空间。纵深空间的端点,正是透视的焦点,容易引起人的注意,常在端部设置风景,谓之对景。

[案例]长春市净月潭风景林空间规划

规划时注意风景林地开敞空间和私密小空间是林地景观及可游性的关键,开敞空间做到整齐有序、视野开阔;而私密小空间则丰富、亲切,有较强的空间阻隔效果。林地游憩的主要活动区域是开敞空间,应注重大众化要求,私密空间则注意空间设计的特点和个性要求。一个是宏观远视景观的保障,另一个是近景景观的具体内容。规划设计时做到了大小空间相互兼顾,相互渗透,做到统一而不失丰富。

风景林位于净月潭南,环潭路内侧为沿潭地带的中心。为使该风景带满足对岸视点及内环路沿线在潭边的近距离观赏风景的要求,总的布局采用了沿地形及潭边走向的层带状布置,断面布局呈三角状布置,风景林地的空间格局是背景林的延缓和发展,是整个潭南风景林的组成部分。环潭风景林是一个整体,规划从潭之上游到下游风景林地的分布变化在景观和生态布局上形成了一定的序列:

①环潭南为白桦、黄栌、珍珠梅群落林带——桦林风情;
②环潭北为钻天柳、茶条槭、太平花群落林带——柳岸波光;
③环潭东为杨树、腊梅、盐肤木群落林带——潭梅迎雪;
④环潭西为春榆、枫树、溲疏、连翘群落林带——枫榆家园。

规划的风景林地属潭南桦林风情风景带,以落叶松渗透林、白桦林、亚乔木黄栌林、灌木珍珠梅为主的自然生态群落林带景观和开敞游憩景观为主要特色,共同构建净月潭环潭的总体景观格局。环潭景观主要展现春、夏、秋三季植物景观。冬季的净月潭则主要以树木枝干为依托,充分展现北国雪域的壮美景象。

内外游览路口和主要景观游憩点进行合理布局,是规划布局的重要组成部分。路口的布置要力显自然本色,通过树木灌丛和地形的设计变化,将主入口处理成独特而吸引游人的标志点。自然、合理、通畅并吸引人的林地小景点布置在滨水沿线,增加潭边游览线的丰富性。从大的块状结构可分为 4 个区域,即:滨水区,中心疏林、野营区,东侧游戏区,西侧灌木地被及微地形景观区域(图 1-3、图 1-4)。

图 1-3　净月潭风景林空间规划:视景面分析图

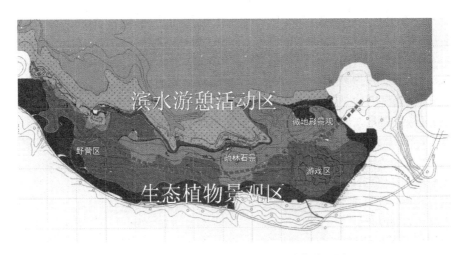

图 1-4　净月潭风景林空间规划:功能分区图

三、空间联系和空间过渡

　　为了突出风景区不同景观的特点,规划设计时,根据各景区景点的特征和内在规律进行空间分隔,但分隔又缺乏统一性。为了体现风景区的整体性,把被分隔的空间又要联系在一起,这种联系叫做空间联系。联系的方式有两种:有形联系和无形联系。凡是用道路也就是游览线路把各个空间联系在一起的叫做有形联系;凡是通过视线联系,也就是通过渗透把各个空间联系在一起的叫做无形联系。通过空间联系,使游人在游览中对风景区有一个整体的印象。

在风景区中有两个性质不同的相邻空间,为了防止空间变化突然,在两空间之间设置一个过渡地带,叫做空间过渡带。如风景区中有一寺院,院的内容、形式和风景区其他部分性质差异极大,为此常在寺院周围种树作为过渡,显得自然。

四、空间序列

空间的连续顺序和层次顺序称为空间序列。空间的连续顺序是指空间的先后次序;空间的层次顺序是指空间连续顺序的节奏感和韵律感。中国古画在手法上有起景和高潮之分,如清代画家王昱在《东庄画论》中对山水画的"起"和"结"的论述是:一"起",如奔马绝尘,要勒得住而又有住而不住之势;一"结",如众流归海,要收得尽又有尽而不尽之意。中国山水画的手法也用于中国古典园林之中,如颐和园进园后到昆明湖边,万寿山、玉泉山、西山风景皆在眼底,真有一"起"如万马绝尘之势;到了全园的高潮佛香阁时,居高临下,湖山如画,昆明湖一望无际,则又达到了一"结"如众流归海的境界。

风景区的风景序列规划要根据各景点的景观实质,通过导游线联系各景点而形成序列。因此,要结合自然景观、人文景观的分区现状,运用连续、起伏、曲折、重复、开合、韵律与节奏等规律,进行风景序列规划。

风景序列的形式有两段式和三段式:

二段式风景序列为:序景→起景→发展→转折→高潮→尾景。

三段式风景序列为:序景→起景→发展→转折→高潮→转折→收缩→结景→尾景。

当然风景序列是按照人的想象设计的,在风景区中也不能机械地搬用。

第二章　风景区概述

第一节　风景区定义

关于风景区的称谓,我国一度曾比较混乱,叫法很多,如自然风景区、旅游风景区、风景游览区、风景旅游区、风景保护区等,大都是在"风景"前后加一词来表达某种更具体、更特定的含义。1985 年,国务院在《风景名胜区管理暂行条例》中规定了"风景名胜区"的特有含义,不但具有言简意赅的优点,而且有较好的历史延续性和较强的发展适应性。

风景名胜区,简称风景区,是指风景资源集中、环境优美、具有一定规模和游览条件,可供人们游览欣赏、休憩娱乐或进行科学文化活动的地域。据有关统计资料表明,到 2009 年底,我国国家级风景名胜区有 208 处、省级风景名胜区有 698 处,风景名胜区总面积约占国土面积的 1.89%。自 1996 年开始,住房城乡建设部(当时的建设部)会同有关部门组织向联合国教科文组织申报世界遗产工作,到 2009 年底,泰山、黄山、峨眉山—乐山、武夷山、武当山、庐山、武陵源、九寨沟、黄龙、青城山—都江堰等 22 处国家重点风景名胜区被列为世界遗产,列入《世界遗产名录》。

国家级风景名胜区徽志为圆形图案(图 2-1),中间部分系万里长城和自然山水缩影,象征伟大祖国悠久、灿烂的名胜古迹和江山如画的自然风光;两侧由银杏树叶和茶树叶组成的环形镶嵌,象征风景名胜区和谐、优美的自然生态环境。图案上半部英文"NATIONAL PARK OF CHINA",直译为"中国国家公园",即国务院公布的"国家级风景名胜区";下半部为汉语"中国国家级风景名胜区"全称。

图 2-1　中国国家级风景名胜区徽志

第二节　中国风景区发展的动因

中国风景区是在三四千年历史中形成和发展起来的,其直接发展动因可以归纳为以下几个方面:

一、自然崇拜,封神祭祀

在远古时代,人们对大自然有强烈的依赖关系,对天地万物之间的关系,无所了解,只靠天赐良机、人碰运气才能生存与发展,因此人对大自然种种物象的认识莫不存在迷信与崇拜,人与自然的精神联系是普遍的自然崇拜关系。

中国"名山",是农业文明时代的产物,在"靠天吃饭"的农业时代,人与大自然的物质关系是索取、种植和饲养,很大程度上依赖大自然,并产生敬畏、崇拜、祈求与亲和的情感。这种关系,已经从远古的普遍自然崇拜上升到选择名山大川作为大自然的原型和代表,进行各种反映天人关系的精神文化活动。天下名山从作为普通的物质生产和经济开发对象的自然山岳中分离出来,专门作为人对自然的精神文化活动胜地,并受到保护。据文字记载,早在先秦时代,已形成"天子祭祀天下名山大川,诸侯祭其疆内名山大川"的祭祀礼仪,祈求风调雨顺、国泰民安。"封",就是在山顶上聚土筑圆台以祭天帝,增山之高以表功归于天;"禅",就是在山之下的小山丘上积土筑方坛以祭地神,增大地之厚以报福广恩厚。封禅祭祀活动作为历代皇帝的旷世大典,不仅有严格的祭祀和主管官员,还要建造专供祭祀用的场地、祠庙、道路等设施。由于秦皇汉武的频繁封禅活动,促使五岳五镇等山岳景胜的建设、形成与发展,并进而确立了以五岳为首的中国名山景胜体系。

二、游览与审美

"孔子登东山而小鲁,登泰山而小天下",这也许是名人登峄山(今在山东邹县东南)和泰山的游览审美活动的最早记录。孔子的"仁者乐山,智者乐水",让仁者和智者从不同角度领悟山水"生养万物,取益四方",使"国家以宁"的品格。反映了文人在农业文明时代与自然山水的精神关系,这种山水比德观念,对后世山水审美有深刻影响。从魏晋南北朝开始,游山玩水已成为时尚,尤其是唐宋以来,更成为名山的重要功能。不仅是文人名士的盛事,而且源于西周的"修禊"活动(图 2-2)也演变为三月春游和民俗游乐而盛行起来。人们获得了与大自然的自我谐和,对之倾诉纯真的感情,同时还结合理论的探讨而不断深化对自然美的认识,山水审美观念也逐渐成熟起来了。

三、宗教文化与活动

宗教文化对名山的建设和发展产生了深远而持久的影响,宗教活动逐渐成为名山的重要功能之一。佛、道宗教势力之所以向山岳发展,一是出于宗教教义的目的和宗教

活动的需要,二是山岳远离尘世的清幽境界有
利于僧道的修持,三是山岳优美的自然景观和
高质量的生态环境能够最大限度地满足僧侣
精神上的审美需求。创立于东汉末年的道教
以"崇尚自然、返璞归真"为主旨,名山是他们
采药炼丹、得道成仙的理想场所。到了唐代,
道教盛行全国,并形成了十大洞天、三十六小
洞天和七十二福地的道教名山体系。其中有
30处现已成为国家风景名胜区,有3处列入
《世界遗产名录》。佛教传入中国后,受道、儒
思想的影响,遂与名山结缘,形成"天下名山僧
占多"的局面,著名的佛教四大名山五台山、峨
眉山、九华山、普陀山均成为国家级风景名胜
区,另有4处佛教文化遗产已列入《世界遗产
名录》。佛教、道教的空前盛行,宗教与朝拜活
动及其配套设施的开发建设,促使山水景胜和
宗教圣地的快速发展。例如,寺观建设促进杭
州西湖、九华山、庐山、缙云山、苍岩山、丹霞
山、雪窦山、罗浮山、天台山等景胜的发展,佛
教僧侣效法古印度以石窟作为宗教活动中心
而开凿山岩石窟的活动,促成莫高窟、麦积山、
云岗、龙门、炳灵寺石窟等地区的发展。

四、创作体验,师法自然

山水文化创作体验是中国风景名胜区特
有的高级功能。魏晋南北朝时期,名山大川不

图 2-2 兰亭修禊图
(壬申夏仲云间池金声写)

仅成为审美对象,还开创了山水文化创作的体验功能。许多文人墨客,深入名山,寄情
山水,赋诗作画。如谢灵运踏遍大江南北,赋诗寄情,常出入深山幽谷、探奇觅胜,每发
景感情理交融的诗篇与名句,例如"鸟鸣识夜栖,木落知风发"等。山水诗的创作在唐宋
进入了高峰,"一生好入名山游"的李白,深感名山与创作的关系,得出"名山发佳兴"的
结论。诗画同源,山水画宗师宗炳,每当游历山川归来时,便将其"图之于室,卧以游
之"。并且宗炳提出"畅神说",强调山水画创作是画家借助自然形象,以抒写意境的过
程,强调艺术的作用在于给人以精神上的解脱和怡娱。此后山水画家人才辈出,他们无
不深入名山大川,师法自然。如明末清初僧人画家石涛被黄山的自然美所吸引,长驻黄

山"搜尽奇峰打草稿",成了黄山画派的创始人之一。除了诗画以外,山水游记、散文及山水园林、山水盆景等无不源于名山胜水。据统计,在拥有近5万首的全唐诗电子检索中,描写风、山、水、树林、石和云等自然景观要素的诗分别占41.49%、37.46%、27.62%、15.23%、11.52%和11.52%,足见自然景观在诗人心目中的分量。

五、问奇于山水,探求考察和探索山水科学

大自然不仅给人以灵感和情感,而且给人以理性的启迪。汉代史学家司马迁20岁即南游江淮,后又奉旨出使、陪驾巡幸,游踪遍及南北,为撰写史书而博览采集,游历已具有观赏江山探求知识的科学考察意义;宋代博学家沈括游雁荡山,观奇峰异洞深受启迪,而作出流水侵蚀作用的科学解释;旅行家郦道元热爱自然,考水观山,捕捉山水特点,为《水经》作注,因水记山,因地记事,描绘祖国壮丽山川,对于中国重要河流湖泊以其生花妙笔,写出了许多情趣横溢、风景如画的描述,使《水经注》成为价值独特的著作;明代旅行家徐霞客,从22岁起到去世的30多年中,不畏艰险,足迹跑遍了从华北到云贵高原以南的半个中国,实地记载了各地的地貌、地质、水文、生物等情况,以秀丽的文笔,写成了一部巨著《徐霞客游记》。他"性灵游求美,驱命游求真",既欣赏山水之美,又探索其成因,他不仅是旅行家、文学家、地理学家,而且是名山风景科学的开创人。正如英国科学技术史学家李约瑟博士评价徐霞客说的:"他的游记,读起来并不像是17世纪学者所写的东西,而像是20世纪野外勘察家所写的考察日记。"可见,中国名山具有科学研究的功能。

六、隐逸岩憩,寄情山水,学术交流

中国自古以来,就有许多高士隐居于名山胜水,进而出现山居文化、山水文学。这些隐士大多是风景区早期开发的先行者和早期审美者。较早的隐士有嵩山颖水的巢父和岐山的许由;秦末汉初著名隐者有商山"四皓";魏晋时期有"竹林七贤"和白莲社;另外如庄子、东方朔、严光、陶渊明等,他们崇尚自然,超然尘外,不求功名利禄,隐居山水之间,读书写字,陶冶情操,养浩然正气,扬民族气节,留下许多代表中华民族的与青山绿水长存的精神文化。名山不仅是培养人才的胜地,也成为学术交流的场所。宋代儒家的书院制度使学术和教育活动同山水景胜结缘,在名山风景区建立了不少书院,如庐山的白鹿洞书院、岳麓山的岳麓书院、嵩山的嵩阳书院、武夷山的紫阳书院等,有的名山多达十来个书院,这也是农业文明时代中国名山特有的现象(图2-3、图2-4)。

中国名山风景区的形成因素,除以上几点外,还有其他动因,例如相关的社会活动,如庙会、节庆;相关的经济活动,如庄园建设;相关的建设活动,如治山理水、运河栈道工程等,也成为风景区发展的直接动因。

图 2-3　庐山的白鹿洞书院　　　　　　　图 2-4　嵩山的嵩阳书院

第三节　风景区的特点

一、与城市公园、森林公园、自然保护区的区别

城市公园多位于城市建成区中，主要为城市居民的日常休憩、娱乐服务；森林公园一般多位于城市郊区，属林业部门管辖，与城市有较便捷的交通联系，主要为城市居民节假日和周末提供游览、休闲度假的场所；自然保护区一般远离城市，主要功能是物种保护和科学研究，属林业部门管辖。风景名胜区则一般远离城市，风景类型与规模更多更大，属城建部门管辖，需要较长的旅行时间和假期才能游赏（表 2-1）。

表 2-1　风景区与城市公园、森林公园、自然保护区

类别	功能	景观	位置	面积	所属
城市公园	日常游憩、娱乐	人工栽植	建成区	小	城建部门
森林公园	周末、节假日休憩、娱乐	森林景观、人工景观	城市近、远郊	较大	林业、城建
风景名胜区	假期游览	自然景观、人文景观	远离城市	较大	城建
自然保护区	科学研究物种保护	自然原始状态	远离城市	较大	林业

二、规模一般较大，但各风景区规模差异也较大

风景区一般具有区域性或全国性以及世界性的游览意义，它是一种大范围的游憩绿地，面积一般均较大，如四川峨眉山有 115 km²，江西庐山有 200 km²，安徽黄山有 250 km²，无锡太湖风景有 366 km²，福建武夷山绵延达 500 km²，青岛崂山风景区有 553 km²，九寨沟风景名胜区有 720 km²，广西桂林风景区有 2 064 km²；美国黄石国家公园达 8 900 km² 等。

风景区的规模差异也较大，小的十几平方千米，大的则达近万平方千米。如洛阳龙

门风景区,龙门石窟本身不过 3 km² 多一点,加上周围若干景点,也不过十几平方千米;蜀岗瘦西湖风景区,仅 6 km² 多一点。大理和太湖风景区都是千余平方千米的大风景区,而贡嘎山风景区,却有万余平方千米之巨。

三、风景区的景观多以自然景观和人文景观为主,其规划建设是以科学保护、适度开发为原则

自然景观与人文遗迹为一体是风景名胜区的一大特色。中国的自然山川大都经受历史文化的影响,伴有不少文物古迹,以及诗词歌赋、神话传说,自然景观应与人文景观相互辉映,从不同侧面体现中华民族的悠久历史和灿烂文化。

四、风景区景源一般各自有其特色

风景区一般应各有特色,不然各风景区千人一面,也吸引不了大量游人。因为对于每一个游客来讲,其游览次数是有限的,总希望每到一处都有新意境、新收获,仅从这个角度出发,应利用其特色,发扬其特色,因地制宜,因景制宜,决不可东搬西抄。

我国现有的风景区,如九寨黄龙以奇水胜,石林以奇石胜,黄果树以瀑布胜,天池以雪山平湖胜。"泰山之雄,华山之险,匡庐之瀑,峨眉之秀",虽同是名山,却各有奇观。泰山之雄是由于泰山在山东平原上孤峰独起,山势耸立,可远眺东海,故有"登泰山而小天下"的雄伟气势;华山的东、南、西三面均为险峻的悬岩,"自古华山一条路"是最逼真的写照,可见其登山之惊险;而"匡庐之瀑"的特色也是由于其特殊地势所造成的,庐山为一座四面壁立的山顶平台,这里雨量充沛,山上汇水面又大,从而在四周峭壁上形成众多的瀑布景观,故有"飞流直下三千尺,疑是银河落九天"的绝句;"峨眉天下秀"是形容其貌如眉,峨眉山植被丰富,气候温和,终年云雾飘绕,具有"清、幽、秀、雅"的特色,因此,白居易有"蜀国多仙山,峨眉貌难匹"的佳句。同样是以水景为特色的著名风景区,太湖的景观以近海自然湖泊、岛屿、名寺为特色;而浙江省楠溪江则以江流蜿蜒曲折、两岸绿林葱郁、奇岩瀑布而具备清、弯、秀、美的特点;太阳岛风景区则以漫滩洲岛大地宽阔、江湾湖沼水景多变和湿地生态为景观特征。

第四节　风景区的功能

一、生态功能

风景区有保护自然资源、改善生态环境、防害减灾、造福社会的生态防护功能。

1. 保护遗传多样性

自然生态体系中的每一物种,都是经长年演化的产物,其形成往往需要万年以上的时间。且无论何种动植物,今天不能利用并不一定明日就没有利用价值。设立风景名胜区具有保存大自然物种、保护有代表性的动植物种群,并提供作为基因库的功能,以此供后代子孙世世代代使用。

在国外,建立国家公园的重要目标就是要保护国家中的每一类主要的生态系统。例如,加拿大艾伯塔省南部的荒野是一处壮观的绵延山谷和丘陵地带,数千年来被当地人所利用,河流深深地切入干燥的土壤,露出古代化石岩层,这荒野保留了世界上最重要的白垩纪早期以来的恐龙样品。为了能特别地保护这些化石沉积以及一大片荒野地和稀有的当地半荒漠化的物种,在艾伯塔省建立了恐龙省立公园。职员们监视着所有活动并确保不发生未经许可的样品采集。重要的沉积在被研究或是由于保护的需要而搬动前,一直被保护而免受侵蚀。在最近 80 年里,从这个地区采集到 300 多个完整的或近似完整的恐龙骨架,现在被全世界的博物馆所珍藏。勘察还在继续进行,在每一个夏天,研究人员平均发现约 6 个骨架,大约 30% 的样品保存完好,到目前为止,已经鉴定出 35 个种类。

2. 提供保护性环境

在城市中,环境不断恶化是非常明显的,而在风景名胜区中,大多还保存着山清水秀的良好生态环境。风景名胜区大都具有成熟的生态体系,并包含有顶级生物群落,富于安定性,对于缺乏生物机能的都市体系及以追求生产量为目标的生产体系,均能产生中和作用。它可以调节城市的近地小气候,维持二氧化碳与氧气的动态平衡,保持生态环境和防风防灾,对于人类的生活环境品质极具意义。

风景区在自然的生态过程中可以净化水和空气,在自然界的养分循环和能量流动中也起作用。风景名胜区及其葱郁茂密的森林,可以说是一个供氧的宝库,也是人们恢复健康的野外休息地。在森林中,有些森林植物能分泌杀菌物质。如 1 hm^2 桧柏在一昼夜内可以分泌出 30kg 挥发性杀菌素。森林中含有较多的负离子,从电场角度说,人的机体是一种生物电场的运动,人在疲劳或得了疾病后,肌体的电化代谢和传导系统就会产生障碍,这时需要补充负离子,以保持人体生物电场的平衡。空气中各种分子和原子在不断受到放射线、紫外线作用及气流、水流的撞击,在树木花草的摩擦下将失去外层电子而成为负离子,负离子在运动中遇到空气中的灰尘、烟雾时,即被凝聚而失去活力。由于表面起伏大,加上枝、干、叶的摩擦,使得空气中能产生较多的负离子,同时由于森林空气的清洁度较高,因此能够保存下较多的负离子。一定浓度的负离子能改善人体的神经功能、促进新陈代谢,可降低血压和减缓心率,使人感到心旷神怡、精神振奋,并且还能增强人体的免疫功能。

接近城市的风景名胜区,为城市居民创造健康的生活环境起着重要的作用,应该与城市绿地连接起来,组成一个完善的绿地系统。

二、游憩功能

风景区有培育山水景胜、提供游憩、陶冶身心、促进人与自然协调发展的游憩健身功能。优美神奇的大自然景色可以陶冶情操,启发灵感。尤其随着我国国民经济的高速增长、城市化进程的加速,人工环境日益膨胀,拥抱自然、回归自然已成为新时代人类心灵的倾向,作为人类与大自然发生良好相互作用的活动方式的旅游,已经逐步走进千家万户,成为大众生活中较为普遍的消费选择,加之汽车私有化程度的提高、休闲制度的逐步改善,旅游在我国正面临着前所未有的巨大需求,而风景名胜区就成为开展旅游活动的主要自然承载场地,成为现代都市生活最高品质的游憩场所。风景名胜区有良好的生态环境,有美的自然风景,有丰富的文物古迹,正成为广大人民群众向往的游览观赏之地。

可进行的游憩活动包括野外游憩、审美欣赏、科技教育、娱乐体育、休养保健等项目。人们可以在这里进行节假日野餐、登山、运动、娱乐等活动。

三、景观功能

风景区有树立国家形象、美化大地景观、创造健康优美生存空间的景观形象功能。每一个风景名胜区,不论其整体或局部、实物或空间,绝大多数具有特色鲜明的美的形象、美的环境和美的意境。它们是由自然界中各种物体的形、色、质、光、声、态因素相互影响,相互交织、相互配合而成,使人感受到险、秀、雄、幽、旷、奥、坦等千变万化的自然之美和各种瑰丽多彩的人文之美。风景区中由植物群落而组成的各类植物景观,给风景空间增加了生命的活力和季相的变化,众芳竞秀,草木争荣,春华秋实,绿柳丹枫,这些充满生命力的季相乐章,使人们更感到大自然的亲切和爱抚,孕育着心灵的美感。不同的植物群落具有不同的艺术特征,层次多、季相色彩丰富多变,具有自然美的特色,大片的单纯植物景观,色彩单一又具有壮丽广阔的气魄,常体现人工美的特色。

典型的自然地貌被看做是区域"地标",是某些民族文化和国家形象的象征。日本的富士山,其白雪长年覆盖着沉寂的火山口,景观庄严、肃穆,是神圣的国家象征。而美国第 20 届总统罗斯福在巡查亚利桑那州大峡谷公园时,庄严地宣称:"不要去破坏她的壮观,留下来给你们的儿子,给你们的孙子,给所有的后人,每一个美国人,都应该有机会看到这雄伟的奇景。"山川长存寓意着国家永在,这对于历史短暂的美国很重要。我国长江三峡,不仅有险峰、激流,还有古栈道、石刻,三峡激流中搏击而进的竹筏和沿岸奋力拉纤的船夫形象,历来为画家、诗人所讴歌,并寓意为中华民族不屈不挠、吃苦耐劳的勇敢精神化身。长江三峡风景,给我们祖祖辈辈以无限激情和启迪,其山川地貌景观也已是中国国家象征物。

四、科教功能

风景区有展现历代科技文化、纪念先人先事先物、增强德智育人的寓教于游的功能。具体体现在科研科普、历史教科书、文学艺术课堂等方面。

人类的文明是在征服大自然中产生的,其发展仍然离不开大自然的环境。我们仔细地研究和探询自然历史,根本的目的不在于过去,而在于未来,是为了寻得自然界事物运行的规律,最终求得人类将来改造世界的进程和方式。历经自然演变的原始风景,含有大自然运动的真实痕迹和信息,人类将来的历史发展应该与大自然保护协调进行,而这必须以自然原始风景作为认识的基本蓝本。掌握自然历史是推动现代人前进的背景和动力,而绝不是简单的知识和记录。原始自然风景是人类开创未来的极有价值的资源财富。

1.科研科普方面

风景区往往是特有的地形、地貌、地质构造、稀有生物及其原种、古代建筑、民族乡土建筑的宝库,而且它们都有一定的典型性和代表性,有及其重要的科学研究价值,游人在游憩中可以获得生物学、地质学、人类学、社会学等各方面的知识,还可利用风景区研究生态体系发展、食物链、能量传递、物质循环、生物群落演变与消长等。比如美国称他们的国家公园为"天然博物馆"、"生态实验室"、"环境教育课堂"。中国的泰山风景区,其古老的变质岩系是中国东部最重要、最典型的,其地层的划分对比,泰山杂岩的原岩特点,都对中国东部太古代底层划分、对比研究具有重要意义,对中国东部太古代地质历史恢复也有典型意义。游览泰山,不但可以欣赏其雄伟壮观的山岳景观,领略其"一览众山小"的气势,而且在游赏过程中,会增进地质学方面的知识。截至 2000 年底公布的中国 12 处世界自然文化遗产都具有地质科学价值和科普教育功能(表 2-2)。

表 2-2 中国世界遗产的地质地貌价值

中国世界遗产名称	地质地貌价值概要
泰山	山体为太古代岩群;寒武纪地层和三叶层化石著称于世
黄山	山体由垂直节理十分发育的、中生代燕山期多期花岗岩构成
峨眉山、乐山	山体由花岗岩构成,独特的生物群带
武夷山	独特的生物多样性、丹霞地貌
武当山	武当山古建筑群建于元古宙武当山群之上,植被垂直带谱明显,基带具有亚热带景色,是亚热带和暖温带的过渡带
庐山	独特的第四纪冰川遗址。具有河流、湖泊、坡地山峰等多种地貌类型
武陵源	世界上规模罕见、发育过程完整的泥盆纪石英硬砂岩峰林地貌
九寨沟	高寒山区深谷、叠瀑区
黄龙	规模宏大、色彩艳丽的钙化池
青城山—都江堰	地处横断山北段川西高山峡谷这一世界生物多样性关键区域内,地质构造复杂。地质历史悠久,生物种类繁多

2.了解历史方面

中国的风景名胜区中,有的是古代"神山"因被历代帝王封禅祭天活动而形成的"五岳",有的是自古以来因宗教活动而逐渐发展的佛教名山和道教洞天腹地,有的千百年来就是人民群众游览的地方,有的是人民革命纪念地,有的则是近代发展起来的避暑圣地。因此很多风景名胜区中,都保存着不少的文物古迹、摩崖石刻、古建园林、诗联匾额、壁画雕刻……它们都是文学史、革命史、艺术史、科技发展史、建筑史、园林史等的重要史料,是历史的见证。所以有的风景名胜区被誉为一部"史书",有游山如读史之说,如四川的乐山大佛石刻,是一项巨大的雕塑工程,其艺术造型具有重大的历史价值。

3.文学艺术方面

大自然的高山江河、树木花朵历来具有巨大深远的美学艺术价值,从而培养了时代精神文明。中国的风景名胜区与其他国家的风景区明显的不同点就是在于,中国的风景区在其历史发展过程中深受古代哲学、宗教、文学、艺术的深厚影响。中国是最早发展山水诗、山水画、山水园林等山水风景艺术的国家。这都与中国古代人民最早认识自然之美,开发建设名胜风景区有密切关系。中国的风景名胜区,自古以来就吸引了不少文人学士、画家、园林家,创作了不少的文学艺术作品。公元前3世纪战国时宋玉的《神女赋》和《高唐赋》,把长江三峡的峰峦云雾幻想为光华耀目、美妙横生的巫山神女,使后人身临其境、触景生情、神往不已。所以说中国的风景名胜区既是文学艺术的宝库,也是文学艺术的课堂。

还有许多风景名胜区内有许多纪念民族英雄、爱国诗人等的纪念性建筑,都使人们在游览过程中受到爱国主义教育。

五、经济类功能

风景区有一、二、三产业的潜能,有推动旅游经济、脱贫增收、调节城乡结构、带动地区全面发展的经济催化功能。在国外,许多国家诸如美国、日本、加拿大、瑞士、英国、法国诸国因国家公园所带来的旅游收入均有一笔可观的数目,就连非洲的国家公园,其收益对国家的经济帮助也是显而易见的。比如哥斯达黎加开展以国家公园为主的生态旅游收益显著,1991年旅游收入已成为国家外汇收入的第二大来源,达3.36亿美元。风景名胜区本身并不直接产生经济价值,而是通过其自然景观、人文景观及风景环境供人们游览来吸引游人,再通过为游人的食、住、行、娱、购服务供应等经济活动而产生经济价值。据统计,中国2001年仅119处国家级风景区的游人量就达到近10亿人次,比10年前1亿多的年游人量增加了8倍多,而直接经营收入则达100多亿元,固定资产投资额超过21亿元,从业人数几十万人。另据测算,在20世纪最后10年,第三产业新增就业的7 740万人中,直接和间接在旅游部门就业的人数占到38%,未来每年可增加300万个左右就业岗位。除了城市旅游所提供的就业岗位之外,各级风景名胜区还将在增加就业岗位方面发挥越来越大的作用。

旅游业是一项综合性产业,它能通过产业联动链带动一系列相关产业,如交通业、餐饮业、加工业、种植业、零售业等的发展。据研究,旅游业每收入1元,就给国民经济的相关行业带来5~7元的增值效益。

第五节　风景区类型

风景区的分类方法有很多,实际应用比较多的是按等级、规模、景观、结构、布局等特征划分,也可以按设施和管理特征划分。

一、按等级特征分类

根据中华人民共和国国务院于2006年9月19日公布并自2006年12月1日起施行的《风景名胜区条例》,按照风景区的观赏、文化、科学价值及其环境质量、规模大小、游览条件等进行分类,风景名胜区划分为国家级风景名胜区和省级风景名胜区。

1. 省级风景名胜区

省级风景名胜区具有较重要的观赏、文化或科学价值,景观具有地方代表性,有一定的规模和设施条件,在省内外有影响的,由县级人民政府提出申请,省、自治区人民政府建设主管部门或者直辖市人民政府风景名胜区主管部门,会同其他有关部门组织论证,提出审查意见,报省、自治区、直辖市人民政府批准公布,并报城乡建设环境保护部备案。

到2009年底,我国已建立省级风景区698处。如浙江省兰溪市灵洞乡洞源村的六洞山风景区,是以水、洞、林为主,文化古迹为辅的省级风景;浙江省金华的北山双龙风景区,是以奇异洞景为特色的省级风景区;浙江省鄞县境内的东钱湖风景区,是以清秀隽永、豁达开旷的湖光秀色和江南水乡泽国为特色的省级湖泊型风景区;浙江省永康县的方岩风景区,是以浙江省丹霞地貌典型、人文荟萃、乡风民俗纯厚为特色的省级风景区。

2. 国家级风景名胜区

设立国家级风景名胜区,由省、自治区、直辖市人民政府提出申请,国务院建设主管部门会同国务院环境保护主管部门、林业主管部门、文物主管部门等组织论证,提出审查意见,报国务院批准公布。国家重点风景名胜区应符合以下条件:

(1)具有全国最突出、最优美的自然风景或人文景观,生态系统基本上没有受到破坏,其自然环境、动植物种类、地质地貌具有很高的观赏、教育和科学价值。

(2)国家最高行政机关——国务院已制定颁布了加强对国家级风景名胜区保护和管理的法规,地方政府也采取了相应措施,严格禁止任何单位、个人对国家级风景名胜

27

区的侵占,有效地保护了其生态、地貌和美学特色。

(3)为了精神享受、娱乐、文化和教育目的,允许游人进入国家级风景名胜区,并采取措施,防止某些区域游人超量。

(4)国家级风景名胜区的面积比较大,一般都在 50 km² 以上。

到 2009 年底,中国已建立国家级风景区 208 处。如属山岳型风景区的东岳泰山、西岳华山、中岳嵩山、南岳衡山、北岳恒山;属水域型风景区的武汉东湖、黑龙江镜泊湖风景区等。

中国 1982—2009 年公布的 208 处国家级风景名胜区分别为:

北京市:八达岭—十三陵、石花洞

天津市:盘山

河北省:承德避暑山庄外八庙、秦皇岛北戴河、野三坡、苍岩山、嶂石岩、西柏坡—天桂山、崆山白云洞

山西省:五台山、恒山、黄河壶口瀑布、北武当山、五老峰

内蒙古自治区:扎兰屯

辽宁省:鞍山千山、鸭绿江、金石滩、兴城海滨、大连海滨—旅顺口、凤凰山、本溪水洞、青山沟、医巫闾山

吉林省:松花湖、"八大部"—净月潭、仙景台、防川

黑龙江省:镜泊湖、五大连池、太阳岛

江苏省:太湖、南京钟山、云台山、蜀岗瘦西湖、三山

浙江省:杭州西湖、富春江—新安江、雁荡山、普陀山、天台山、嵊泗列岛、楠溪江、莫干山、雪窦山、双龙、仙都、江郎山、仙居、浣江—五泄、方岩、百丈漈—飞云湖、方山—长屿硐、天姥山

安徽省:黄山、九华山、天柱山、琅琊山、齐云山、采石、巢湖、花山谜窟—渐江、太极洞、花亭湖

福建省:武夷山、清源山、鼓浪屿—万石山、太姥山、桃源洞—鳞隐石林、金湖、鸳鸯溪、海坛、冠豸山、鼓山、玉华洞、十八重溪、青云山、佛子山、宝山、福安白云山

江西省:庐山、井冈山、三清山、龙虎山、仙女湖、三百山、梅岭—滕王阁、龟峰、高岭—瑶里、武功山、云居山—柘林湖、灵山

山东省:泰山、青岛崂山、胶东半岛海滨、博山、青州

河南省:鸡公山、洛阳龙门、嵩山、王屋山—云台山、石人山、林虑山、青天河、神农山、桐柏山—淮源、郑州黄河

湖北省:武汉东湖、武当山、大洪山、隆中、九宫山、陆水

湖南省:衡山、武陵源、岳阳楼洞庭湖、韶山、岳麓、崀山、猛洞河、桃花源、紫鹊界梯

田—梅山龙宫、德夯、苏仙岭—万华岩、南山、万佛山—侗寨、虎形山—花瑶、东江湖

广东省：肇庆星湖、西樵山、丹霞山、白云山、惠州西湖、罗浮山、湖光岩、梧桐山

海南省：三亚热带海滨

广西壮族自治区：桂林漓江、桂平西山、花山

重庆市：缙云山、芙蓉江

四川省：峨眉山、长江三峡、黄龙—九寨沟、青城山—都江堰、剑门蜀道、贡嘎山、金佛山、蜀南竹海、西岭雪山、四面山、四姑娘山、石海洞乡、邛海—螺髻山、天坑地缝、白龙湖、光雾山—诺水河、天台山、龙门山

贵州省：黄果树、织金洞、舞阳河、红枫湖、龙宫、荔波樟江、赤水、马岭河峡谷、都匀斗篷山—剑江、九洞天、九龙洞、黎平侗乡、紫云格凸河穿洞、平塘、榕江苗山侗水、石阡温泉群、沿河乌江山峡、翁安江界河

云南省：路南石林、大理、西双版纳、三江并流、昆明滇池、丽江玉龙雪山、腾冲地热火山、瑞丽江—大盈江、九乡、建水、普者黑、阿庐

西藏自治区：雅砻河、纳木错—念青唐古拉山、唐古拉山—怒江源

陕西省：华山、临潼骊山、宝鸡天台山、黄帝陵、合阳洽川

甘肃省：麦积山、崆峒山、鸣沙山—月牙泉

宁夏回族自治区：西夏王陵

青海省：青海湖

新疆维吾尔自治区：天山天池、库木塔格沙漠、博斯腾湖、赛里木湖

在此基础上，近年来又延伸出一类列入"世界遗产"名录的风景区，这是经过联合国教科文组织世界遗产委员会审议公布，俗称世界级风景区。1972 年，联合国教科文组织在纪念黄石天然公园建立 100 周年之际，宣布建立世界自然遗产的条件为：①地球进化史中主要阶段的著名代表者。②地质年代中，各阶段生物进化和人类及其自然环境相互关系的著名代表者。③某些独特稀有或绝无仅有的自然环境，具有异常自然美的地区。④濒危生物种栖息地所在地区。到 2009 年底，泰山、黄山、峨眉山—乐山、武夷山、武当山、庐山、武陵源、九寨沟、黄龙、青城山—都江堰等 22 处国家级风景区被批准列入《世界遗产名录》。

二、按用地规模等级特征分类

主要是按风景区的规划范围和用地规模的大小划分为四类。

1. 小型风景区

其用地范围在 20 km² 以下。如洛阳龙门风景区，龙门石窟本身为 3 km² 多，加上周围若干景点，不过十几平方千米；蜀岗瘦西湖风景区面积约 6 km²；普陀山风景区面积为 13 km²。

29

2. 中型风景区

用地范围在 21～100 km²。如路南石林风景区总面积为 36.9 km²;衡山风景区面积为 85 km²;武汉东湖风景区为 88.2 km²。

3. 大型风景区

其用地范围在 101～500 km²。如峨眉山风景区为 115 km²;黄山风景区为 154 km²;恒山风景区为 147.5 km²;泰山风景区为 242 km²;麦积山风景区为 215 km²;井冈山风景区为 213 km²;天山天池风景区为 158 km²;雁荡山风景区为 150 km²;华山风景区为 148.4 km²;九华山风景区为 120 km²。

4. 特大型风景区

用地范围在 500 km² 以上。如三亚风景区总面积约 8 100 km²;大理风景区为 1 043 km²;西双版纳风景区为 1 202.3 km²;五大连池风景区总面积为 1 060 km²。特大型风景区多具有风景区域的特征。

三、按景观特征分类

1. 山岳型风景区

以高、中、低山和各种山景为主体景观特点的风景区。如浙江雁荡山、安徽黄山、山东泰山、山西华山、四川峨眉山、江西庐山、山西五台山、湖南恒山、台湾阿里山、云南玉龙雪山、辽宁千山。

2. 峡谷型风景区

以各种峡谷风光为主体景观特点的风景区。如长江三峡、黄河的三门峡、云南三江大峡谷。

3. 岩洞型风景区

以各种岩溶洞穴或熔岩洞景为主体景观特点的风景区。如北京的云水洞、石花洞,浙江桐庐的瑶琳仙境,桂林的七星岩、芦笛岩,肇庆的七星岩,杭州的灵山幻境。

4. 江河型风景区

以各种江河溪瀑等动态水景水体为主体景观特点的风景区。如楠溪江、黄果树、黄河壶口瀑布、路南大叠水。

5. 湖泊型风景区

以各种湖泊水库等水体水景为主体景观特点的风景区。中国湖泊的成因类型多种多样,有构造湖、火山口湖、火山熔岩堰塞湖、冰川湖、岩溶湖、风成湖、河成湖、海成湖等。中国著名的湖泊型风景区如庐山山麓的鄱阳湖、湖南的洞庭湖、无锡的太湖、杭州的西湖、云南的滇池、大理的洱海、新疆的天山天池、黑龙江的镜泊湖、贵州的红枫湖等风景区。

6. 海滨型风景区

以各种湖泊水库等水体水景为主体景观特点的风景区。如青岛海滨、浙江嵊泗列岛、福建海潭、广东汕头、三亚海滨等风景区。

7. 森林型风景区

以各种森林及其生物景观为主体特点的风景区。如中国的国家级和省级森林公园,云南西双版纳、蜀南竹海、贵州百里杜鹃、广西花溪、广东鼎湖山、浙江西天目山等风景区。

8. 草原型风景区

以各种草原草地沙漠风光及其生物景观为主体特点的风景区。如河北坝上草原、内蒙古呼伦贝尔大草原等。

9. 史迹型风景区

以历代园景、建筑和史迹景观为主体景观的风景区。如河北承德避暑山庄外八庙,北京八达岭—十三陵,南京中山陵,甘肃敦煌莫高窟,河南洛阳龙门等风景区。

10. 革命纪念地

如陕西延安、江西井冈山、贵州遵义、福建古田、嘉兴南湖、湖南韶山、河北西柏坡等。

11. 综合型景观风景区

以各种自然和人文景源融合成综合性景观为其特点的风景区。如四川九寨沟风景区、云南大理风景区、江苏无锡太湖风景区等。

四、按功能设施特征分类

1. 观光型风景区

有限度地配备必要的旅行、游览、饮食、购物等为观览欣赏服务的设施。如大多数城郊风景区。

2. 游憩型风景区

配备有较多的康体、浴场、高尔夫球等游憩娱乐设施,有相应规模的住宿床位。如海南三亚海滨。

3. 休假型风景区

配备有较多的休疗养、避暑寒、度假、保健等设施,有相应规模的住宿床位。如河北北戴河、北京小汤山风景区。

4. 民俗型风景区

保存有相当的乡土民居、遗迹遗风、劳作、节庆庙会、宗教礼仪等社会民风民俗特点与设施。如云南元阳梯田保护区、泸沽湖等。

5. 生态型风景区

配备有必要的保护监测、观察实验等科教设施,严格限制行、游、食、宿、购、健等设施。如四川的黄龙、九寨沟等。

6. 综合型风景区

各项功能设施较多,可以定性、定量、定地段地综合配置。大多数风景区均有此类特征。

第三章　风景区规划概述

第一节　风景名胜区规划的含义

　　风景名胜区规划也称风景区规划,是保护培育、开发利用和经营管理风景区,并发挥其多种功能作用的统筹部署和具体安排。经相应的人民政府审查批准后的风景区规划,具有法律权威,必须严格执行。

　　风景区规划的目的是实现风景优美、设施方便、社会文明,并突出其独特的景观形象、游憩魅力和生态环境,促使风景区适度、稳定、协调和可持续发展。

第二节　风景区规划的内容

　　风景名胜区规划的主要内容是依据风景区资源保护与利用的整体目标,根据国家、省等上层次风景名胜体系规划的要求,同时考虑到与风景名胜区域相关的国土规划、区域规划、城市规划等相关内容的衔接,在充分对资源保护与利用现状进行分析研究、科学预测风景名胜区的发展规模与效益的基础上,采取相应的方法与途径,促进风景名胜区生态效益、社会效益、经济效益的协调发展。主要包括以下内容:

　　(1)综合分析评价现状,提出景源评价报告。

　　(2)确定规划依据、指导思想、规划原则、风景区性质与发展目标,划定风景区范围及其外围保护地带。

　　(3)确定风景区的分区、结构、布局等基本构架,分析生态调控要点,提出游人容量、人口规模及其分区控制。

　　(4)制定风景区的保护、保存或培育规划。

　　(5)制定风景游览欣赏和典型景观规划。

　　(6)制定旅游服务设施和基础工程规划。

　　(7)制定居民社会管理和经济发展引导规划。

　　(8)制定土地利用协调规划。

　　(9)提出分期发展规划和实施规划的配套措施。

第三节　风景区规划的特点

风景区规划的特点既具有常见规划或计划工作的目的性和前瞻性特征,又有着风景区规划的以下明显特点:

一、突出地区特征

首先,这是一种特定地区和特殊地域的规划。因为当代的风景区均应由各级政府确认和审定公布,其价值地位、规模范围、管理机构、总体规划均应经相应的政府部门批准。即使是历史的风景区,大多也是社会约定俗成或经过当时各级主事者确认的。同时,风景区又是一个"自然景物、人文景物比较集中,环境优美……可供人们游览、休息或进行科学、文化活动的地区"。景物、环境、功能的特殊性,决定其规划地域的特殊性。

第二,这是一个地区单元和管辖范围的规划,要保护规划对象与范围的完整。因为风景区要"依法设立人民政府","没有设立人民政府的,应当设立管理机构","设在风景名胜区内的所有单位……都必须服从管理机构对风景名胜区的统一规划和管理"。"风景名胜区的土地,任何单位和个人都不得侵占"。所以规划过程中应把风景区作为一个有机整体加以考虑,统筹安排其生存与发展中的各种矛盾。

第三,要突出风景区的地方和个性特色。各风景区的景源特征、自然生境和社会经济因素千差万别,其发展方向、目标定位和结构布局也不应相同,规划就应在异地对比中着力提取其特殊性,扬长避短,因地、因时、因景制宜地突出本风景区特性,力求形成独具特色的景观形象和游憩魅力,防止照搬照抄,重复建设,千篇一律。

二、调控动态发展

风景区的天景、地景、水景、生景等自然生境因素是风景区的本底要素,它们一直处在循环再生的演变之中;而相关的社会人文因素是风景区发展的动力要素,相关的经济技术因素可以转化为风景区的物质构成要素,这些社会经济因素,更是处在活跃的变化之中。所以,规划就要把握已有的动态变化规律与特征及其发展趋势,还要对不可预见的发展因素、变数或突发事故留有余地,使规划成果能够随着信息反馈而作必要的随机调整。因而规划也是对未来状态进行不断地选择决策的动态过程。根据变化中的新情况和社会需求,提出新的发展目标与途径,调节控制新的发展状态,实现滚动式和连续性发展规划。

三、重在综合协调

风景区规划内容相当广泛,可能涉及相关的自然、社会、经济三大系统及其子系统与诸要素,涉及农林、商旅、工副、交通、科教文卫等辖区的权益关系,对大型而又复杂的风景区,这类条块关系将十分突出。因而规划就要综合分析、评价、论证,扬长补短,综合优化规划内容,使其有利于风景区的游憩、景观、生态三大基本功能的全面发挥,有利于风景区的自生、竞争、共生三项基本能力的综合发展。同时,还要对各系统、各部门、各地区的内外关系作系统的分析研究、权衡利弊,用有序协调的方法使诸多条块形成可以互补的有机网络。风景区规划方案的形成和抉择,也是多方面、多目标、多层次、多种构思方案综合比较、择优遴选出来的。规划文本常由行政主管、相关专家和技术经济部门共同编制,其中,专家班子则由风景师主事并与相关专业人员交相配合组成。

四、贵在整体优化

风景区规划中不乏感性与形象思维,但更多的还是理性思维和创新思维,分析评价、专项调查、创意构思、综合论证大都贯穿于规划全过程。针对一个个风景区特有的时空和视角条件,以相应的构思创意与创优能力,力争实事求是地反映每个风景区发展中的本质规律、内部联系、整体形态、运行状况、发展历程与道路。风景区规划,时常涉及社会游憩规律、景观形象原则、生态协调原理、寓教于游规则、社会经济催化理论,经常运用景源评价、现状分析、系统协调、层次叠加、整体优化、相关发展规划整合等方法。在可持续发展的战略方针中,还将逐步完善和优化政府主管、专家会诊、公众参与的科学规划之路。

第四节 风景区规划的依据

风景区规划的主要依据包括国家的有关法律法规,国家各项技术标准规范,风景区的基础资料。

一、法律法规

社会主义市场经济是法制经济,市场经济条件下的风景区规划也应是具有法制化、规范化性质的规划。所以国家的有关法律、法规、条例等,是风景区规划所必须遵守的,它们是:

(1)《风景名胜区管理条例》,2006年9月国务院发布

(2)《中华人民共和国环境保护法》

(3)《中华人民共和国森林法》

(4)《中华人民共和国文物保护法》

(5)《中华人民共和国野生动物保护法》

(6)《中华人民共和国城乡规划法》

(7)《中华人民共和国土地管理法》

(8)《中华人民共和国水法》

(9)《中华人民共和国水土保持法》

(10)《中华人民共和国环境影响评价法》

(11)《中华人民共和国防震减灾法》

(12)《中华人民共和国防洪法》

(13)《关于加强风景名胜区规划管理工作的通知》,建城[2000]94 号

(14)《关于加强和改进城乡规划工作的通知》,国办发[2000]25 号

(15)《国家重点风景名胜区规划编制、审批和实施管理规定》

(16)其他相关资料

二、技术标准规范

国家各项技术标准规范是风景区规划设计的技术依据。2000 年发布的国家标准《风景名胜区规划规范》是在总结了中国风景区规划实践和吸收国外先进理念的基础上编制而成的,其综合性强、政策性强、科学性也较强,所以成为风景区规划的主要依据。各种技术标准规范主要包括:

(1)《风景名胜区规划规范》,1999 年

(2)大气、水、土壤等环境标准

(3)道路、交通、水电等工程技术标准规范

第五节 风景区规划的原则

1. 风景区规划必须符合中国国情,因地制宜地突出本风景区特色。

风景区应有自己的特色,这些特色首先取决于自然景观的千变万化,我们的规划和建设,只是对自然景观的提炼和典型再现,以及对其特定环境的巧妙利用。在风景区中,大自然已经谱写了主体乐章,规划设计的基本任务是做好配乐。我们应善于从大千世界中,从浩瀚的自然景观中,提取出"美景"来,特别是具有个性的奇异景观和自然现象,常常是风景区青春常在的基本要素,风景区规划只不过是通过衬托、渲染、组织游览程序等手法,使其特点更加突出,以便引起游人的注意。如黄山是以怪石、奇松、云海为特色的,山势雄伟,群峰竞秀,假如在山脉横切一条马路,则完全破坏其惊险气氛。黄山松生长在高山石隙,久经大自然的锤炼,古雅苍劲,各具奇姿,有名的迎客松、凤凰松、卧龙松、蒲团松等,均是以欣赏个体美为特点的。如果在这些地方进行石山造林,若干年后奇松、怪石被一片林海淹没,黄山就再也不奇了。特色不是人们在建设中"创造"出来的,不摆正这种主客关系,不尊重地方特色,好新猎奇,必将成为"焚琴煮鹤",把风景破坏了。

2. 应当依据资源特征、环境条件、历史情况、现状特点以及国民经济和社会发展趋势,统筹兼顾,综合安排。

3. 应严格保护自然与文化遗产,保护原有景观特征和地方特色,维护生物多样性和生态良性循环,防止污染和其他公害,充实科教审美特征,加强地被和植物景观培育。

4. 应充分发挥景源的综合潜力,展现风景游览欣赏主体,配置必要的服务设施与措施,改善风景区运营管理机能,防止人工化、城市化、商业化倾向,促使风景区有度、有序、有节律地持续发展。

5. 应合理权衡风景环境、社会、经济三方面的综合效益,权衡风景区自身健全发展与社会需求之间的关系,创造风景优美、设施方便、社会文明、生态环境良好、景观形象和游赏魅力独特、人与自然协调发展的风景游憩境域。

6. 风景规划应与国土规划、区域规划、城市总体规划、土地利用规划及其他相关规划相互协调或衔接。

中国风景区用地规模差异很大,面积跨度由不足 10 km² 至上万平方千米,因而,常与国土规划、区域规划、城市总体规划、土地利用规划等项规划密切相关,甚至交错穿插或相互覆盖,这就需要在时间、空间和内容上相互关照、调整,并使之协调互补发展。

风景规划应在区域范围的基础上统一规划协调,避免游览内容雷同、设施重建等现象,应突出各自风景区特色,互相协调,并形成统一的整体。比如江西省风景区在规划过程中,就是在区域范围内进行统一规划,互不重复,并各自突出特色。在制定风景名胜区的结构形态时,既考虑了主体景区与周围景点的联系,统一构思和布局,又不把不相干的景点网罗在一起,构成了以庐山、井冈山、龙虎山、三清山 4 个国家级风景名胜区为主体和骨干的赣北、赣西、赣东北、赣中的风景区体系。

赣北风景体系:以庐山本体和山南景区(秀峰、星子温泉、归宗寺、海会寺、玉帘泉、康王谷等)作为相对集中的主体。在这个主体外围分布着许多风景名胜资源,构成赣北风景旅游体系。包括:九江市内风景点(能仁寺、甘棠湖、锁江楼等);星子县城风景点(周敦颐爱莲池、落星墩等);鄱阳湖水上游览线和吴城候鸟保护区、鞋山等;九江县沙河镇的岳母墓、岳飞李夫人墓、陶渊明祠、狮子洞;湖口县的石钟山;永修县的云山。这些风景点,在地域上相对靠近,游览线路比较顺畅,景观风格与历史文脉有一定的相关性,因而可以构成赣北风景旅游体系。此外,还有许多风景名胜,如瑞昌县、九江县、彭泽县都有不少质量很好的岩溶洞群。但因其过于偏远,应属于赣北地区独立的地方性小风景名胜点。

赣西风景体系:以井冈山风景名胜区为主体,外围分布着很大一批革命纪念遗址和风景名胜,构成了完整的革命纪念体系。包括:三湾改编、垄市会师、茅坪(八角楼、湘赣边界第四次党代会会场、红军医院等)、步云山练兵场、七溪岭战斗与龙源口大捷遗址等。在赣西地区还有许多独立的风景区,如武功山、杨岐山、洞山等。

赣东北风景体系:由三大系统构成,即南部龙虎山风景游览系统、中部三清山风景游览系统、北部景德镇古文化游览系统。龙虎山风景名胜区的主体是以芦溪河为骨架展开的丹霞地貌区。附近的应天山、鬼谷洞、尘湖山、洪五湖则是龙虎山风景旅游系统的组成部分。远在50多千米以外的圭峰列为赣东北风景旅游体系中的一个独立风景名胜区。三清山风景游览系统以三清山为主体,与周围的玉山县龙华湖、上饶县灵山和怀玉山、德兴县崇儒洞以及上饶市、玉山县、德兴县城内的名胜古迹共同构成一个系统。瓷都景德镇与婺源古建筑村落、朱熹纪念馆、乐平洪源洞等构成了以景德镇为主的古文化游览系统。

赣中历史文化风景体系:包括历史文化名城临川(王安石、汤显祖文化遗存)—南城麻姑山、益王墓群—南丰曾巩故里—宜黄曹山寺与棠荫古建筑民居—乐安流坑董氏古建村落—永丰欧阳修纪念馆—吉安县文天祥纪念馆—历史文化名城吉安市的青原山净居寺、白鹭书院(王阳明讲学处)。赣中历史文化风景旅游线把井冈山—庐山—景德镇—三清山—龙虎山—临川—吉安连接成一个风景旅游环路,成为江西风景旅游网络的主体,与赣南风景旅游体系遥相呼应(图3-1、图3-2、图3-3、图3-4、图3-5)。

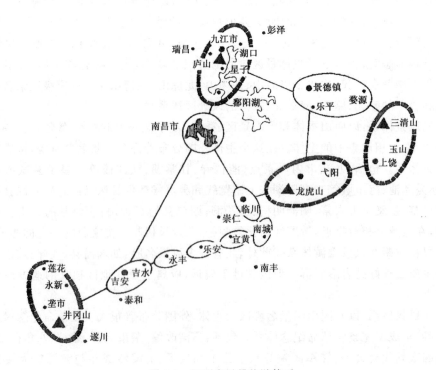

图 3-1　江西省风景旅游体系

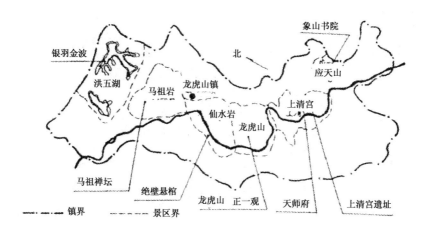

图 3-2　龙虎山风景名胜区

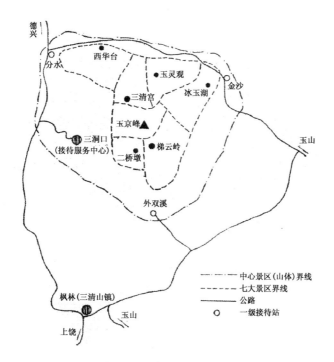

图 3-3　三清山风景名胜区

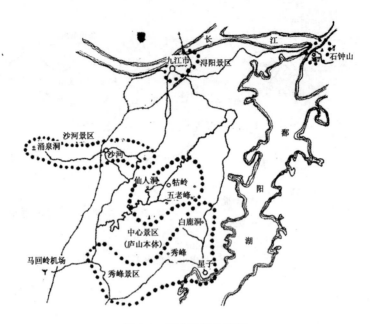

图 3-4　庐山风景名胜区

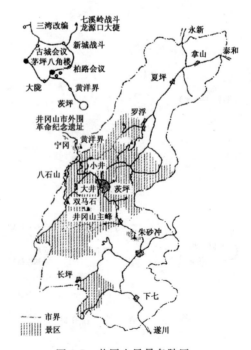

图 3-5　井冈山风景名胜区

第六节　风景区规划的类型

20 世纪 80 年代以来,应用最多的规划类型是按规划阶段划分的,从宏观到微观可以分为八种规划类型。其中,风景名胜区规划纲要、风景名胜区总体规划、风景名胜区详细规划三类规划被明文列入 2001 年 4 月 20 日城建[2001]83 号发布的《国家重点风景名胜区规划编制审批管理办法》。其他规划类型虽未列入上述《审批管理办法》,但在社会实践中也常会遇到,这里一并列出如下:

1.风景发展战略规划

对风景区或风景体系发展具有重大的、决定全局意义的发展规划,其核心是解决一定时空的基本发展目标、途径与举措,其焦点和难点在于战略构思与抉择。主要内容包括:

(1)发展战略的依据:包括内部条件和外部环境。

(2)发展战略的目标:包括方向定性、目标定位(定性兼定量)及其目标体系。

(3)发展战略的重点:包括实现目标的决定性战略任务及其阶段性任务。

(4)发展战略的方针:包括总策略和总原则(发展方式与能力来源)。

(5)发展战略措施:包括发展步骤、途径和手段。

例如,创建文明风景区、申报世界自然与文化遗产、构建某种体系和实行某种目标等均属于发展战略规划。

2.风景旅游体系规划

风景旅游体系规划是一定行政单元或自然单元的风景体系构建及其发展规划,包括该体系的保护培育、开发利用、经营管理、发展战略及其与相关行业和相关体系协调发展的统筹部署。主要内容有:

(1)风景旅游资源的综合调查、分析、评价。

(2)社会需求和发展动因的综合调查、分析、论证。

(3)体系的构成、分区、结构、布局、保护培育。

(4)体系的发展方向、目标、特色定位与开发利用。

(5)体系的游人容量、旅游潜力、发展规模、生态原则。

(6)体系的典型景观、游览欣赏、旅游设施、基础工程、重点发展项目等。

(7)体系与产业的经营管理及其与相关行业相关体系的协调发展。

(8)规划实施措施与分期发展规划。

例如,全国、省域、市域、流域、气候带等风景体系规划。

3.风景区域规划

风景区域规划是可以用于风景保育、开发利用、经营管理的地区统一体或地域构成形态,其内部有着高度相关性与结构特点的区域整体,具有大范围、富景观、高容量、多功能、非连片的风景特点,并经常穿插有较多的社会、经济及其他因素,也是风景区的一种类型。如漓江、太湖、两江一湖、胶东海滨等。其规划的主要内容有:

(1)景源综合评价、规划依据与内外条件分析。

(2)确定范围、性质、发展目标。

(3)确定分区、结构、布局、游人容量与人口规模。

(4)确定严格保护区、建设控制区和保护利用规划。

(5)制定风景游览活动、公用服务设施、土地利用与相关系统的协调规划。

(6)提出经营管理和规划实施措施。

4.风景名胜区规划纲要(审批管理)

在编制国家级风景名胜区总体规划前应当先编制规划纲要,其他较重要或较复杂的风景区总体规划也宜参考这种做法。规划纲要的主内容有:

(1)景源综合评价与规划条件分析。

(2)规划焦点与难点论证。

(3)确定总体规划的方向与目标。

(4)确定总体规划的基本框架和主要内容。

(5)其他需要论证的重要或特殊问题。

5.风景名胜区总体规划(审批管理)

统筹部署风景名胜区发展中的整体关系和综合安排,研究确定风景名胜区的性质、范围、总体布局和设施配置,划定严格保护地区和控制性建设地区,提出保护利用原则和规划实施措施。应当包括下列内容:

(1)分析风景名胜区的基本特点,提出景源评价报告。

(2)确定规划依据、指导思想、规划原则、风景名胜区性质与发展目标,划定风景名胜区范围及其外围保护地带。

(3)确定风景名胜区的分区、结构、布局等基本构架,分析生态调控要点,提出游人容量、人口规模及其分区控制。

(4)制定风景名胜区的保护、保存或培育规划。

(5)制定风景游览欣赏和典型景观规划。

(6)制定旅游服务设施和基础工程规划。

(7)制定居民社会管理和经济发展引导规划。

(8)制定土地利用协调规划。

(9)提出分期发展规划和实施规划的配套措施。

总体规划成果包括规划文本、规划图纸、规划说明书、基础资料汇编4个部分。规划文本应以法规条文的行文方式,直接叙述规划主要内容的规定性要求;规划图纸应清晰准确,图文相符,图例一致,应在图纸的明显处标明图名、图例、风玫瑰、规划期限、规划日期、规划单位及其资质图签编号等内容,并强调图纸需在标准地形图上进行制图,以满足清晰辨识现状地形信息的目的(表3-1);规划说明书应分析现状,论证规划意图和目标,解释和说明规划内容;基础资料汇编应包括自然景源、人文景源、景区当地社会经济发展背景、旅游发展现状等基础性原始资料,资料索引需标示清晰,以备引用与核实。

表 3-1　风景区总体规划图纸规定

图纸资料名称	比 例 尺				制图选择			特征	可合并图纸
	风景区面积(km²)				综合型	复合型	单一型		
	20 以下	20～100	100～500	500 以上					
1. 现状(包括综合现状图)	1:5 000	1:10 000	1:25 000	1:50 000	▲	▲	▲	标准	
2. 景源评价与现状分析	1:5 000	1:10 000	1:25 000	1:50 000	▲	△	△	标准	1
3. 规划设计总图	1:5 000	1:10 000	1:25 000	1:50 000	▲	▲	▲	标准	
4. 地理位置或区域分析	1:25 000	1:50 000	1:100 000	1:200 000	▲	△	△	简化	
5. 风景游赏规划	1:5 000	1:10 000	1:25 000	1:50 000	▲	▲	▲	标准	
6. 旅游设施配套规划	1:5 000	1:10 000	1:25 000	1:50 000	▲	▲	△	标准	3
7. 居民社会调控规划	1:5 000	1:10 000	1:25 000	1:50 000	▲	△	△	标准	3
8. 风景保护培育规划	1:10 000	1:25 000	1:50 000	1:100 000	▲	△	△	简化	3 或 5
9. 道路交通规划	1:10 000	1:25 000	1:50 000	1:100 000	▲	△	△	简化	3 或 6
10. 基础工程规划	1:10 000	1:25 000	1:50 000	1:100 000	▲	△	△	简化	3 或 6
11. 土地利用协调规划	1:10 000	1:25 000	1:50 000	1:100 000	▲	▲	▲	标准	3 或 7
12. 近期发展规划	1:10 000	1:25 000	1:50 000	1:100 000	▲	△	△	标准	3

注:"▲"表示应单独出图;"△"表示可作图纸;"标准"指绘于标准地形图上;"简化"指可以简化制图。

资料来源:《风景名胜区规划规范》,1999 年。

当然,不同用地规模和人口密度的风景名胜区,其总体规划的侧重点应有所不同。

6. 风景名胜区分区规划

在总体规划的基础上,对风景名胜区内的自然与行政单元控制、风景结构单元组织、功能分区及其他分区的土地利用界线、配套设施等内容作进一步的安排,为详细规划和规划管理提供依据。

分区规划应当包括下列主要内容:

43

(1)确定各功能区、景区、保护区等各种分区的性质、范围、具体界线及其相互关系。

(2)规定各用地范围的保育措施和开发强度控制标准。

(3)确定各景区、景群、景点等各级风景结构单元的数量、分布和用地。

(4)确定道路交通、邮电通信、给水排水、供电能源等基础工程的分布和用地。

(5)确定旅行游览、住宿接待服务等设施的分布和用地。

(6)确定居民人口、社会管理、经济发展等项管理设施的分布和用地。

(7)确定主要发展项目的规模、等级和用地。

(8)对近期建设项目提出用地布局、开发序列和控制要求。

7.风景名胜区详细规划(审批管理)

在景区总体规划或分区规划的基础上,对风景名胜区重点发展地段的土地使用性质、保护和控制要求、景观和环境要求、开发利用强度、基础工程和设施建设等作出的管制规定。详细规划可分为控制性详细规划和修建性详细规划。

(1)控制性详细规划

①确定规划用地的范围、性质、界线及周围关系。

②分析规划用地的现状特点和发展矛盾,确定规划原则和布局。

③确定规划用地的细化分区或地块划分、地块性质与面积及其发展要求。

④规定各地块的控制点坐标与标高、风景要素与环境要求、建筑高度与容积率、建筑功能与色彩及风格、绿地率、植被覆盖率、乔灌草比例、主要树种等控制指标。

⑤确定规划区的道路交通与设施布局、道路红线和断面,出入口与停车泊位。

⑥确定各项工程管线的走向、管径及其设施用地的控制指标。

⑦制定相应的土地使用与建设管理规定。

(2)修建性详细规划

①分析规划区的建设条件及技术经济论证,提出可持续发展的相应措施。

②确定山水与地形、植物与动物、景观与景点、建筑与各工程要素的具体项目配置及其总平面布置。

③以组织健康优美的风景环境为重点,制定竖向、道路、绿地、工程管线等相关专业的规划或初步设计。

④列出主要经济技术指标,并估算工程量、拆迁量、总造价及投资效益分析。

(3)详细规划成果,包括规划文本和规划图纸

详细规划图纸包括:规划地区综合现状图,规划总平面图,相关专项规划图,反映规划意图的直观图。图纸比例为 1∶500~1∶2 000。

8.景点规划

在风景名胜区总体规划或详细规划的基础上,对景点的风景要素、游赏方式、相关

配套设施等进行具体安排。主要包括以下内容：

（1）分析现状条件和规划要求，正确处理景点与景区、景点与功能区或风景区之间的关系。

（2）确定景点的构成要素、范围、性质、意境特征、出入口、结构与布局。

（3）确定山水骨架控制、地形与水体处理、景物与景观组织、游路与游线布局、游人容量及其时空分布、植物与人工设施配备等项目的具体安排和总体设计。

（4）确定配套的水、电、气、热等专业工程规划与单项工程初步设计。

（5）提出必要的经济技术指标、估算工程量与造价及效益分析。

景点规划成果包括规划文本和规划图纸。

景点规划图纸包括：景点综合现状图，规划总平面图，相关设施和相关专业规划图，反映规划意图的分析图、剖面图、方案图及其他直观图。图纸比例为 1：200～1：1 000。

第七节　风景区规划的范围、性质

一、范围的确定

范围的确定是风景区规划的重要内容，并时常成为难题。其主要原因是人均资源渐趋紧缺和资源利用的多重性规律，以及它所涉及的责权利关系调控等因素在起作用。

为了便于保护和管理，每个风景名胜区必须有确定的范围和外围特定的保护地带。划定范围和保护地带要有科学依据，要经过反复调查、核定和论证，不能带有主观随意性。确定的主要范围和保护地带的划分相当于行政区划分的确定，要经过相应的人民政府审批。批准后要立碑刻文，标明界区，记录入档。范围确定的原则是：

1. 国务院有关文件对风景区范围规定："范围的规定，要保持风景面貌的完整，满足游客的需要，不受行政区划限制。"因此，风景区范围的确定，对景源特征、景源价值、生态环境等应保障其完整性，不得因划界不当而有损其特征、价值或生态环境。

2. 在一些历史悠久和社会因素丰富的风景区划界中，应维护其历史特征，保持其社会的延续性，使历史社会文化遗产及其环境得以保存，并能永续利用。

3. 应强调地域单元的相对独立性。不论是自然区、人文区、行政区等何种地域单元形式都应考虑其相对独立性。

例如：广东丹霞风景名胜区范围的界定就考虑了以下几方面的因素：

（1）高质量景观资源的地理分布。

（2）主体景观与环境的整体不可分割性，特别是风景视线通道的控制。

（3）历史的一致性和延续性。

(4)旅游活动地方便性和连续性。

(5)景区管理的可行性。

为此,规划将典型丹霞地貌集中分布的 180 km² 作为主体景观区,将其周围沿韶汝和韶赣公路、106 国道侧视域范围内不可分割的整体环境,全部划入本风景名胜区,总面积为 350 km²。西南端以老虎冲—新村—黄村—汶水—新留塘一线的河谷为界,其他方向分别以韶赣公路为界。

秦皇岛风景区的范围划定也考虑了上述因素。为保障景观的完整和连续,秦皇岛北戴河风景名胜区至少要包括北戴河和山海关两个部分。北戴河有其海岸漫长曲折、沙软潮平的特点,是夏季极好的海浴、休息、观海的场所;山海关区有雄伟的山海关城、老龙头、龟山长城和孟姜女庙等名胜古迹,是凭吊、游览的好去处,两者缺一不可。

在风景区规划划界时,有时会与原有行政区划发生矛盾,特别是一些原始性较强的山水景观又常处在原有行政区划的边缘或数个行政区划的交接部位。规划时往往采取避免与原有行政区划发生矛盾,或避免与居民点、村落发生矛盾,将风景区的实际范围划得很小,而将与景区相邻的大片地区划为事实上无法统一控制和管辖的外围保护地带;或者即便认识到风景区构成的复杂性,但难以解决管理体制问题而不得不将界限划得很小。但从分析结果看,处于外围保护地带居民的活动又常常对景区产生较大的影响。因此,为了有效地保护和合理利用与科学管理,可以不受原有行政区划的限制,又要在适当的行政主管支持和相关部门的协同下,或适当调整行政区划,或适当协调责权利关系,探讨一种既合理又可行的风景区范围。例如:井冈山风景名胜区的范围应该考虑保持井冈山革命斗争历史的完整,除井冈山县内的革命遗址之外,还应该把永新的三湾、宁冈的龙市和遂川、酃县、茶陵等处的一些景点规划进去。乐山大佛距峨眉山报国寺 40 多千米,相当于报国寺至金顶的距离,这里不仅有著名的大佛同峨眉山佛教文化有着重要联系,而且还有凌云山、乌龙山上的名胜古迹和岷江、青衣江、大渡河汇流之处的"嘉州山水",历来有游峨眉必游大佛之说。唐代诗人岑参在此写下"天晴见峨眉,如在波上浮"的诗句,更说明两者的联系。因此在规划中给予统一考虑十分必要。

风景名胜区外围的影响保护地带是对于保持景观特色,维护自然环境、生态平衡、防止污染和控制不适宜的建设所必需的。要根据这些要求在规划中划出保护地带。如武夷山风景名胜区的精华九曲溪,其上游的状况对保持景观有至关重要的影响。将风景区外的九曲溪上游流域划为保护地带,规定要保护水土,不得兴办污染环境的工厂和其他建设,控制农药化肥的施用,搞好居民点的规划和管理都是非常必要的。天柱山风景名胜区距潜山县城 10 km,处于皖、潜两水合抱之中,为保证风景名胜免受干扰和破坏,两水流域和风景名胜区至县城公路两侧有必要划出为保护地带加以控制。可见保护地带的划定也不是随意的,有的风景名胜区在边界外围一律划出 2 km 的保护地带,这种做法是缺乏依据的。

风景区规划范围一般要有规划范围原则和"四至"(即东、西、南、北所及)说明。以云居山—柘林湖风景名胜区的规划范围为例：

规划在《云居山—柘林湖风景名胜区总体规划大纲》范围划定的基础上，按照风景资源比较优势、典型性、差异性和完整性原则，兼顾风景资源的相对独立性、管理的必要性与可行性，进行合理调整和优化。划界遵循如下原则：

以主要景点为核心，考虑景区环境和主要视线走廊的视觉环境；考虑流域水土保护和污染源控制的需要；以山脊线、行政边界线、主要道路、水域等地形标志物为依托。

划定风景名胜区"四至"范围为：

东部以105国道周田段经永武公路跨易家河大桥至316国道为界。

南部以瑶田村经菊花尖、桃花尖沿永修与武宁交界线至永武公路。

西部沿永武公路经武宁县泉口村至县城东缘过武宁大桥至宋溪镇张家垄为界。

北部以宋溪镇至西海旅游公路接316国道。

总面积为680 km²。其中云居山片区面积为208.8 km²，柘林湖片区面积为471.2 km²(其中水面248.28 km²)，由64个坐标点进行控制(表3-2)。

在风景名胜区的外围，根据景源保护和视域需要，将武宁县城、修河上游部分汇水区域以及南、北两侧可视山体划分为外围保护地带，面积为324.6 km²。

表3-2　云居山—柘林湖风景名胜区边界坐标一览表

序号	东经 (度/分/秒)	北纬 (度/分/秒)	序号	东经 (度/分/秒)	北纬 (度/分/秒)
1	115°07′31″	29°15′12″	11	115°23′09″	29°12′09″
2	115°08′48″	29°14′26″	12	115°24′14″	29°12′29″
3	115°10′07″	29°14′01″	13	115°27′17″	29°10′33″
4	115°11′11″	29°13′29″	14	115°25′02″	29°10′00″
5	115°12′49″	29°13′46″	15	115°25′38″	29°09′08″
6	115°15′49″	29°13′49″	16	115°26′32″	29°08′33″
7	115°18′45″	29°13′24″	17	115°27′07″	29°08′44″
8	115°21′10″	29°12′36″	18	115°28′22″	29°08′39″
9	115°21′56″	29°11′56″	19	115°29′26″	29°07′39″
10	115°22′32″	29°11′48″	20	115°30′15″	29°06′38″

续表

序号	东经 (度/分/秒)	北纬 (度/分/秒)	序号	东经 (度/分/秒)	北纬 (度/分/秒)
21	115°30′56″	29°06′22″	43	115°32′28″	29°16′09″
22	115°31′25″	29°05′11″	44	115°32′31″	29°17′15″
23	115°31′29″	29°04′30″	45	115°31′43″	29°17′51″
24	115°32′55″	29°04′07″	46	115°28′42″	29°18′07″
25	115°35′12″	29°03′59″	47	115°27′22″	29°18′07″
26	115°36′15″	29°03′30″	48	115°26′23″	29°18′36″
27	115°38′36″	29°04′41″	49	115°23′50″	29°18′40″
28	115°39′20″	29°06′01″	50	115°22′55″	29°19′10″
29	115°39′19″	29°06′59″	51	115°21′18″	29°19′45″
30	115°38′13″	29°07′52″	52	115°20′33″	29°20′23″
31	115°37′03″	29°08′48″	53	115°19′30″	29°20′39″
32	115°36′10″	29°09′12″	54	115°18′44″	29°20′27″
33	115°35′20″	29°09′14″	55	115°16′18″	29°20′29″
34	115°35′02″	29°10′15″	56	115°14′09″	29°20′14″
35	115°34′25″	29°10′14″	57	115°12′51″	29°20′13″
36	115°34′38″	29°10′46″	58	115°11′55″	29°19′46″
37	115°33′21″	29°11′33″	59	115°09′12″	29°18′59″
38	115°32′08″	29°12′04″	60	115°07′40″	29°19′04″
39	115°31′31″	29°11′57″	61	115°07′51″	29°18′42″
40	115°31′14″	29°12′57″	62	115°06′49″	29°17′36″
41	115°31′47″	29°13′58″	63	115°06′58″	29°16′52″
42	115°32′29″	29°15′09″	64	115°07′25″	29°15′50″

二、性质的确定

　　风景区规划的性质不同于风景名胜区的一般性质,它是给一个个别风景名胜区确定特有的性质,即特有的特点和作用。性质确定于规划之初,贯彻于规划之中,验证和调整于规划之末,是规划中的一项重要任务。

只有明确了一个风景名胜区的性质,规划才能突出其特点,安排相应的设施和活动,才能避免盲目地模仿和抄袭。以天下秀著称的峨眉山,其秀丽主要体现在中低山部分丰富的植物种质和群落,黑、白两龙江的清溪、奇石。但至高山部分,海拔 3 100 m,一山突起,直插云天,就不仅是"秀",而是"雄秀"了。峨眉山还有丰富的典型地质现象、佛教名山的历史文化和众多的名胜古迹,这样就形成了峨眉山具有悠久的历史和丰富的文化、科学内容,景层高、游程长、雄秀神奇的山岳风景名胜区性质。

风景区的性质,需依据风景区的典型景观特征、游赏欣赏特点、资源类型、区位因素以及发展对策与功能选择来确定。风景区的性质必须明确表述风景特征、主要功能、风景区级别等三方面的内容,定性用词应突出重点,准确精练。其中,景观的典型性特征常分成若干个层次表达,最精练的一层仅用一句或若干词组。风景区的主要功能则常从下述 7 个方面表达,它们是游憩娱乐、审美与欣赏、认识求知、休养保健、启迪寓教、保存保护培育、物质生产与旅游经济等;风景区的级别,已正式列入两级名单者其级别已肯定。对于尚未定级的风景区,规划者常称谓具有国家意义或省级意义的风景区。

举例:以下几个风景区的性质就是从 3 个方面进行说明的:

承德避暑山庄外八庙:以我国现存最大的皇家名园和大型寺庙古建筑为主体,并兼有我国北方典型的丹霞地貌为其风景特征,以欣赏、游览观光为主要旅游内容,同时也是开展清代历史文化研究和地质地貌、科技等项活动的国家级风景名胜区。

广东丹霞风景区:以丹崖—碧水—绿树为整体景观特征,兼有宗教文化景观和历史遗迹,可开展以观光旅游为主,兼可开展宗教旅游、娱乐、休养度假以及科研科普等活动的国家级风景名胜区。

青岛崂山风景区:是青岛崂山风景区域的组成部分,以山海奇观和历史名山为风景特征,可供欣赏游览、度假康复以及开展部分科学文化活动的国家级风景区。

五大连池风景区:是以火山地貌为特征的,供旅游观光、疗养度假及科学考察的综合型国家级风景区。

嵩山风景区:是中国古代中原文明的荟萃之地,以保护和发扬中华民族悠久文化与自然山水为主要任务,供国内外游人游憩观光、科研教育的典型的山岳型国家级风景区。

浙江仙岩风景区:以银瀑、碧潭、奇洞、怪石为特色,以游览观光为主,人文景观和自然景观相结合的省级风景区。

第八节　风景名胜区的规划分区、结构与布局

一、风景名胜区的规划分区

风景名胜区规划中的分区因侧重点及需要不同有不同的分区方法：①需调节控制功能特征时，应进行功能分区；②需组织景观和游赏特征时，应进行景区划分；③需确定保护培育特征时，应进行保护区划分；④在大型或复杂的风景区中，可以几种方法协调并用。风景名胜区应根据规划对象的属性、特征及其存在环境进行合理区划，并遵循以下原则：

第一，同一区内的规划对象的特征及其存在环境应基本一致。

第二，同一区内的规划原则、措施及其成效特点应基本一致。

第三，分区应尽量保持原有的自然、人文、现状单元界限的完整性。

1. 功能区划分

在风景名胜区规划中，根据主要功能发展需求而划分的一定用地范围，形成相对独立的功能分区特征。其作用在于通过划分把风景区划分为功能各异、大小不同的空间，使公园及各景区的主题明确，便于游客游览和风景区的经营管理。

2. 景区划分

景区是根据景源类型、景观特征或游赏需求而划分的一定用地范围，它包括较多的景物和景点或若干景群。景区的划分是根据风景名胜资源特征的相对一致性、游赏活动的连续性、开发建设的秩序性等原则来划分的，带有明显的空间地域性。划分景区有利于游赏线路的合理组织、游客容量的科学调控、游览系统的分期建设、典型景观的整体塑造。

3. 保护区划分

随着风景名胜资源保护工作力度的不断加强，以强化资源保护与培育为目标的分区方式——保护区划分应运而生。保护区划分主要是依据保护各类景观资源的重要性、脆弱性、完整性、真实性等为基本原则，划定相应的生态保护区、自然景观保护区、史迹保护区等区域，并对相应的保护区制定严格的保护与培育措施，使资源的保护在空间上有了明确的限定性，为资源的保护提供可靠的地域划分界限。

二、风景名胜区的结构与布局

1. 风景名胜区的结构

风景名胜区的规划结构，是为了把众多的规划对象组织在科学的结构规律或模型关系之中，以便针对规划对象的性能和作用结构，进行合理地规划配置，实施结构内部各要素间的本质性联系、调节和控制，使其有利于规划对象在一定的结构整体中发挥应有的作用，也有利于满足规划目标对其结构整体的功能要求。

（1）规划结构的原则：规划结构方案的形成可以概括为 3 个阶段：首先要界定规划内容组成及其相互关系，提出若干结构模式；然后利用相关信息资料对其分析比较，预测并选择规划结构；进而以发展趋势与结构变化，对其反复检验和调整，并确定规划结构方案。

风景名胜区规划应依据规划目标和规划对象的性能、作用及其构成规律，组织整体规划结构或模型，并应遵循下列原则：

①规划内容和项目配置应符合当地的环境承载能力、经济发展状况和社会道德规范，并能促进风景名胜区的自我生存和有序发展。

②有效调节控制点、线、面等结构要素的配置关系。

③解决各枢纽或生长点、走廊或通道、片区或网点之间的本质联系和约束条件。

（2）结构网络：风景名胜区作为一个相对完整的系统，是由多项子系统构成的，而每个子系统又是由更多的低层系统构成，所以风景名胜区实际上是由多种要素所构成的一个完整的职能网络系统。这一网络系统主要由 3 个子系统构成，它们是风景游赏系统、旅游设施配套系统、居民社会管理系统。在这 3 个子系统中，风景游赏系统占有主导地位，而其他两个子系统处于辅助地位。这样一个网络系统结构在强化风景名胜区所产生的环境、社会、经济效益的同时，进一步突出了风景名胜资源保护与培育工作的重要性（图 3-6）。

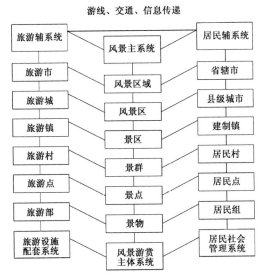

图 3-6　风景名胜区系统构成

（资料来源：《风景名胜区规划规范》）

2.风景名胜区的规划布局

风景名胜区的规划布局,是为了在规划界限内,将规划构思和规划对象通过不同的规划手法和处理方式,全面系统地安排在适当位置,为规划对象的各组成要素、各组成部分均能共同发挥其应有作用创造满意条件或最佳条件,使风景名胜区成为有机整体。规划布局是在规划分区、规划结构之后,对风景名胜区地域空间进行进一步细化和控制的方法。

风景名胜区依据规划对象的地域分布、空间关系和内在联系等条件,采取星座型(散点式)、链珠型(串联式)、渐进式、组团式、放射型(核式)等单独或组合形式,来确定风景名胜区规划的整体布局(图3-7)。

(1)星座型散点式:风景资源特征较为均质,景区规模近似,且较为独立,景区的布局易形成平行并列的结构,连接方式也易成网络型。

如庐山景区"牯岭景区、山南景区、沙河景区、九江市景区、独立风景点(3个)"呈四区三点散点式布局。

(2)链珠型串联式:较常见的景区布局,分环形、线形两种。以旅游路线依次串接景区,景区之间没有明显的主次关系,各景区连接简单,没有选择障碍,游客能以最便捷的道路、最节省的时间实现最佳的游览效果。其中以环形多出口布局系统为佳,不走回头路,利于游客疏散与容量控制。

(3)渐进式:与串联式布局接近,也可分环形、线形两种。但景区具有明显的序列关系,呈现起承、转合、高潮的线性顺序,要考虑正向序列和逆向序列的关系。同时,存在核心景区,且与其他景区关系密切,相互依存。

如泰山主景区从岱庙景区-红门景区-中天门景区-南天门景区-岱顶景区,呈现渐进式的景区序列布局。

(4)组团式:景区划分具有层次性,易形成圈层式组团结构。

如武夷山79 km²,分两个景片:武夷山景片、城村景片。武夷山景片又分5个景区:溪南景区、武夷宫景区、云窝天游桃源洞景区、九曲溪景区、山北景区;城村景片分城村景区。

(5)放射型核式:以一个或多个主要精华景区作为中心,四周通过道路、山脉、河流等沟通连接其他景区,形成核心结构,易形成放射状布局。

如崂山形成的以巨峰风景游览区为中心,沿放射状山脉分布其他7个风景游览区,通过放射状的山涧、山岭、登山游览路沟通。

在确定规划布局形式的过程中,需要遵循以下原则:

(1)正确处理局部、整体、外围三个层次的关系。

(2)解决规划对象的特征、作用、空间关系的有机结合问题。

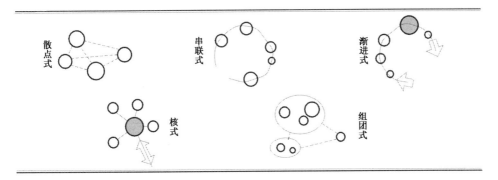

图 3-7 风景名胜区空间布局模式示意

（3）调控布局形态对风景区有序发展的影响，为各组成要素、各组成部分能共同发挥作用创造满意条件。

（4）构思新颖，体现地方和自身特色。

[案例]哈尔滨太阳岛风景名胜区布局结构（黑龙江省城市规划勘测设计研究院）

根据太阳岛风景区的实际情况，本规划对其职能结构和空间布局结构进行研究。在结构分析研究的基础上，进行风景区功能区规划和景区规划。

1. 职能结构

太阳岛风景名胜区规划职能结构是由风景游赏和旅游接待服务设施两个职能系统组成的复合型结构。太阳岛风景区位于哈尔滨市南北主城区之间，松花江两岸滨水城区与风景区在交通联络、景观影响、服务设施、基础设施、人员往来等方方面面联系紧密，为此两岸滨水城区居民社会系统是风景区职能结构的重要补充。

2. 布局结构

在对风景区现状进行充分调查研究的基础上，依据景观资源属性、特征和地域分布、空间关系，在保持原有的自然地域单元和人文景观单元的完整性，并为景区未来的发展留有足够的弹性空间的原则指导下，遵从风景区的性质，突出风景区的特征，协调风景资源保护与风景游览的关系，为实现风景区的发展目标，确定风景区规划布局结构。

太阳岛风景区布局呈现"星河式"布局模式——松花江水开阔壮丽，众多岛屿星罗棋布。可以概括为："一江、一核、五片、十区、二十四景"（图3-8）。

一江：松花江。规划使太阳岛与松花江两岸风景线景观与旅游线路有机结合，体现松花江地带风景和谐之美。

一核：核心景区。突出风景区的景观资源保护职能，保护风景区内有科学研究价值、保存价值的生物群落及其环境；自然景物、人文景物集中，最具观赏价值，需要严格

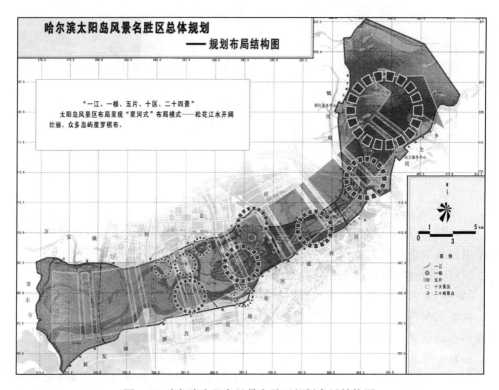

图 3-8　哈尔滨太阳岛风景名胜区规划布局结构图

保护的区域。

五片：将风景区用地划分为五个功能片区,分别是太阳岛休闲服务区、西南部生态恢复片区、西北部湿地生态游览片区、中部"三野"休闲游览片区、东部水上休闲运动片区。

十区：规划十大景区,分别是金河湾湿地公园景区、阳明滩景区、群力外滩景区、天鹅湖景区、动植物观赏景区、太阳岛文化风情景区、水上公园景区、欢乐岛景区、航运港口景区、星海景区。

二十四景：分别是冰雪大世界、雪博园、俄罗斯风情小镇、系列文化博物馆群、水阁云天、太阳门、太阳瀑、太阳桥、极地馆、省博物馆、欢乐岛、世界园艺博览园、冰雪迪斯尼乐园、东北虎林园、西四环大桥、湿地博览长廊、湿地动植物天堂、天鹅主雕、丹鹤塔、冬泳乐园、阳光沙滩、月琴港、阿勒锦水上人家、星海羲湾。

第四章　风景资源调查

　　风景资源调查是风景区规划的基础工作,调查工作的全面、深入、准确与否,直接关系到风景区开发利用的成效;风景资源调查也是风景资源评价的前期工作,注重对风景资源单体的深入了解和基本信息的掌握,为评价风景资源整体提供资料。

第一节　风景资源调查的目的和原则

一、风景资源调查的目的

　　风景资源调查是进行风景资源评价、风景区规划与环境保护的最基本工作。其主要目的是,查明各类可利用的风景资源及开发条件,为风景资源评价和风景区规划提供有力的参考依据。

　　(1)通过风景资源调查,可以全面系统地掌握调查区风景资源的数量、分布、规模、组合状况、成因、类型、功能和特征等,从而为风景资源评价、管理和规划部门制定风景区总体规划提供具体而翔实的资料。

　　(2)通过风景资源调查,建立风景资源上述各方面的数据库,并联接到区域信息库中,从而起到摸清家底的作用,使区域风景资源的管理、利用和保护工作更趋科学化和现代化。

　　(3)通过风景资源的定期调查,及时更改和修正数据库信息,可以使管理部门动态地掌握风景资源的开发利用状态,获得及时、准确的相关信息,对区域经济发展和管理工作有很大的参考价值。

二、风景资源调查的原则

　　在风景资源调查中应遵循以下原则:

　　1. 客观性原则

　　调查者必须亲临现场进行野外调查、记录、拍照、录像、测量或素描,必要时进行采样和室内分析,及时在现场填写调查表格。虽然经搜集整理而获得的第二手资料是野外调查的良好补充,但由于风景资源所具有的动态性特征,实地考察仍是风景资源调查中必不可少的重要环节,以确保调查结果真实可靠。

　　2. 科学性原则

　　在风景资源调查中,科学的技术手段,如 RS、GPS 等,将有助于调查者发现新的风景资源,提高野外调查的效率和准确性,并可服务于风景资源的保护。科学性的另一方面是要求调查者在资源调查过程中,应用科学的观点,透过风景资源的表象,调查其形成原因,以挖掘风景资源的内在科学美。

3. 准确性原则

只有在资源调查结果准确无误的前提下,才能保证风景资源开发利用的合理性,特别是在调查风景资源的特征、成因和类型时,调查者必须尊重客观事实,坚持科学分析,以确保调查结果的准确无误。

第二节　风景资源调查的内容

作为一个可供开发利用的风景区必须同时具备高质量的内部构成和良好的外部条件。高质量的内部构成就是要求具有一定规模和数量的自然景观和人文景观;良好的外部条件是指景区所处的良好的区域特征和开发条件。因此,风景资源调查的内容,大体可以分为基本区域特征调查、开发条件调查、风景资源调查和相邻地区相关资料的调查等4个方面。

一、基本区域特征调查

1. 自然条件调查

(1)风景区的地理位置

景区的四至和范围、经纬度、相邻地区名称。

(2)地质地貌特征

①岩性的调查。自然景观类型和特性的不同常常取决于其组成物质的不同。如:同是山体,花岗岩的自然雕像质朴、浑厚、线条简洁,石灰岩经流水溶蚀风化,其自然雕像则以玲珑精细、线条曲折多变为特色,而由砂页岩组成的山体,由于岩层抗风化能力的差异,那些水平和近水平的岩层形成参差悬空、棱角锋利、线条清晰、变化多姿的奇丽景色。

②地层及内部结构的调查。如石英砂岩、水平层理和地壳抬升,就是张家界森林公园自然景观的形成基础。

③地形的调查。最高、最低海拔及平均海拔。

④地质构造发育特征和活动强度的调查。这对于掌握自然景观类型及展布规律,了解自然景观的成因,预测地下景观的分布是十分必要的,并对后期基础设施的选址以及游客安全的管理有着重要的指导意义。

(3)气候特征:调查区的年降水量及其分布,年降水日数,各月平均气温,最热月与最冷月平均气温,年平均日照小时,相对湿度,年平均有雾日数及出现月份,年平均无霜期及起止月份,全年游览适宜日数及起止月份等。

(4)水文特征:调查区的地表水和地下水不仅可以构成风景资源,也可成为未来开发中的重要水源,但水灾有可能带给游客和风景资源的不利影响应同样是调查者所关注的。水文特征调查的内容包括:地表水和地下水的类型、分布和水位,季节性的水量变化,可供开采的水资源,已发生的由降水引发的灾害事件(如洪水、滑坡、泥石流等)。

(5)土壤和植被特征:土壤和植被类型、分布,植被覆盖率,树种,水土流失情况等。

(6)动物特征:动植物的类型、分布,珍稀动物的生活习性和保护情况。

(7)环境背景:区内、区外的大气成分、水质、土壤质量及其污染情况。

2. 社会环境背景调查

(1)调查区的社会治安。

(2)调查区的人口。

(3)当地居民的文化素养和宗教信仰。

(4)调查区的物产情况。

(5)调查区的历史文化。

(6)调查区的民俗风情。民族文化和民族团结状况、工艺美术、独特的民俗风情、传统节日、集会等。

二、调查区开发条件与开发现状调查

1. 调查区的经济状况

(1)工、农、林、牧等产业产值、产量。

(2)地方经济特点及发展水平。

(3)年人均收入情况。

2. 内外交通条件

(1)调查景区内现有各类道路等级、里程、路况、行车密度,区内交通方式类型。

(2)调查景区到依托大中城市、飞机场、火车站、港口的距离,以及车站与港口的等级。

(3)调查景区到现有铁路、等级公路、国道、省道等交通干线的距离。

3. 基础设施条件

(1)给排水条件。

(2)变压电供应情况。

(3)旅游接待服务设施。

4. 不利条件

(1)多发性气候灾害:调查暴雨、山洪、冰雹、强风暴、沙尘暴等灾害天气出现的季节、月份、频率、强度以及对旅游、交通、居民的危害程度等。

(2)突发性灾害:调查已发生的突发性灾害,如山崩、滑坡、泥石流、地震、火山、海啸等出现的时间、强度及危害程度等,并依据现有资料尽可能准确地对未来突发性灾害的出现时间、强度和危害程度作出预测和预报。

(3)其他不利因素:调查放射性地质体,有害游人健康、安全的气候和生物因素,可造成大气、水体污染的工矿企业以及恶性传染病和地方性流行性疾病等。

三、风景资源调查

风景资源调查的对象是风景资源单体,即可作为独立观赏或利用的风景资源基本类型的单独个体,包括"独立型风景资源单体"和由同一类型的独立单体结合在一起的"集合型风景资源单体"。

1. 调查自然景观

深入细致地调查自然风景资源的基本数量、质量特征、规模、类型、地理分布和组合状况。以泉为例,需要调查泉眼数,泉眼的形状,泉水的水质和颜色,泉水的涌水量,泉的喷涌高度和特征,泉眼的分布规模,泉的类型。如果是间歇泉,需要调查间歇时间;如果是温泉,还需要了解温度有多高等。

2. 调查人文景观

调查包括各种类型的人文景观单体。

(1)调查现存的、有具体形态的物质实体。

(2)调查历史上有影响但已毁掉的人文遗迹。

(3)调查不具有具体物质形态的文化因素,如民情风俗、民间传说和民族文化。

对于不复存在的文物古迹和不具物质形态的文化因素,要进行反复调查和访问,全面收集资料,广泛听取意见,坚持资料调查的准确性和客观性原则。

四、相邻地区相关资源调查

(1)调查景区与相邻区风景资源类型的异同及质量差异,在这一比较中,寻找出调查区的优势、不足和特点,为制定开发重点提供依据。

(2)调查景区与相邻区风景资源的相互联系及所产生的积极和消极影响。

(3)调查景区的风景资源在所属区域中的层次和地位。

第三节　风景资源调查的程序

风景资源调查通常可分为 3 个阶段。

一、调查准备工作

在调查准备阶段应做好以下几项工作:

1. 组织准备

由于风景资源规划涉及的管理部门很多,与之相关联的学科也很广,因此需要组成一个由当地政府工作人员、多学科专家参加的调查小组,或调查组成员具备多学科的知识基础,要求具有风景园林学、规划学、建筑学、生态学、地学、旅游管理、历史文化、社会学等方面的知识。调查成员必须身体健康,必要时需进行野外考察的基本功培训,如野外方向辨别、样品的采集、野外素描、野外伤病急救等。

2. 资料准备

(1)文字资料:有关调查区的地质、地貌、水文、气象、土壤、生物以及社会经济状况等调查统计资料;各种书籍、报刊、宣传材料上的有关调查区域内风景资源的资料;有关主管部门保留的前期调查文字资料;地方志书、乡土教材、有关诗词、游记等;当地现代和历史英雄、文化名人的传记等资料;旅游区与旅游点的介绍;规划与专题报告等。

(2)图形资料:根据不同规划范围,需准备不同比例尺的地形图,一般范围大的可以选取较小比例尺地图,范围小的可以选取较大比例尺地图,主要有 1:25 000,最好是 1:10 000 或更大比例尺的地形图。此外,还应收集调查区的名胜古迹分布、植被分布图、规划图、水文图、地方交通图、土地利用图、坡度图等。

(3)影像资料:通过网络、书刊和相册收集有关的黑白、彩色照片,有关调查区的摄像资料、光盘资料、声音资料、航空相片和卫星相片。

3. 器械准备

(1)基本用具:绘图用具、一般测量仪器(卷尺、罗盘、海拔仪)、安全用品、生活用品等。

(2)仪器设备:全球定位系统、普通或数码相机、摄像机、手提电脑、小型录音机等。

(3)交通通信设备:越野汽车、手机、对讲机等。

4. 技术准备

(1)制订工作计划:对已收集到的文字、图形和影像资料进行整理分析,确定调查范围、调查对象、调查工作的时间表、调查路线、投入人力与财力的预算、调查分组及人员分工等。

(2)制定调查标准:在对已有资料分析的基础上,制定出各类调查单体的调查表格,表格应包括总序号、名称、基本类型、地理坐标、性质与特征、区位条件、保护和开发现状等。通过对调查人员的培训,统一表格填写标准及调查成果的表达方式。对于第二手资料中介绍详尽的风景资源,可直接填写风景资源调查表,便于野外核实,补充缺漏。

二、实地调查阶段

这一阶段的主要任务是在准备工作、特别是对第二手资料的分析基础上,调查者通过各种调查方式获得翔实的第一手资料。

1. 调查方式

风景资源调查依据调查的范围、阶段和目的的不同可分为概查、普查和详查三种。

(1)概查

范围:全国性或大区域性的风景资源调查,在对二手资料分析整理的基础上,进行一般性状况调查。

比例尺:小比例尺,通常利用比例尺小于1：500 000的地理底图。

方法:填制调查表格或调查卡片,并适当地进行现场核实。

结果:风景资源分布图。

目的:对已开发或未开发的已知点进行现场核查和校正,全面了解区域内的风景资源类型及其分布情况和目前开发程度,为宏观管理和综合开发提供依据。

特点:周期短、收效快,但信息量丢失较大,容易对区域内风景资源的评价造成偏差。

(2)普查

范围:对一个风景资源开发区或远景规划区的各种风景资源进行综合性调查。

比例尺:大、中比例尺,一般利用1：50 000～1：200 000的地理底图或地形图。

方法:

· 以路线调查为主,对风景资源单体逐一进行现场勘察。

· 利用素描、摄像、摄影等手段记录可供开发的景观特征。

· 将所有风景资源单体统一编号、翔实记录,并标在地形底图上。

结果:风景资源图、调查报告、摄影集和录像带。

目的:为风景区提供翔实的风景资源分布和景观特征的资料,为风景资源的开发评价和决策做准备。

特点:周期长、耗资高、技术水平高,尚未在我国大范围、大规模进行。

(3)详查

范围:带有研究目的或规划任务的调查,通常调查范围较小,普查所发现的风景资源,经过筛选,确定一定数量的高质量、高品质的景观作为开发对象。

比例尺:大比例尺,一般利用1：5 000～1：50 000的地形图。

方法:

· 确定调查区内的调查小区和调查线路

为便于运作和此后风景资源评价、风景资源统计、区域风景资源开发的需要,将整个调查区分为“调查小区”。调查小区一般按行政区划分(如省一级的调查区,可将地区一级的行政区划分为调查小区;地区一级的调查区,可将县一级的行政区划分为调查小区;县一级的调查区,可将乡镇一级的行政区划分为调查小区),也可按现有或规划中的风景区域划分。

调查线路按实际要求设置,一般要求贯穿调查区内所有调查小区和主要风景资源单体所在的地点。

·选定调查对象

选定下述单体进行重点调查:具有旅游开发前景,有明显经济、社会、文化价值的风景资源单体;集合型风景资源单体中具有代表性的部分;代表调查区形象的风景资源单体。

·对下列风景资源单体暂时不进行调查:明显品位较低,不具有开发利用价值的;与国家现行法律、法规相违背的;开发后有损于社会形象或可能造成环境问题的;影响国计民生的;某些位于特定区域内的。

·填写《风景资源单体调查表》(表4-1)

结果:景观详查图或实际材料图、详查报告、相关图件和录像资料。详查图上除标明景观位置外,还应标明建议的最佳观景点、旅游线路和服务设施点。

目的:全面系统地掌握调查区风景资源的数量、分布、规模、组合状况、成因、类型、功能和特征等,从而为风景资源评价和风景区总体规划提供具体而翔实的第一手资料。

特点:目标明确、调查深入,但应以概查和普查的成果为基础,避免脱离区域背景下的单一景点的静态描述。

2. 调查方法

(1)野外实地踏勘:这是最基本的调查方法,调查者通过观察、测量、绘图、填表、摄影、摄像和录音等手段,直接接触风景资源,获得最原始的第一手资料。风景资源单体调查表、风景资源分布草图均要求调查者在现场完成,以保证第一手资料的客观性和准确性。如在野外调查后,发现风景资源单体或单体的调查因子方面有遗漏或缺项,应针对缺漏进行补充调查。补充调查的工作量虽小,但很重要,因为实际情况的任何缺漏,都可能对资源评价和景区规划造成影响,所以一旦发现缺漏,应立即进行补充调查。

(2)访问座谈:这是风景资源调查的一种辅助方法。通过走访当地居民或邀请一些熟悉当地情况的人座谈等方式,增加信息收集渠道,为实地勘察提供线索、确定重点,提高勘察的质量和效率。访问座谈是了解当地民俗风情、历史事件、故事传说以及山水风景的快捷有效的办法。虚心、耐心地向当地居民请教,常常会收到事半功倍的效果或有意想不到的收获。访问座谈要求预先精心设计询问或讨论的问题,便于在尽可能短的时间内引导调查对象讲述有关信息,达到调查目的。调查对象也应具有代表性,如老年人、文化馆的工作人员、行政官员,当地从事地质、历史、水文等研究的人员。

(3)遥感调查法:对于较大区域的或地势险峻地区的风景资源调查工作,应用遥感技术可以提高效率,并保证了调查者的安全。遥感图像可帮助我们掌握调查区的全局情况、风景资源的分布状况、各类资源的组合关系,发现野外调查中不易发现的潜在风景资源。在人烟罕至、山高林密、常人无法穿越的地带,遥感调查更显示出其优势所在。不过,由于受拍摄时间等方面的限制,遥感调查法也有一些局限性,应作为一种辅助调查方法结合历史文献进行野外实地调查。

(4)问卷调查:也是一种重要的方法,是通过游客、居民、行政等渠道分发问卷,请有关人员和部门填写。这种调查方法可以在短时间内收集大量的信息,并可以对收集的信息加以分析,而将分析结果运用到规划决策当中。但调查问卷中提问的方式、问题的设计、问卷填写人员的背景等方面都需要进行精心的筛选与推敲,以保证调查结果的可用性与有效性。

表 4-1　旅游资源单体调查表格式

序　　号	
名　　称	
基本类型	
行政位置	
地理位置	东经　　°　　′　　″,北纬　　°　　′　　″

性质与特征(单体性质、形态、结构、组成成分的外在表现和内在因素,以及单体生成过程、演化历史、人事影响等主要环境因素):

旅游区域及进出条件(单体所在地区的具体部位、进出交通、与周边旅游集散地和主要旅游区[点]之间的关系):

保护与开发现状(单体保存现状、保护措施、开发情况):

共有因子评价问答(你认为本单体属于下列评价项目中的哪个档次,应该得多少分数,在最后的一列内写上分数)

评价项目	档　　次	本档次规定得分	你认为应得的分数
单体为游客提供的观赏价值,或游憩价值,或使用价值如何?	全部或其中一项有极高的观赏价值、游憩价值、使用价值	30～22	
	全部或其中一项有很高的观赏价值、游憩价值、使用价值	21～13	
	全部或其中一项有较高的观赏价值、游憩价值、使用价值	12～6	
	全部或其中一项有一般的观赏价值、游憩价值、使用价值	5～1	

续表

单体蕴含的历史价值，或文化价值，或科学价值，或艺术价值如何？	同时或其中一项具有世界意义的历史价值、文化价值、科学价值、艺术价值	25～20	
	同时或其中一项具有全国意义的历史价值、文化价值、科学价值、艺术价值	19～13	
	同时或其中一项具有省级意义的历史价值、文化价值、科学价值、艺术价值	12～6	
	历史价值，或文化价值，或科学价值，或艺术价值具有地区意义	5～1	
物种是否珍稀，景观是否奇特，此现象在各地是否常见？	有大量珍稀物种，或景观异常奇特，或此类现象在其他地区罕见	15～13	
	有较多珍稀物种，或景观奇特，此类现象在其他地区很少见	12～9	
	有少量珍稀物种，或景观突出，或此类现象在其他地区少见	8～4	
	有个别珍稀物种，或景观比较突出，或此类现象在其他地区较多见	3～1	
如果是个体有多大规模？如果是群体，其结构是否丰满？疏密度怎样？各类现象是否经常发生？	独立型单体规模、体量巨大；组合型旅游资源单体结构完美、疏密度优良；自然景象和人文活动周期性发生或频率极高	10～8	
	独立型单体规模、体量较大；组合型旅游资源单体结构很和谐、疏密度良好；自然景象和人文活动周期性发生或频率很高	7～5	
	独立型单体规模、体量中等；组合型旅游资源单体结构和谐、疏密度较好；自然景象和人文活动周期性发生或频率较高	4～3	
	独立型单体规模、体量较小；组合型旅游资源单体结构较和谐、疏密度一般；自然景象和人文活动周期性发生或频率较小	2～1	
是否受到自然或人为干扰和破坏，保存是否完整？	保持原来形态与结构	5～4	
	形态与结构有少量变化，但不明显	3	
	形态与结构有明显变化	2	
	形态与结构有重大变化	1	
在什么范围内有知名度？在什么范围内构成名牌？	在世界范围内知名，或构成世界承认的名牌	10～8	
	在全国范围内知名，或构成全国性的名牌	7～5	
	在本省范围内知名，或构成省内的名牌	4～3	
	在本地区范围内知名，或构成本地区的名牌	2～1	

开发后,多少时间可以开发旅游?或可以服务于多少游客?	适宜游览的日期每年超过 300 天,或适宜于所有游客使用和参与	5～4	
	适宜游览的日期每年超过 250 天,或适宜于80%左右的游客使用和参与	3	
	适宜游览的日期每年超过 150 天,或适宜于60%左右的游客使用和参与	2	
	适宜游览的日期每年超过 100 天,或适宜于40%左右的游客使用和参与	1	
本单体是否受到污染?环境是否安全?有没有采取保护措施使环境安全得到保证?	已受到严重污染,或存在严重安全隐患	－5	
	已受到中度污染,或存在明显安全隐患	－4	
	已受到轻度污染,或存在一定安全隐患	－3	
	已有工程保护措施,环境安全得到保证	3	
本单体得分	本单体可能的等级	级	
填表人	调查组成员	调查日期	年　月　日

三、成果汇总阶段

1. 编写风景名胜区基础资料汇编

风景名胜区基础资料汇编是风景名胜区规划成果的附件之一,资料汇编的过程是对风景名胜区现状资料调查整理的过程。资料汇编强调"编"的形式,所以在资料的收集与整理过程中不要对原文加以修改,并对资料的来源、时间等内容加以标注,以保持资料信息的原真性与关联性。

2. 编写现状调查报告

现状调查报告是调查工作的综合性成果,是认识风景名胜区域内风景名胜资源的总体特征,并可从中获取各种专门资料和数据的重要文件,是规划的重要依据。报告主要包括 3 个部分:一是真实反映风景名胜资源保护与利用现状,总结风景名胜资源的自然和历史人文特点,并对各种资源类型、特征、分布及其多重性加以分析;二是明确风景名胜区现状存在的问题,全面总结风景名胜区存在的优势与劣势;三是在深入分析现状问题及现状矛盾与制约因素的同时,提出相应的解决问题的对策及规划重点。报告语言要简洁、明确,论据充分,尽量图文并茂。

3. 完成现状图纸的绘制

经过资料与现场数据的收集与整理,将各种调查结果转化为可视信息,通过图纸表达出来。主要包括风景名胜资源分布、旅游服务设施现状、土地利用现状、道路系统现状、居民社会现状等。要充分反映系统中各子系统及各要素之间的关系及存在特征。

第五章　风景资源评价

风景资源评价是风景区规划工作的重要基础,是确保风景区规划成功的必要条件之一。风景资源评价是在风景资源调查的基础上,通过分析和评价,明确风景资源的质量和开发条件,为确定风景区开发规模、开发主题、开发阶段和管理提供科学依据。客观而科学地评价风景资源是风景区规划的重要环节。

第一节　风景资源分类

风景资源,也称景源、景观资源、风景名胜资源、风景旅游资源,是指能引起审美与欣赏活动,可以作为风景游览对象和风景开发利用的事物与因素的总称,是构成风景环境的基本要素,是风景区产生环境效益、社会效益、经济效益的物质基础。为了做好景源调查,需要一种以景源调查为目的的应用性景源分类。景源分类既应遵循科学分类的通用原则,又应遵循风景学科分类或相关学科分类的专门原则,适应基础资料可以共用和通用与互用的社会需求。

一、分类原则

景源分类的具体原则是:

(1)性状分类原则:强调区分景源的性质和状态。

(2)指标控制原则:特征指标一致的景源,可以归为同一类型。

(3)包容性原则:即类型之间有较明显的排他性,少数情况有从属关系。

(4)约定俗成原则:社会和学术界或相关学科已成习俗的类型,虽不尽然合理而又不失原则尚可以意会的则保留其类型。

二、分类方案

由于风景旅游资源的多样性、广泛性、复杂性、重叠性,以及随时代的延展性,目前世界各国对旅游资源尚没有统一的分类方案。到目前为止,根据分类目的的不同,分类标准就有多种,如:

以风景旅游资源的特性作为分类标准,旅游资源评价的分类方案,通常采用这一分类标准,一般可划分为自然旅游资源和人文旅游资源两大类;

以风景旅游者的旅游动机作为分类标准,可划分为心理旅游资源、精神旅游资源、健身旅游资源和经济旅游资源;

以风景旅游活动的性质作为分类标准,可划分为观赏型旅游资源、运动型旅游资源、休养型旅游资源、娱乐型旅游资源以及特殊型旅游资源(如具有科学考察价值的旅游资源);

以旅游资源的时空存在方式作为分类标准,可划分为永久性旅游资源和可消耗性旅游资源;

以游客的体验作为分类标准,可划分为原始地区、近原始地区、乡村地区、人类利用集中的地区、城市化地区五大类;

以风景旅游资源的客体属性作为分类标准,可划分为物质性风景旅游资源、非物质性风景旅游资源、物质与非物质共融性风景旅游资源;

以风景旅游资源的形态作为分类标准,可划分为有形的旅游资源和无形的旅游资源;

以风景旅游资源开发利用的变化特征为分类标准,可划分为原生性风景旅游资源和萌生性风景旅游资源等。

在这里,以《风景名胜区规划规范》(1999)为依据,详细介绍一下以调查和评价为目的,按照资源特性,即按照风景旅游资源的现存状况、形态、特性进行划分的分类方案。

这里所列的景源调查内容分类有三层结构,即大类、中类、小类。其中,大类按习俗分为自然和人文两类(表5-1),在这两大类的基础上,进一步发展形成综合景观资源;中类基本上属景源的种类层,分为8个中类,在同一中类内部,或其自然属性相对一致、同在一个自然单元中,或其功能属性大致相同、同是一个人工建设单元和人类活动方式及活动结果;小类基本上属景源的形态层,是景源调查的具体对象,分为74个小类。当然,还可以进一步划分出数以百计的子类(表5-2)。

表 5-1　风景名胜资源分类简表

大类	中类	小　类
一、自然景源	1. 天景	(1)日月星光 (2)虹霞蜃景 (3)风雨阴晴 (4)气候景象 (5)自然声像 (6)云雾景观 (7)冰雪霜露 (8)其他天景
	2. 地景	(1)大尺度山地 (2)山景 (3)奇峰 (4)峡谷 (5)洞府 (6)石林石景 (7)沙景沙漠 (8)火山熔岩 (9)蚀余景观 (10)洲岛屿礁 (11)海岸景观 (12)海底地形 (13)地质珍迹 (14)其他地景
	3. 水景	(1)泉井 (2)溪流 (3)江河 (4)湖泊 (5)潭池 (6)瀑布跌水 (7)沼泽滩涂 (8)海湾海域 (9)冰雪冰川 (10)其他水景
	4. 生景	(1)森林 (2)草地草原 (3)古树名木 (4)珍稀生物 (5)植物生态类群 (6)动物群栖息地 (7)物候季相景观 (8)其他生物景观

续表

大类	中类	小　　类
二、人文景源	1. 园景	(1)历史名园 (2)现代公园 (3)植物园 (4)动物园 (5)庭宅花园 (6)专类游园 (7)陵园墓园 (8)其他园景
	2. 建筑	(1)风景建筑 (2)民居祠堂 (3)文娱建筑 (4)商业服务建筑 (5)宫殿衙署 (6)宗教建筑 (7)纪念建筑 (8)工交建筑 (9)工程构筑物 (10)其他建筑
	3. 胜迹	(1)遗址遗迹 (2)摩崖题刻 (3)石窟 (4)雕塑 (5)纪念地 (6)科技工程 (7)游娱文体场地 (8)其他胜迹
	4. 风物	(1)节假庆典 (2)民族民俗 (3)宗教礼仪 (4)神话传说 (5)民间文艺 (6)地方人物 (7)地方物产 (8)其他风物

（资料来源：《风景名胜区规划规范》，1999 年）

表 5-2　风景名胜资源分类细表

大类	中类	小　类	子　　类
一、自然景源	1. 天景	(1)日月星光	1)旭日夕阳 2)月色星光 3)日月光影 4)日月光柱 5)晕(风)圈 6)幻日 7)光弧 8)曙暮光楔 9)雪照云光 10)水照云光 11)白夜 12)极光
		(2)虹霞蜃景	1)虹霓 2)宝光 3)露水佛光 4)干燥佛光 5)日华 6)月华 7)朝霞 8)晚霞 9)海市蜃楼 10)沙漠蜃景 11)冰湖蜃景 12)复杂蜃景
		(3)风雨晴阴	1)风色 2)雨情 3)海(湖)陆风 4)山谷(坡)风 5)干热风 6)峡谷风 7)冰川风 8)龙卷风 9)晴天景 10)阴天景
		(4)气候景象	1)四季分明 2)四季常青 3)干旱草原景观 4)干旱荒漠景观 5)垂直带景观 6)高寒干景观 7)寒潮 8)梅雨 9)台风 10)避寒避暑
		(5)自然声像	1)风声 2)雨声 3)水声 4)雷声 5)涛声 6)鸟语 7)蝉噪 8)蛙叫 9)鹿鸣 10)兽吼
		(6)云雾景观	1)云海 2)瀑布云 3)玉带云 4)形象云 5)彩云 6)低云 7)中云 8)高云 9)响云 10)雾海 11)平流雾 12)山岚 13)彩雾 14)香雾
		(7)冰雪霜露	1)冰雹 2)冰冻 3)冰流 4)冰凌 5)树挂雾凇 6)降雪 7)积雪 8)冰雕雪塑 9)霜景 10)露景
		(8)其他天景	1)晨景 2)午景 3)暮景 4)夜景 5)海滋 6)海火海光 （合计84子类）

续表

大类	中类	小类	子类
一、自然景源	2.地景	(1)大尺度山地	1)高山 2)中山 3)低山 4)丘陵 5)孤丘 6)台地 7)盆地 8)平原
		(2)山景	1)峰 2)顶 3)岭 4)脊 5)岗 6)峦 7)台 8)崮 9)坡 10)崖 11)石梁 12)天生桥
		(3)奇峰	1)孤峰 2)连峰 3)群峰 4)峰丛 5)峰林 6)形象峰 7)岩柱 8)岩碑 9)岩嶂 10)岩岭 11)岩墩 12)岩蛋
		(4)峡谷	1)洞 2)峡 3)沟 4)谷 5)川 6)门 7)口 8)关 9)壁 10)岩 11)谷盆 12)地缝 13)溶斗天坑 14)洞窟山坞 15)石窟 16)一线天
		(5)洞府	1)边洞 2)腹洞 3)穿洞 4)平洞 5)竖洞 6)斜洞 7)层洞 8)迷洞 9)群洞 10)高洞 11)低洞 12)天洞 13)壁洞 14)水洞 15)旱洞 16)水帘洞 17)乳石洞 18)响石洞 19)晶石洞 20)岩溶洞 21)熔岩洞 22)人工洞
		(6)石林石景	1)石纹 2)石芽 3)石海 4)石林 5)形象石 6)风动石 7)钟乳石 8)吸水石 9)湖石 10)砾石 11)响石 12)浮石 13)火成岩 14)沉积岩 15)变质岩
		(7)沙景沙漠	1)沙山 2)沙丘 3)沙坡 4)沙地 5)沙滩 6)沙堤坝 7)沙湖 8)响沙 9)沙暴 10)沙石滩
		(8)火山熔岩	1)火山口 2)火山高地 3)火山孤峰 4)火山连峰 5)火山群峰 6)熔岩台地 7)熔岩流 8)熔岩平原 9)熔岩岩窟 10)熔岩隧道
		(9)蚀余景观	1)海蚀景观 2)溶蚀景观 3)风蚀景观 4)丹霞景观 5)方山景观 6)土林景观 7)黄土景观 8)雅丹景观
		(10)洲岛屿礁	1)孤岛 2)连岛 3)列岛 4)群岛 5)半岛 6)岬角 7)沙洲 8)三角洲 9)基岩岛礁 10)冲积岛礁 11)火山岛礁 12)珊瑚岛礁(岩礁、环礁、堡礁、台礁)
		(11)海岸景观	1)枝状海岸 2)齿状海岸 3)躯干海岸 4)泥岸 5)沙岸 6)岩岸 7)珊瑚礁岸 8)红树林岸
		(12)海底地形	1)大陆架 2)大陆坡 3)大陆基 4)孤岛海沟 5)深海盆地 6)火山海峰 7)海底高原 8)海岭海脊(洋中脊)
		(13)地质珍迹	1)典型地质构造 2)标准地层剖面 3)生物化石点 4)灾变遗迹(地震、沉降、塌陷、地震缝、泥石流、滑坡)
		(14)其他地景	1)文化名山 2)成因名山 3)名洞 4)名石 （合计149子类）

69

大类	中类	小 类	子 类
一、自然景源	3.水景	(1)泉井	1)悬挂泉 2)溢流泉 3)涌喷泉 4)间歇泉 5)溶洞泉 6)海底泉 7)矿泉 8)温泉(冷、温、热、汤、沸、汽) 9)水热爆炸 10)奇异泉井(喊、笑、羞、血、药、火、冰、甘、苦、乳)
		(2)溪涧	1)泉溪 2)洞溪 3)沟溪 4)河溪 5)瀑布溪 6)灰华溪
		(3)江河	1)河口 2)河网 3)平川 4)江峡河谷 5)江河之源 6)暗河 7)悬河 8)内陆河 9)山区河 10)平原河 11)顺直河 12)弯曲河 13)分汊河 14)游荡河 15)人工河 16)奇异河(香、甜、酸)
		(4)湖泊	1)狭长湖 2)圆卵湖 3)枝状湖 4)弯曲湖 5)串湖 6)群湖 7)卫星湖 8)群岛湖 9)平原湖 10)山区湖 11)高原湖 12)天池 13)地下湖 14)奇异湖(双层、沸、火、死、浮、甜、变色) 15)盐湖 16)构造湖 17)火山口湖 18)堰塞湖 19)冰川湖 20)岩溶湖 21)风成湖 22)海成湖 23)河成湖 24)人工湖
		(5)潭池	1)泉溪潭 2)江河潭 3)瀑布潭 4)岩溶潭 5)彩池 6)海子
		(6)瀑布跌水	1)悬落瀑 2)滑落瀑 3)旋落瀑 4)一叠瀑 5)二叠瀑 6)多叠瀑 7)单瀑 8)双瀑 9)群瀑 10)水帘状瀑 11)带形瀑 12)弧形瀑 13)复杂型瀑 14)江河瀑 15)涧溪瀑 16)温泉瀑 17)地下瀑 18)间歇瀑
		(7)沼泽滩涂	1)泥炭沼泽 2)潜育沼泽 3)苔草草甸沼泽 4)冻土沼泽 5)丛生嵩草沼泽 6)芦苇沼泽 7)红树林沼泽 8)河湖漫滩 9)海滩 10)海涂
		(8)海湾海域	1)海湾 2)海峡 3)海水 4)海冰 5)波浪 6)潮汐 7)海流洋流 8)涡流 9)海啸 10)海洋生物
		(9)冰雪冰川	1)冰山冰峰 2)大陆性冰川 3)海洋性冰川 4)冰塔林 5)冰柱 6)冰胡同 7)冰洞 8)冰裂隙 9)冰河 10)雪山 11)雪原
		(10)其他水景	1)热海热田 2)奇异海景 3)名泉 4)名湖 5)名瀑 6)坎儿井(合计117子类)
	4.生境	(1)森林	1)针叶林 2)针阔叶混交林 3)夏绿阔叶林 4)常绿阔叶林 5)热带季雨林 6)热带雨林 7)灌木丛林 8)人工林(风景、防护、经济)
		(2)草地草原	1)森林草原 2)典型草原 3)荒漠草原 4)典型草甸 5)高寒草甸 6)沼泽化草甸 7)盐生草甸 8)人工草地

70

续表

大类	中类	小　类	子　类
一、自然景源	4.生境	(3)古树名木	1)百年古树 2)数百年古树 3)超千年古树 4)国花国树 5)市花市树 6)跨区系边缘树林 7)特殊人文花木 8)奇异花木
		(4)珍稀生物	1)特有种植物 2)特有种动物 3)古遗植物 4)古遗动物 5)濒危植物 6)濒危动物 7)分级保护植物 8)分级保护动物 9)观赏植物 10)观赏动物
		(5)植物生态类群	1)旱生植物 2)中生植物 3)湿生植物 4)水生植物 5)喜钙植物 6)嫌钙植物 7)虫媒植物 8)风媒植物 9)狭湿植物 10)广温植物 11)长日照植物 12)短日照植物 13)指示植物
		(6)动物群栖息地	1)苔原动物群 2)针叶林动物群 3)落叶林动物群 4)热带森林动物群 5)稀树草原动物群 6)荒漠草原动物群 7)内陆水域动物群 8)海洋动物群 9)野生动物栖息地 10)各种动物放养地
		(7)物候季相景观	1)春花新绿 2)夏荫风采 3)秋色果香 4)冬枝神韵 5)鸟类迁徙 6)鱼类回游 7)哺乳动物周期性迁移 8)动物的垂直方向迁移
		(8)其他生物景观	1)典型植物群落(翠云廊、杜鹃坡、竹海……) 2)典型动物种群(鸟岛、蛇岛、猴岛、鸣禽谷、蝴蝶泉……)　　　　(合计67子类)
二、人文景源	5.园景	(1)历史名园	1)皇家园林 2)私家园林 3)寺庙园林 4)公共园林 5)文人山水园 6)苑囿 7)宅园圃园 8)游憩园 9)别墅园 10)名胜园
		(2)现代公园	1)综合公园 2)特种公园 3)社区公园 4)儿童公园 5)文化公园 6)体育公园 7)交通公园 8)名胜公园 9)海洋公园 10)森林公园 11)地质公园 12)天然公园 13)水上公园 14)雕塑公园
		(3)植物园	1)综合植物园 2)专类植物园(水生、岩石、高山、热带、药用) 3)特种植物园 4)野生植物园 5)植物公园 6)树木园
		(4)动物园	1)综合动物园 2)专类动物园 3)特种动物园 4)野生动物园 5)野生动物圈养保护中心 6)专类昆虫园
		(5)庭宅花园	1)庭园 2)宅园 3)花园 4)专类花园(春、夏、秋、冬、芳香、宿根、球根、松柏、蔷薇……) 5)屋顶花园 6)室内花园 7)台地园 8)沉床园 9)墙园 10)窗园 11)悬园 12)廊柱园 13)假山园 14)水景园 15)铺地园 16)野趣园 17)盆景园 18)小游园

大类	中类	小　类	子　类
二、人文景源	5.园景	(6)专类主题游园	1)游乐场园 2)微缩景园 3)文化艺术景园 4)异域风光园 5)民俗游园 6)科技科幻游园 7)博览园区 8)生活体验园区
		(7)陵园墓园	1)烈士陵园 2)著名墓园 3)帝王陵园 4)纪念陵园
		(8)其他园景	1)观光果园 2)劳作农园　　　　　　　　　　(合计68子类)
	6.建筑	(1)风景建筑	1)亭 2)台 3)廊 4)榭 5)舫 6)门 7)厅 8)堂 9)楼阁 10)塔 11)坊表 12)碑碣 13)景桥 14)小品 15)景壁 16)景柱
		(2)民居宗祠	1)庭院住宅 2)窑洞住宅 3)干阑住宅 4)碉房 5)毡帐 6)阿以旺 7)舟居 8)独户住宅 9)多户住宅 10)别墅 11)祠堂 12)会馆 13)钟鼓楼 14)山寨
		(3)文娱建筑	1)文化宫 2)图书阁馆 3)博物苑馆 4)展览馆 5)天文馆 6)影剧院 7)音乐厅 8)杂技场 9)体育建筑 10)游泳馆 11)学府书院 12)戏楼
		(4)商业建筑	1)旅馆 2)酒楼 3)银行邮电 4)商店 5)商场 6)交易会 7)购物中心 8)商业步行街
		(5)宫殿衙署	1)宫殿 2)离宫 3)衙署 4)王城 5)宫堡 6)殿堂 7)官寨
		(6)宗教建筑	1)坛 2)庙 3)佛寺 4)道观 5)庵堂 6)教堂 7)清真寺 8)佛塔 9)庙阙 10)塔林
		(7)纪念建筑	1)故居 2)会址 3)祠庙 4)纪念堂馆 5)纪念碑柱 6)纪念门墙 7)牌楼 8)阙
		(8)工交建筑	1)铁路站 2)汽车站 3)水运码头 4)航空港 5)邮电 6)广播电视 7)会堂 8)办公 9)政府 10)消防
		(9)工程构筑物	1)水利工程 2)水电工程 3)军事工程 4)海岸工程
		(10)其他建筑	1)名楼 2)名桥 3)名栈道 4)名隧道　　　　　(合计93子类)
	7.史迹	(1)遗址遗迹	1)古猿人旧石器时代遗址 2)新石器时代聚落遗址 3)夏商周都邑遗址 4)秦汉后城市遗址 5)古代手工业遗址 6)古交通遗址
		(2)摩崖题刻	1)岩面 2)摩崖石刻题刻 3)碑刻 4)碑林 5)石经幢 6)墓志
		(3)石窟	1)塔庙窟 2)佛殿窟 3)讲堂窟 4)禅窟 5)僧房窟 6)摩岸造像 7)北方石窟 8)南方石窟 9)新疆石窟 10)西藏石窟

续表

大类	中类	小　类	子　类
二、人文景源	7.史迹	(4)雕塑	1)骨牙竹木雕 2)陶瓷塑 3)泥塑 4)石雕 5)砖雕 6)画像砖石 7)玉雕 8)金属铸像 9)圆雕 10)浮雕 11)透雕 12)线刻
		(5)纪念地	1)近代反帝遗址 2)革命遗址 3)近代名人墓 4)纪念地
		(6)科技工程	1)长城 2)要塞 3)炮台 4)城堡 5)水城 6)古城 7)塘堰渠陂 8)运河 9)道桥 10)纤道栈道 11)星象台 12)古盐井
		(7)古墓葬	1)史前墓葬 2)商周墓葬 3)秦汉以后帝陵 4)秦汉以后其他墓葬 5)历史名人墓 6)民族始祖基
		(8)其他史迹	1)古战场　　　　　　　　　　　　　　　（合计57子类）
	8.风物	(1)节假庆典	1)国庆节 2)劳动节 3)双周日 4)除夕春节 5)元宵节 6)清明节 7)端午节 8)中秋节 9)重阳节 10)民族岁时节
		(2)民族民俗	1)仪式 2)祭礼 3)婚仪 4)祈禳 5)驱祟 6)纪念 7)游艺 8)衣食习俗 9)居住习俗 10)劳作习俗
		(3)宗教礼仪	1)朝觐活动 2)禁忌 3)信仰 4)礼仪 5)习俗 6)服饰 7)器物 8)标识
		(4)神话传说	1)古典神话及地方遗迹 2)少数民族神话及遗迹 3)古谣谚 4)人物传说 5)史事传说 6)风物传说
		(5)民间文艺	1)民间文学 2)民间美术 3)民间戏剧 4)民间音乐 5)民间歌舞 6)风物传说
		(6)地方人物	1)英模人物 2)民族人物 3)地方名贤 4)特色人物
		(7)地方物产	1)名特产品 2)新优产品 3)经销产品 4)集市圩场
		(8)其他风物	1)庙会 2)赛事 3)特殊文化活动 4)特殊行业活动（合计52子类）
三、综合景源	9.游憩景地	(1)野游地区	1)野餐露营地 2)攀登基地 3)骑驭场地 4)垂钓区 5)划船区 6)游泳场区
		(2)水上运动区	1)水上竞技场 2)潜水活动区 3)水上游乐园区 4)水上高尔夫球场
		(3)冰雪运动区	1)冰灯雪雕园地 2)冰雪游戏场区 3)冰雪运动基地 4)冰雪练习场
		(4)沙草游戏地	1)滑沙场 2)滑草场 3)沙地球艺场 4)草地球艺场
		(5)高尔夫球场	1)标准场 2)练习场 3)微型场
		(6)其他游憩景地	（合计21子类）

续表

大类	中类	小　类	子　　类
三、综合景源	10.娱乐景地	(1)文教园区	1)文化馆园 2)特色文化中心 3)图书楼阁馆 4)展览博览园区 5)特色校园 6)培训中心 7)训练基地 8)社会教育基地
		(2)科技园区	1)观测站场 2)试验园地 3)科技园区 4)科普园区 5)天文台馆 6)通讯转播站
		(3)游乐园区	1)游乐园地 2)主题园区 3)青少年之家 4)歌舞广场 5)活动中心 6)群众文娱基地
		(4)演艺园区	1)影剧场地 2)音乐厅堂 3)杂技场区 4)表演场馆 5)水上舞台
		(5)康体园区	1)综合体育中心 2)专项体育园地 3)射击游戏场地 4)健身康乐园地
		(6)其他娱乐景地	（合计29子类）
	11.保健景地	(1)度假景地	1)郊外度假地 2)别墅度假地 3)家庭度假地 4)集团度假地 5)避寒地 6)避暑地
		(2)休养景地	1)短期休养地 2)中期休养地 3)长期休养地 4)特种休养地
		(3)疗养景地	1)综合疗养地 2)专科病疗地 3)特种疗养地 4)传染病疗养地
		(4)福利景地	1)幼教机构地 2)福利院 3)敬老院
		(5)医疗景地	1)综合医疗地 2)专科医疗地 3)特色中医院 4)急救中心
		(6)其他保健景地	（合计21子类）
	12.城乡景观	(1)田园风光	1)水乡田园 2)旱地田园 3)热作田园 4)山陵梯田 5)牧场风光 6)盐田风光
		(2)耕海牧渔	1)滩涂养殖场 2)浅海养殖场 3)浅海牧渔区 4)海上捕捞
		(3)特色村街寨	1)山村 2)水乡 3)渔村 4)侨乡 5)学村 6)画村 7)花乡 8)村寨
		(4)古镇名城	1)山城 2)水城 3)花城 4)文化城 5)卫城 6)关城 7)堡城 8)石头城 9)边境城镇 10)口岸风光 11)商城 12)港城
		(5)特色街区	1)天街 2)香市 3)花市 4)菜市 5)商港 6)渔港 7)文化街 8)仿古街 9)夜市 10)民俗街区
		6)其他城乡景观	（合计40子类）
3	12	98	798

1.自然景观资源

所谓自然景观资源,是指以自然事物和因素为主的景观资源,可分为天景、地景、水景、生景4个类别。

(1)天景:指天空景象。包括日月星光、虹霞蜃景、冰雪霜露、风雨云雾等天象景观。

(2)地景:指地文景观。包括国土、山峦、沙漠、火山、溶洞、峡谷、洲岛礁屿等地质景观。

(3)水景:指水体景观。包括泉井、溪流、江河、湖泊、潭池、瀑布跌水、沼泽滩涂、冰川等。

(4)生景:指生物景观。包括森林、草地草原、珍稀生物、物候季相等景观。

2.人文景观资源

所谓人文景观资源,是指可以作为景观资源的人类社会的各种文化现象与历史成就,是以人为事物和因素为主的景观资源。可以分为园景、建筑、史迹、风物4个类别。

(1)园景:指园苑景观。包括古典园林、现代园林、植物园、动物园、陵园等。

(2)建筑:指建筑景观。包括景观建筑、民居古建、宗教建筑、宫殿衙署等。

(3)史迹:指历史遗迹景观。包括石窟、碑石题刻、人类历史遗迹、人类工程遗迹等。

(4)风物:指民俗景观。包括民风民俗、宗教礼仪、神化传说、地方物产等。

第二节　风景资源评价

风景资源评价是通过对风景资源类型、规模、结构、组合、功能的评价,确定风景资源的质量水平,评估各种风景资源在风景规划区所处的地位,为风景区规划、建设,景区修复和重建提供科学依据。

一、风景资源评价

1.风景资源的美学价值评价

美的特征是风景资源的第一特征,也是突出的表现特色。自然风景以其总体形态和空间形式构成特有的形象美,分别表现为雄伟、奇特、险峻、幽深、秀丽、开旷、奥秘、野趣等。评价美学价值,就是分析自然与社会事物存在是否符合美学法则,即多样统一、整齐一律、对称均衡、比例和谐、调和对比、节奏韵律以及相关的创造是否具有崇高美、优雅美、意境美和传神美。对观赏价值的评价可以从形象、色彩、动态、意境、风情、景观组合、技术性和协调性等方面考虑。

(1)风景资源美的表现形式

①形态美。诗人、画家、旅行家、游客和群众所概括的自然美的形态特征不外乎为:"雄"、"奇"、"险"、"秀"、"幽"、"旷"。这些特征是各风景区的构景要素,是在不同的地理

环境中形成的。因此,分析评价自然景观形态美时,要抓住构景要素的本质特点,联系不同的地理条件加以分析评论。

a."雄伟"之美。"雄伟"是山的高大形象。高有相对高度与绝对高度之分。泰山为五岳之首,素以雄壮高大著称——主要指的是相对高度。泰山位于辽阔坦荡的华北平原东缘,以磅礴之势驾于齐鲁五陵之上。自秦皇、汉武登山封禅开始,泰山成为天神化身,登泰山比作上天宫,这种精神因素又促成其高大形象。峨眉山素有"雄秀西南"的美誉,"雄"就是有气魄,主要指其强壮高大的主峰有 3 099m,坐地"三百余里"指其大。北宋《一统志》曰:"峨眉山……来自岷山,连岗叠峰,延袤三百余里。"

b."奇特"之美。"奇"为天下少有景物。稀奇古怪而特别为之奇特。虽有各种各样的出奇事物,但以怪得出奇、珍稀出奇为主。例如:黄山景致以奇著称,有千米以上的奇峰72座,风姿怪异,高低错落,层峦叠嶂;有无数奇石——玲珑巧细、形态万千、淋漓尽致;有众多奇松——或盘根于危岩之上,或破石于峭壁之间,苍劲挺拔;云海翻腾,弥漫四谷,汪洋似海,视为瑶池仙境;湖、溪、潭、瀑、泉尽有各显其奇等。再如:云南路南石林的各种造型石柱,即属于喀斯特地貌之奇。又如:湖南大庸的张家界石柱林、河北承德等地的丹霞地貌、西北风蚀地貌、西昌土林地貌等,为风景地貌之奇。而江河、溪涧、瀑布、急流、海洋、泉眼多可以找到不同一般的奇特景观。如李白的"飞流直下三千尺,疑是银河落九天"是庐山瀑布之奇;九寨沟众多海子与瀑布相贯,是水景之奇;海螺沟以低海拔现代冰川之奇出众(高度仅为 285 m,并为最大的冰瀑布等);植物、动物之奇主要在珍稀,如称之为"活化石"的冷杉、银杏、桫椤、大鲵、羚牛、大熊猫、雅鱼等,均为珍奇之物,给人以奇特的兴奋与美感。

c."险峻"之美。景物中的险,包括难以涉足、观之令人兴叹的陡峻之处。山水之险峻,一指山的坡度特别大,山脊高而窄,谷底深而渊;二指水之急而湍。如"剑门天下险",《华阳国志》:"壁立千仞、穷地之险,极路之峻。"大剑山,东西横亘 100 多千米,七十二峰若天然城墙,唯有一关口,一夫当关,万夫莫开,号称"天下雄关"。后蜀姜维据守此关,使领十万之师的魏将钟会望关兴叹,一筹莫展。与剑门关南北呼应的是长江三峡的瞿塘关,同为入蜀门户,因其险峻,并列为蜀"四大胜景"。无限风光在险峰,险景也是风景区中最有吸引力的地方,如西岳华山之险。高山峡谷,上有高山之峻,下有流水之险,则险景之美更为出众。

d."秀丽"之美。秀者清秀之意,即有茂密的植被覆盖景区。石山、山地很少裸露,色彩葱茏,线条柔美,山形别致、协调。"峨眉天下秀",是指其色彩、线条、造型之美。《嘉定府志》曰:"此山云鬟凝翠,鬓黛遥妆,真如蟒首蛾眉,细而长,美而艳也。"形容峨眉山有女子之容貌。秀景无疑常伴有山水景,山清水秀,就是勾画山与水二者在构景之中的关系。"桂林山水甲天下"主要指它的山清水秀。但由于色彩、线条、造型及山与水的比重的不同,秀景中又有不同类别,如峨眉之雄秀、西湖之娇秀、富春江之锦绣、桂林之奇秀、武夷山之清秀等,容态有别,给人美的感受也有很大差别。

e.“幽景”之美。多指丛山、深谷地形,辅以铺天盖地的高大林木为屏障。景区(点)视域窄,亮度小,空气洁净,景深而层次多,有深不可测之奥秘,无一览无余之直观。幽与深、与静、与宁有密切的联系,如《小石潭记》中的幽,“曲径通幽”中包含着深和静的因子;“青城天下幽”是指它林木参天,大有远离红尘闹市之意。

f.“旷景”之美。旷景是以宽阔的水面和陆面为主体构成的风景。视野开阔,坦荡无际,身临其景,使人心旷神怡。如宽阔江河、湖面、滨海、高原、沙漠,都可得旷怡之景。有时登高也可得其景受其美,如杜甫的“会当凌绝顶,一览众山小”、李白的“欲穷千里目”之临江景色以及草原牧群、沙漠驼影、泛舟湖上都可谓旷景。

评价自然景观美要从以上这六种美的形态特征入手,这是构景六大要素的本质特点。这种特点是在特定的地理环境中形成的,同时,这种形态特征又是在比较中才鲜明突出的。因此要注意对衬托背景的分析。高相对于低,旷相对于窄,奇相对于一般,险峻相对平夷,这是一种差别刺激及对比美感,要善于发掘这些美的差异形象。美是一种形象思维,既有其实又有其虚之二重性,但“实”为之基础。

②色彩美。色彩是物质的基本属性之一,对人的感官最富有刺激性。所谓色彩美是指不同的色彩给人不同的感受,最直观的是各种颜色通过人的视觉而带给人在心理和生理上的感受。色彩是人类视觉最容易捕捉的美感信息。色彩是生命的象征,并能增加景观的层次感和纵深感。风景名胜资源的色彩美主要反映在植物景观的四季变化、动物体色的绚丽斑斓、土壤岩石的斑驳陆离、湖光水色的七彩净纯等。

③动态美。人类始终处在一个运动的环境中,所以风景名胜资源与人之间的关系也是动态的,在这种关系中人们发现并感受到美的存在,景观环境季节的变化、观赏距离地点的变化、景观环境空间的变化,都使风景名胜资源具有一种动态的美。动态代表着生机,湍急的溪流、飞落的瀑布、翱翔的燕雀、急驰的鹿群等都带给人们美的感受,这种感受来自运动,来自人们对生命的体验。

④听觉美。通过听觉,人们可以获得自然界和社会环境中许多美妙的声音美。潺潺的流水、婉转的鸟语、呼啸的山林、澎湃的松涛等这些来自大自然的音响汇聚成为一首生命的交响诗,用声音的信息为人类创造出美的感受,从而激发人类向往自然、融入自然的热情。比如,对杭州西湖的九溪十八涧,清末著名文学家俞樾写道:“重重叠叠山,曲曲环环路。丁丁冬冬泉,高高下下树。”描述了在山树溪涧的环境里那种富于音乐美的泉声;再如西湖“烟霞三洞”之一的水乐洞,宋代《梦粱录》说:“有声自洞间出,节奏自然。”等。

⑤嗅觉、味觉、触觉美。风景名胜资源所引起的嗅觉美主要表现在动物与植物所散

发出来的沁人肺腑的芳香。山泉的甘甜、清冽,森林中渗透的清新空气,也都刺激着人们的嗅觉、味觉和触觉感官,而产生不同美的形式。如每年秋季西湖的桂花香飘十里,给人以美的享受;济南趵突泉水清澈透明,饮之味道甘美;在庐山温泉景区泳浴,感觉舒适惬意,令人流连忘返。

以上只是对风景资源美德形式进行的简单分类与提炼,风景名胜资源是由多种景观要素以一定的规律、顺序、层次相互复合拼接而形成的,所以其表现形式并非能够单纯地归属于某一特定类型,大都是表现为多种景观美的形式交叉作用。

(2)风景资源美学评价方法:美学质量评价是在对专家或旅游者体验的深入分析基础上,建立规范化的风景质量分级评分标准或评价模型,据此对风景资源各因子进行评分,评价的结果多具有可比性的定性尺度或数量指标。其中对自然风景资源的美学质量评价已较成熟,目前较公认的学派有 4 个:专家学派、心理—物理学派、认知学派和经验学派。

①专家学派。专家学派的指导思想是认为凡是符合形式美的原则的风景都具有较高的风景质量。所以,风景评价工作都由少数训练有素的专业人员来完成。它把风景用 4 个基本元素来分析,即:线条、形体、色彩和质地。强调诸如多样性、奇特性、统一性等形式美原则在决定风景质量分级时的主导作用。另外,专家学派还常常把生态学原则作为风景质量评价的标准。所以,又把专家学派分为生态学派和形式美学派。

美国土地管理局的风景管理系统对于自然风景质量评价,选定了 7 个评价因子进行分级评分(表 5-3),然后将 7 个单项因子的得分值相加作为风景质量总分,将风景量划为 3 个等级:A 级——总分 19 分以上;B 级——总分 12~18 分;C 级——总分 0~11 分。

表 5-3　风景质量分级评价

评价因子	评价分级标准和评分值		
地形	断崖、顶峰或巨大露头的高而垂直的地形起伏;强烈的地表变动或高度冲蚀的构造;具有支配性、非常显眼而又有趣的细部特征(5)	险峻的峡谷、台地、孤丘、火山丘和冰丘;有趣的冲蚀形态或地形的变化;虽不具有支配性,但仍具有趣味性的细部特征(3)	低而起伏之丘陵、山麓小丘或平坦之谷底,有趣的细部景观特征稀少或缺乏(1)
植物	植物在种类和形态上有趣且富有变化(5)	有某些植物种类的变化,但仅有一、二种主要形态(3)	缺少或没有植物的变化或对照(1)

评价因子	评价分级标准和评分值		
水体	干净、清澈或白瀑状的水流,其中任何一项都是景观上的支配因子(5)	流动或平静的水面,但并非景观上的支配因子(3)	缺少,或虽存在但不明显(1)
色彩	丰富的色彩组合,多变化或生动的色彩,有岩石、植物、水体或雪原在颜色上的愉悦对比(5)	土壤、岩石和植物的色彩与对比具有一定程度的变化,但非景观的支配因子(3)	微小的颜色变化,具有对比性,一般而言都是平淡的色调(1)
邻近景观的影响	邻近的景观大大地提升视觉美感质量(5)	邻近的景观一定程度地提升视觉美感质量(3)	邻近的景观对于整体视觉美感质量只有少许或没有影响(1)
稀有性	仅存性种类、非常有名或区域内非常稀少;具有观赏野生动物和植物花卉的一致机会(6)	虽然和区域内某些东西有相似之处,但仍是特殊的(2)	在其立地环境内具有趣味性,但在本区域内非常普通(1)
人为改变	未引起美感上的不愉悦或不和谐;或修饰有利于视觉上的变化性(2)	景观被不和谐干扰,质量有某些减损,但非很广泛而使景观质量完全抹杀或修饰,只对本区增加少许视觉的变化或根本没有(0)	修饰过于广泛,致使景观质量大部分丧失或实质上降低(－4)

注:括号内的数字代表了每个标准的分数。

②心理—物理学派。此方法在森林景观质量评价中应用较多,且效果较好。心理—物理学方法实际上就是建立起刺激与反应的关系,即景观刺激和人类反应的关系。这一评价方法的步骤可分五步进行:a.在野外对评价景观进行拍照,或制成幻灯片;b.将照片或幻灯片播放给评判者,并请他们打分,得出各景观的平均评价值;c.将评价值标准化,以减少人为误差;d.将景观要素按照某种标准进行分解,得出不同等级的要素值;e.利用多元数量化模型程序等计算机辅助手段,建立起以评价标准值为因变量、景观要素值为自变量的评价模型,得出的评价模型可以应用于同一类型的景观质量评价。

③认知学派。这一方法的研究重点,侧重于解释人类对风景的审美过程,强调自然景观对人之情感的影响。认知学派认为,人在审美过程中,既注重风景中那些易于辨识

和理解的特性,又对风景中蕴藏的具有神秘感的信息感兴趣,因此,具备这两个特性的风景质量就高。到目前为止,这一方法难以在评价中得到应用。

④经验学派。与专家学派相比,心理—物理学派和认知学派(心理学派)都在一定程度上肯定了人在风景审美评判中的主观作用,而经验学派则几乎把人的这种作用提到了绝对高度,把人对风景审美评判看做是人的个性及其文化、历史背景、志向与情趣的表现。所以,经验学派的研究方法一般是考证文学艺术家们关于风景审美的文学、艺术作品,考察名人的日记等来分析人与风景的相互作用及某种审美评判所产生的背景。同时,经验学派也通过心理测量、调查、访问等方式,记述现代人对具体风景的感受和评价,但这种心理调查方法同心理—物理学常用的方法是不同的,在心理—物理学方法中被试者只需就风景打分或将其与其他风景比较即可,而在经验学派的心理调查方法中,被试者不是简单地给风景评出优劣,而是要详细地描述他的个人经历、体会及关于某风景的感觉等。其目的也不是为了得到一个具有普遍意义的风景美景度量表,而是为了分析某种风景价值所产生的背景、环境。这种方法把人在风景审美评判中的主观作用提到了绝对高度,实用价值也很小。

2. 风景资源的综合评价

以往的资源评价都是针对风景名胜资源的美学等特征来开展的,进入 20 世纪 90 年代后期,特别是《风景名胜区规划规范》出台后,风景名胜资源的评价更加趋向于一种综合性评价,同时也更加趋向于采用定性概括与定量分析相结合的方法。

(1)风景资源评价的内容:《风景名胜区规划规范》要求风景资源评价的基本内容应包括:①景源调查;②景源筛选与分类;③景源评分与分级;④评价结论等四部分。

风景资源可以视为一种潜在风景,当它在一定的赏景条件中,给人以景感享受才成为现实风景。景源评价就是寻觅、探察、领悟、赏析、判别、筛选、研讨各类景源的潜力,并给予有效、可靠、简便、恰当的评估。因而,景源评价实质上从景源调查阶段即已开始,边调查边筛选边补充,景源评分与分级则是进入正式文字图表汇总处理阶段,评价结论则是最后概括提炼阶段。景源评价既可以划分 4 个阶段,需按步骤逐渐深入,同时又有相互衔接、甚至相互穿插。

(2)风景资源评价原则

①风景资源评价必须在真实资料的基础上,把现场踏勘与资料分析相结合,实事求是地进行。评价者是景源评价的主体,评价主体既有明显的认识、理解、感受的个性差异,也有相似的社会、功能、需求的共性规律。为从共性规律中探求标准,从个性差异中提取特点,均衡而适当地反映相关人群的风景意识,因此,要求评价者必须在兼顾现场体察感受和社会资料分析的基础上进行评价,把主客观评价结合起来,防止并克服在现场踏查与资料分析之间的片面性理论及其评价效果。

②应采取定性概括与定量分析相结合的方法,综合评价景源的特征。当代对景源评价影响比较明显的有两种文化观念及其思维方法。一是经验性概括,它具有整体思维的观念,适合于综合性很强的学科,带有模糊性的特征,它有利于总体把握景源评价特征,却也容易流于深奥莫测,难以传达和普及推广;二是定量性概括,具有微观分析的精神,它脱胎于自然学科,带有明确性的特征,它有利于评价认识的深化及其普及,却也易含机械性的偏颇。显然,在景源评价中引入和渗透定量性概括是必要的,但也不可忽视风景本质及其整体性特征而生硬搬用,防止对风景规律的误解与扭曲,防止因量化分析和加权不当而产生片面性。其实,两种概括都是思维运动中的一个级别,经常是互补、互促、螺旋推进的。因此,规定景源评价方法应采取定性概括与定量分析相结合的办法。虽然定量分析目前尚有许多难点,但不少技术成果已说明两者结合的必要性与可行性。在具体操作中,要重在把握景源的特色。

③根据风景资源的类别及其组合特点,应选择适当的评价单元和评价指标,对独特或濒危景源,宜作单独评价。景源的种类十分丰富,其组合特点、数量和规模也异常复杂,在景源评价中,为了实事求是地反映景源的价值、特征和级别,就要针对该风景区的评价对象和具体状况,探讨并选择适当的评价单元和相应的评价指标,有时,还需经过试评和调整,才能最后确定。对于独特景源,因需要从全球角度比较,所以宜作单独评价。

(3)评价标准与指标:作为评价对象,景源系统的构成是多层次的,每层次含有不同的景物成分和构景规律,不同层次、不同类别的景源之间,难以简单地相互类比。为了达到等量比较的目的,将景源划分为结构、种类和形态 3 个层次,它们之间具有相应的内在联系(图 5-1)。

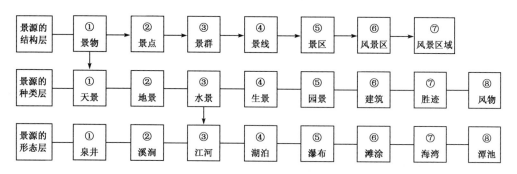

图 5-1　景源系统构成层次

(《风景名胜区规划规范》1999)

从景源层次中可以看出,如果任选不同层次的景园放在一起评价,将会产生难以评说或令人啼笑皆非的效果。例如,有人曾将颐和园、故宫、长城、黄山、桂林、三亚等放在一起评价,结果无法比较。基于这类不成功的社会实践,应在同层次或同类型的景源之间进行评价。

根据景源的层次划分,风景资源评价指标分为综合、项目、因子 3 个评价层次(表 5-4),不同层次的评价指标对应不同的评价客体,在景源评价时,评价指标的具体选择及其权重分析,是依据评价对象的特征和评价目标的需求而决定的。

表 5-4 风景资源评价指标层次表

综合评价层	赋值	项目评价层	权重	因子评价层			权重
1. 景源价值	70～80	(1)欣赏价值		①景感度	②奇特度	③完整度	
		(2)科学价值		①科技值	②科普值	③科教值	
		(3)历史价值		①年代值	②知名度	③人文值	
		(4)保健价值		①生理值	②心理值	③应用值	
		(5)游憩价值		①功利性	②舒适度	③承受力	
2. 环境水平	20～10	(1)生态特征		①种植类	②结构值	③功能值	
		(2)环境质量		①要素值	②等级值	③灾变率	
		(3)设施状况		①水电能源	②工程管网	③环保设施	
		(4)监护管理		①监测机能	②法规配套	③机构设置	
3. 利用条件	5	(1)交通通信		①便捷性	②可靠性	③效能	
		(2)食宿接待		①能力	②标准	③规模	
		(3)客源市场		①分布	②结构	③消费	
		(4)运营管理		①职能体系	②经济结构	③居民社会	
4. 规模范围	5	(1)面积					
		(2)体量					
		(3)空间					
		(4)容量					

在对风景区或景区评价时,经常使用综合评价层的 4 个指标,其中,景源价值当是首要的指标,其重要度的量化值——权重系数必然会高。有时,仅有综合评价结果尚不足以表达出参评风景区或景区的特征及其差异,这就需要依据评价目标的需求,在景源价值、环境水平、利用条件、规模范围等 4 个指标中选择其中某个项目评价层指标为补充评价指标。例如,为反映自然山水特征与差异时,可以选择欣赏价值;为强调文物胜迹特征与差异时,可以选择历史价值;为突出规模效益特征与差异时,可以补充容量指

标等。

在对景点或景群评价时,经常在项目评价层的 17 个指标中选择使用。这时若仍用综合评价层的 4 个指标,就会显得过分概略或粗糙,虽有可能评出级差,但难以反映其特征,不利于评价结果的描述和表达。景点评价在风景区规划中应用最多,评价指标的选择及其权重分析的可行性方案也较多,重要的是针对评价目标来选择能反映其特征的相关要素指标。

在对景物评价时,经常在因子评价层的近 50 个指标中选择使用,由于评价目标和景物特征的差异较大,实际中选和使用的指标相对于 50 个而言仅占较少数量,因人因物而异的灵活性也就越大。

(4)风景名胜资源分级:景源评价中所涉及的自然美虽然是客观存在的,但认识它的能力则是人类历史发展的结果,因而自然美的主观观念总是相对的,这就使得景源评价难以有一个绝对的衡量标准和尺度。所以景源评价标准只能是相对的、比较的和各有特点的。

就国土而言,景源评价可以为有计划地保护和管理景源,制定全国或省(自治区)、市风景旅游发展计划提供依据;就一个风景区而言,景源评价是分类分级、选点区划、确定性质功能规模、制定规划设计方案的基础。这就需要对景源评价结果有一个相对统一的等级划分标准。

景源等级划分标准主要根据景源价值和构景作用及其吸引力范围来确定。其中,一、二、三级景源标准可以与国家多项法规相接或相互协调,四级景源可以适应风景区的结构与布局需要,特级景源可以适应国际习惯及世界遗产保护需求。

①特级景源应具有珍贵、独特和世界遗产价值与意义,有世界奇迹般的吸引力。

②一级景源应具有名贵、罕见、国家重点保护价值和国家代表性作用,在国内外闻名和有国际吸引力。

③二级景源应具有重要、特殊、省级重点保护价值和地方代表性作用,在省内外闻名和有省际吸引力。

④三级景源具有一定价值和游线辅助作用,有市县级保护价值和相关地区的吸引力。

⑤四级景源应具有一般价值和构景作用,有本风景区或当地的吸引力。

(5)风景资源评价结论:风景资源评价结论应由景源等级统计表、评价分析、特征概括等三部分组成。景源等级统计表应表明景源单元名称、地点、规模、景观特征、评价指标分值、评价级别等;评价分析应表明主要评价指标的特征或结果分析;特征概括应表明风景资源的级别数量、类型特征及其综合特征。

景源评价分析是在景源评分与等级划分的基础上进行的结果性分析,既可以显示中选的主要评价指标在评价中的作用与结果,显示景源的分项优势、劣势、潜力状态,也可以反向检验评价指标选择及其权重分析的准确度。在分析中如果发现有漏项或不符合实际的权重现象,应该随即调整、补充,甚至重新评分与分级。

景源特征概括是在景源的级别、数量、类型等统计的基础上,提取各类各级景源的个性特征,进而概括出整个风景区景源的若干项综合特征。这些特征是确定风景区定性、发展对策、规划布局的重要依据。

[实例]云居山—柘林湖风景区风景资源评价(江西省城乡规划设计研究院、上海大观景观设计公司)

1. 风景资源概述

云居山—柘林湖风景区内风景旖旎秀丽,山环水绕,山水相依 山因水而灵,水因山而秀。奇秀天成的云居山与绿岛拥翠、宛若仙境的柘林湖相依相偎,互为辉映。

云居山自古就有"云居甲江右,名高四百州"之美誉,苏轼赞曰"冠世绝境,大士所庐,四百州天上云居"。山顶"真如寺"自唐元和三年(公元 808 年)道容禅师奠基开山以来,迄今已有近 1200 年的历史。由于其在佛教界的巨大影响,历代许多名人骚客亦不辞跋涉之苦来此驻足,如白居易、苏轼、黄庭坚、秦少游、皮日休、晏殊、朱熹、王安石等,留下了 270 多首赞美云居山的优美诗文。

柘林湖山清水秀,风姿隽秀,湖面宽广,海拔高程 20~150 m,是江西省最大的人工湖。柘林湖沿湖地貌各异,四周翠峰簇拥,有千仞壁立的悬崖,有傍湖而坐的村落,有湖滨坦荡的田畴,有直泻湖面的飞瀑。

2. 风景资源分类

根据对风景区内实地风景资源普查统计,云居山—柘林湖风景区的风景资源可分为自然景源和人文景源两大类。自然景源以山岳景观和湖泊风光为主体,人文景观以佛教文化遗存和新建设的景点为主体。据此两大类又再分为 8 个中类和 27 个小类,共有景点 66 处,景物景观 150 多处。

(1)自然景源:由天景、地景、水景、生景四类组成。

①天景。可分为日月星光、气候、云雾、冰雪等景观。

云雾景观:云居山因山势雄伟高峨,常为云雾所抱而得名。因此云海是云居山的一大特色景观。雨过初霁,站立于山顶,可见万项云海似大海茫茫无际,云居诸峰飘浮于云海之上,宛若蓬莱仙岛,奇幻无比。清晨或雨后天晴时,常有带状白云浮现在桃花尖一带山腰上,绵延数里,人称玉带云。

日月星光:区内有壮观的日出,黎明时分,但见东方天空渐红,片刻之间一轮红日一跃而出,金光万道洒遍山川大地,大好山河尽揽眼底。与云居日出不同,湖上日出自有其特有的魅力,尤其是湖平如镜时,天上彩霞倒映在宽阔的湖面上,放眼天地之间,满眼都是绚丽的色彩。

气候景观:隆冬季节的云居山雪花飞舞,云居诸峰银装素裹,玉树银花,雪拥楼台,冰琢晶宫,壮观奇丽,为云居山冬日一大美景。

②地景

峰峦景观:云居山峰峦林立,群峰染黛,主要山峰有高峨挺拔的高山尖、云遮雾笼的桃花尖、突兀峥嵘的菊花尖、高耸云天的五垴峰,其中高山尖为云居山主峰,海拔969.4m。峰峰景色迥异,构成云居山不可多得的峰峦秀色景观。

石构景观:云居山山石荦确、峥嵘峻峭、奇岩怪石。欢喜石、鸡石、龟石、猴面石、石船、仙人靴、试剑石、犀牛石、石鼓、河蚌石等形态各异,鬼斧神工,令人叹为观止。

岛屿景观:柘林湖碧波万顷,岛屿密布,5亩*以上岛屿有997个,主要有燕子岛、二龙戏珠、墨斗山等。

峡谷景观:区内地貌多成陡崖,线状山间谷地。其中百花谷山谷两侧黛山茂林,苍翠欲滴,奇石林立,古松苍虬,云雾尽散,秀美绝伦,实有匡庐锦绣谷之神韵。

洞府景观:区内峰奇洞幽,星罗棋布,迥然各异。有的曲折幽深,牵萝以入;有的宛若屋舍,纳人数十;有的凉风习习,令人莫测。

地质珍迹:区内有原始类水母化石群,保存在皮园村硅质岩上层面,多为凹进的圆形—椭圆形印痕,少数呈向上凸起状,直径多为8~100cm,最大28cm。化石保存密度为5个/m^2,直径虫管遗迹化石共生。化石由中国地质大学杨式博教授鉴定为:prtomedusa(原始类水母属,新种?),地层同位素年龄为5.7亿~6.5亿年。其数量之多、个体之大、保存之完整为世界上所罕见,具有很高的科学研究价值和观赏价值。

③水景

湖泊景观:柘林湖万顷湖光,平衍似镜,座座岛屿簇簇拥翠,烟波浩渺,倒影如画。雨、雪、阴、晴景色各异,湖岛相映成趣。

湖湾景观:有潘龙港、田家坑、王埠港等。

溪泉景观:风景区溪流纵横,清流不涸。有百花溪、桃花溪等,诸溪蜿蜒曲行,穿林击石,涧水响鸣,如琴似咏。云门寺"聪明泉"清凉甘甜;真如寺"慧泉"启人智慧;"明月湖"形如满月,方圆10余亩,澄清如玉,玲珑别透,古人赞曰:"天上云居真饱景,一泓收尽万山秋。""易家河"温泉水温为58℃,泉流量为1.243 m^3/s,王安石赋诗赞曰:"寒泉听清永,独此沸如焚,一气无冬夏,诸阳自废兴。"

瀑布景观:险峰峭壁,溪涧纵横,溪流自崖顶跌落,飞瀑如练。马喷水,自两峰峡壁间喷涌而出,飞落数十米。云山大瀑布飞瀑重帘,直泻100余米,声达数里。

---

　*　1亩≈666.67平方米,下同。

④生景

森林景观:云居山林木繁茂,植被完整,有天然植物近 2000 种,高等植物 1000 余种,森林覆盖率达 89.2%。山上诸峰林木苍郁,山色含黛,松、杉、竹青翠欲滴。五垴峰、青石湖近万亩竹海,碧涛阵阵,婆娑多姿;扁担湖、大马颈松涛万顷,苍翠挺拔,春日时节,遍山杜鹃、瑞香、兰草色彩斑斓。

古树名木:云居山植被种类繁多,古木参天。分布于真如寺周围的 18 株古银杏,树龄皆在数百年至千年。云居山著名珍稀树种有国家一级保护树种伯乐树、香果树,其他珍稀树种有金丝楠、八角茴、云南松等。还有 1200 余亩江南最大面积的天然栓皮栎群落,是云居山植被资源中的宝贵财富。

珍稀生物:在柘林湖水域中发现了大量现代桃花水母,是迄今为止全国最大的桃花水母繁衍地。

(2)人文景源:由建筑、园景、胜迹、地方风物等四类组成。

①建筑

宗教建筑:素有"云居禅林"之称的真如寺,坐落于云居山顶五垴峰下莲花城内,是佛教禅宗曹洞宗派发祥地之一,全国重点开放寺庙之一,全国三大样板丛林。除真如寺外尚有瑶田寺、圆通寺、云门寺等一批县级文物保护单位及观音寺、祇树堂、南阳寺等。

工程构筑物:柘林湖大坝坝长 630 m,底宽 425 m,坝顶宽 6 m,坝高 73.5 m,加上 1.7 m 的防浪墙,共高 75.2 m。为亚洲第一大土坝。

风景建筑:城区标志性建筑及风景亭廊,如文峰塔、观音像、观湖塔等。

②园景

陵园墓园:云居山自唐至今历来为佛教圣地,历代名僧墓塔众多。保存完好的唐代真如寺塔林已被列为第六批国家级文物保护单位,具有极高的历史和科学价值。

专类游园:近年来柘林湖的风景资源得到了合理的开发利用,建设了许多新的景点。主要有民俗文化村、将军岛、奇峰乐园、金猴岛、水上乐园、千佛山庄、生存岛等。

现代公园:协和公园,位于风景区西部,面积 1000 余亩,为大型城郊公园。

④胜迹

摩崖石刻:历代前来云居山朝观览胜者不胜枚举,并留有诗词 270 多首。摩崖石刻保存完好,现已查知的有谈心石旁苏轼手书的"石床"两字及佛印和尚在洪觉道场题刻的"洪觉道场"和在石鼓题刻的"阿弥陀佛"四字。

④地方风物

地方物产:云山攒林茶、云雾茶、宁红茶、吴城大板瓜子均久负盛名;云居山有无心杏、猕猴桃、马湾沙田李、周田脚板薯和新村柑橘;另有竹笋、橡子粉丝、红米碱水粑、玲珑珍珠丸、小担蒸子糕、蕨菜、杨梅、罗汉菜等。柘林湖水深面阔,生态保持高度平衡,自然生长的鱼类产品丰富,且无污染,味道鲜美,品质优良。主要有银鱼、鳜鱼、棍子鱼、青鱼等以及稀有珍贵鱼种——中华鲟,是江西省重点水产产区。

民间文艺:有花鼓灯、蛇舞、锄山鼓、采茶戏、傩舞等,其中蛇舞、锄山鼓是武宁民间独具风格的传统艺术。武宁采茶戏是江西四大地方戏之一。

神话传说:有七百里修江传说、飞凤山传说、天葬坟传说、吴王峰传说、黄荆河传说、猴子岩与鲫鱼山的传说等。

地方人物:清代有举世闻名的建筑大师雷发达,先后设计了故宫三大殿与颐和园、香山庭院、昌陵、定陵等宫廷建筑,父子7人创建了"样式雷"的建筑风格,被称为世界建筑史上的伟人;还有近代著名历史人物李烈钧,又名协和,早年跟随孙中山参加辛亥革命,在反袁讨袁、护国护法、北伐战争中屡建奇功,被称为资产阶级著名的革命家、军事家,是我国近代史上一位重要历史人物。

3. 风景资源评价

(1)景点分级:本次评价在对景源的实地踏勘取得感性认识的基础上,进行综合分析与类比,采用定性概括与定量分析相结合,对风景区内主要景点进行综合评价。

风景资源质量等级评价采用《风景名胜区规划规范》中的风景资源分类、调查与评价的方法和原理,对风景区内66个景点赋分并划分等级。

①评价因子。根据《风景名胜区规划规范》,确定以下16项因素作为景点量化评价的评价因子:

A.欣赏价值　　B.科学价值　　C.历史价值　　D.游憩价值

E.生态特征　　F.环境质量　　G.设施状况　　H.监护管理

I.交通通信　　J.食宿接待　　K.客源市场　　L.运营管理

M.面积　　　　N.体量　　　　O.空间　　　　P.容量

②评分标准及分级标准,见表5-5。

表5-5　风景资源评价赋分说明

评价项目	赋值	评价因子	权重	评价依据及赋分分值
景源价值	75	(A)欣赏价值	1.1	具有极高价值(65~75分)
		(B)科学价值		具有很高价值(55~65分)
		(C)历史价值	1.2	具有较高价值(45~55分)
		(D)游憩价值		具有一般价值(45分以下)
环境水平	15	(E)生态特征	1.1	具有极高水平(12~15分)
		(F)环境质量		具有很高水平(10~12分)
		(G)设施状况		具有较高水平(8~12分)
		(H)监护管理		具有一般水平(8分以下)

评价项目	赋值	评价因子	权重	评价依据及赋分分值
利用条件	5	(I)交通通信 (J)食宿接待 (K)客源市场 (L)运营管理		具有极好条件(4～5分) 具有很好条件(3～4分) 具有较好条件(2～3分) 具有一般条件(2分以下)
规模范围	5	(M)面　　积 (N)体　　量 (O)空　　间 (P)容　　量		具有很大规模(4～5分) 具有较大规模(3～4分) 具有中等规模(2～3分) 具有较小规模(2分以下)

本次评价对 B,C,E 三项影响程度尤为重要的因子加权,确定 B,E 的权重系数 β 为 1.1,C 的权重系数 β 为 1.2。

根据上述表格中的评价依据及赋分分值(即总底分为 100 分),共分为 5 个级别进行评价:

特级景点:对风景区起决定性影响作用,评分值在 90 分以上,且具有珍贵、独特、世界遗产价值和意义的景点。

一级景点:对风景区起主要影响作用,评分值在 80 分至 90 分之间,且具有名贵、罕见、国家重点保护价值的景点。

二级景点:对风景区起较重要影响作用,品位较高,评分值在 70 分至 80 分之间,且具有重要、特殊、省级重点保护价值的景点。

三级景点:对风景区起一定影响作用,具有一定价值和游线辅助作用,有市、县级保护价值,评分值在 50 分至 70 分之间的景点。

四级景点:对风景区起一般性影响作用,具有一般价值和构景作用,评分值在 50 分以下的景点。

(2)景点量化评价表及评分结果(表 5-6、表 5-7):按上述确定的评价因子、评分标准及分级标准,得出评价结果为:

特级景点有 5 处,占参评总数的 7.6%。包括真如寺、真如寺塔林、水库土坝、原始类水母化石群、柘湖岛国。

一级景点有 15 处,占参评总数的 22.7%。包括虚云塔院、圆通寺、瑶田寺、莲花城、五龙潭瀑布、云山大瀑布、青石湖、桃花溪、鹿角尖、苍海一树、丁公垅、百湾迷宫、千岛落珠、二龙戏珠、柘林湖等。

二级景点有 22 处,占参评总数的 33.4%。包括观音庵、南阳寺、祇树堂、百花溪瀑布、百花谷、云门寺、白水瀑布、瓢泉、天葬坟、马喷水瀑布、人鹤共舞石、仙女峡、滴水洞瀑布、黄田湾、墨斗山、天鹅岛、人字岛、燕子岛、腰子岩、飞凤山、观音岛、易家河温泉等。

表 5-6 云居山—拓林湖风景名胜区现状景点评价等级一览表

景区	序号	景点名称	景物景观	类型	评价等级
莲花城景区	1	真如寺	真如寺建筑群、山门、赵州关、谈心石、佛印桥、飞虹桥、双飞桥、慧泉、古银杏、石床	人文	特级
	2	虚云塔院	虚云塔院、舍利塔、纪念堂	人文	一级
	3	真如寺塔林	道容塔、燕雷塔、将军塔、奎章塔、海灯塔、悟源塔、性福塔、朗耀塔、道膺塔、戒显塔、平山钝木塔	人文	特级
	4	圆通寺	圆通寺建筑群、石龟上山、弥陀石、飞来石	人文	一级
	5	观音庵	观音庵建筑	人文	二级
	6	瑶田寺	瑶田寺建筑、瑶田风光	人文	一级
	7	圆通庵	圆通庵建筑	人文	三级
	8	南阳寺	南阳寺建筑、猫咪石、仙人石屋	人文	二级
	9	上方庵	上方庵、古松、僧人墓塔	人文	四级
	10	洪觉道场	佛教遗址、摩崖题刻	人文	三级
	11	祇树堂	祇树堂、千年古桂、石龛	人文	二级
	12	莲花城	莲花城、盆地风光、五垴峰、僧人田、竹海、明月湖	自然	一级
莲花城景区	13	百花溪瀑布	溪流、岩溪、石构景观、摩崖题刻	自然	二级
	14	五龙潭瀑布	瀑布、五龙潭、观音镜、飞来石、蛇石、龟石、龙舌石、仙女浴盆	自然	一级
	15	百花谷	峡谷、溪流、鸡石、贞寿坊、试剑石、仙人台、灵芝崖、犀牛石、狮吼石、石鼓	自然	二级
	16	云山大瀑布	瀑布、峡谷	自然	一级
	17	欢喜石	石构景观、摩崖题刻、象形石构景观	自然	三级
	18	仙人指印	仙人指印	自然	四级
	19	颛愚塔	颛愚塔	自然	三级

续表

景区	序号	景点名称	景物景观	类型	评价等级
桃花溪景区	20	雷鸣洞	雷鸣洞、豪猪洞、康王玉玺、莲座石、千年栎、将军柱	自然	三级
	21	天葬坟	峰峦景观	自然	二级
	22	马喷水瀑布	瀑布、崖壁景观	自然	二级
	23	黄荆洞	峭壁、舍身崖、仙人靴	自然	三级
	24	朝天简	峰峦景观	自然	四级
	25	人鹤共舞石	象形石	自然	二级
	26	桃花溪	溪流、峡谷、狮子回头、仙女峰、桃花坞、神龟过溪、犀牛望月	自然	一级
	27	仙女峡	峡谷、幽林	自然	二级
	28	水帘洞瀑布	瀑布	自然	三级
	29	原始类水母化石群	古生物化石群落	自然	特级
鹿角尖景区	30	水库土坝	土坝、附属设施、猴子岩、鲫鱼山	人文	特级
	31	鹿角尖	湖泊、岛屿	自然	一级
	32	苍海一树	湖泊、岛屿、植物	自然	一级
	33	滴水洞瀑布	崖壁景观、瀑布	自然	二级
鹿角尖景区	34	丁公垅	湖泊、库湾	自然	一级
	35	黄田湾	湖泊、库湾	自然	二级
	36	民俗文化村	表演厅、民俗广场	人文	三级
	37	水浒城	——	人文	三级
	38	百鸟园	——	人文	三级
	39	金猴岛	——	人文	三级
	40	其乐园	——	人文	四级
	41	柘林湖	——	自然	一级

续表

景区	序号	景点名称	景物景观	类型	评价等级
青石湖景区	42	青石湖	青石湖	自然	一级
	43	云门寺	云门寺建筑群、聪明泉	人文	二级
	44	白水瀑布	瀑布、彩虹、罗汉岩	自然	二级
	45	山居人家	谷间盆地、海拔最高的山居村落	自然	三级
	46	瓢泉	溪泉景观	自然	二级
百湾迷宫景区	47	墨斗山	湖泊、岛屿	自然	二级
	48	柘湖岛国	湖泊、岛屿	自然	特级
	49	章鱼岛	湖泊、岛屿	自然	三级
	50	天鹅岛	湖泊、岛屿	自然	二级
	51	百湾迷宫	库湾景观、湖泊岛屿	自然	一级
	52	人字岛	湖泊、岛屿	自然	二级
	53	观湖岛	观湖塔、表演厅、休息亭	人文	四级
	54	茶园	观湖台、茶园	人文	四级
	55	生存岛	——	人文	四级
	56	千岛落珠	群岛景观	自然	一级
红岩潭景区	57	协和公园	城市绿地景观	人文	四级
	58	燕子岛	湖泊、岛屿	自然	二级
	59	南山垅	库湾景观、崖壁景观	自然	三级
红岩潭景区	60	二龙戏珠	湖泊、岛屿	自然	一级
	61	腰子岩	湖泊、岛屿	自然	二级
	62	飞凤山	湖泊、岛屿	自然	二级
	63	观音岛	观音广场、观音雕像	人文	二级
	64	武宁大桥	——	人文	三级
外围景点	65	易家河温泉	温泉、果香园	自然	二级
	66	魏源墓	古墓葬、石翁仲、石马	人文	三级

表 5-7　景点评价等级汇总表

景区名称	特级	一级	二级	三级	四级	小计
莲花城景区	2	6	5	4	2	19
桃花溪景区	1	1	4	3	1	10
鹿角尖景区	1	4	2	4	1	12
青石湖景区	—	1	3	—	1	5
百湾迷宫景区	1	2	3	1	3	10
红岩潭景区	—	1	4	2	1	8
其　他	—	—	1	1	—	2
合　计	5	15	22	16	8	66

　　三级景点有 16 处,占参评总数的 24.2%。包括圆通庵、洪觉道场、欢喜石、颛愚塔、山居人家、雷鸣洞、黄荆洞、水帘洞瀑布、民俗文化村、水浒城、金猴岛、百鸟园、章鱼岛、南山垅、武宁大桥、魏源墓等。

　　四级景点有 8 处,占参评总数的 12.1%。包括上方庵、仙人指印、朝天简、其乐园、观湖岛、茶园、生存岛、协和公园等。

　　4. 风景资源特征概括

　　云居山—柘林湖风景区的风景资源不仅有丰厚的佛教历史文化遗存、宛若仙境的湖岛风光和质量绝佳的生态环境,且规模大、历史价值和科学价值高,具有其他风景区所罕见的资源优势。因此,其资源特征归纳可从以下方面进行展开:

　　自然景源:主要突出"山"、"湖"、"岛屿"、"生态"的独特性;人文景源:主要突出"佛教"、"遗迹"、"工程构筑物"的独特性。根据资源量化评价结论及景点分析,可以将风景区的资源特征概为以下 3 个方面:冠世绝境,地质珍迹;万顷碧湖,千岛拥翠;丛林样板,罕世工程。

　　特色之一——冠世绝境,地质珍迹

　　风景区内风景秀丽,丛林幽深,怪石嶙峋,南北麓受潦、修两河相夹持,植被繁茂。云居山因山势雄伟高峨,常为云雾所抱而得名,自古就有"云居甲江右,名高四百州"之美誉,因此云海是云居山的一大景观。

　　云居山水源丰富,水质洁净,气候清新宜人。据江西省环境保护科学研究所对云居山环境质量现场监测,结果表明,云居山表层土壤中铜、铅、锌、砷含量均在正常范围内,大气质量良好,二氧化硫、氧化物及悬浮微粒等项目指标均符合国家大气一级标准。风景区内有国家级保护树种伯乐树,是我国亚热带特有的单型科古老原始类型树种。珍稀树种有香果树、古银杏、柳杉、云南松、红豆杉、八角茴、罗汉松等,还有江南面积最大的天然栓皮栎群落。

由于柘林湖周边没有工业污染,据检测,COD、BOD 等指标达到 I 类地表水水质标准,水质清澈,无异味。湖区大气质量亦达国家规定的一级标准,天晴时湖水透明度达 9～11 m。良好的生态环境,为各种动物的繁殖与栖息提供了良好的环境,在柘林湖水域中生存了大量现代桃花水母,是全国最大的桃花水母繁衍地。

柘林湖大坝南岸现存的大量原始类水母化石群,其数量之多、个体之大、保存之完整在世界上是罕见的。它的发现在生物演化史上有重大意义,它揭示了我国南方震旦纪后动物群的存在,充实了世界前寒武纪晚期软躯体动物的内容,具有很高的科研价值和观赏价值。

特色之二——万顷碧湖,千岛拥翠

柘林湖是江西省最大的人工湖,也是江西省以发电为主,兼有防洪灌溉、航运和发展水产事业等综合效益的大型水利水电工程。柘林湖山清水秀,湖面宽广,水域中千姿百态的大小 997 个岛屿星罗棋布,点缀湖面,犹如颗颗翡翠落银盘,登高远观,湖光山色尽揽眼底。沿湖地貌各异,四周翠峰簇拥,有千仞壁立的悬崖,有傍湖而坐的村落,有湖滨坦荡的田畴,有直泻湖面的飞瀑等。

特色之三——丛林样板,罕世工程

云居山"真如寺"为国家重点开放寺庙,全国三大样板丛林之一。千百年来,香火鼎盛,高僧辈出,禅风浩然。中国佛教协会第一任会长虚云和尚、中国佛教协会常务理事长虚云大和尚和全国政协委员海灯法师相继担任过该寺主持,现由中国佛教协会会长一诚法师执掌法席。真如寺历代主持均认真奉行"农禅并重"之祖训,致使该寺禅风鼎盛,并以"世界最大、最正统的禅学中心"而誉播四海,在海内外的弟子心中,真如寺乃"云居山禅修中心"。

柘林湖拦河大坝为亚洲最大的拦河土坝。

第六章 风景游赏规划

第一节 功能景区的划分

在风景区规划中,根据主要功能发展需求而划分一定的用地范围,形成相对独立的功能分区特征。其作用在于通过划分把风景区划分为功能各异、大小不同的空间,使公园及各景区的主题明确,便于游客游览和风景区的经营管理。

风景区景区功能的划分是对风景区景观资源调查和对其范围确定之后,在深入研究了所有调查资料的基础上进行的。也就是说,在综合考虑了风景区风景资源的类型、地形地貌、山脉水系、使用功能等各种因素的基础上划分的。

一、功能分区划分的原则

1. 同一区内的规划对象特性及其存在环境应基本一致

如张家界风景区的黄石寨景区,四周多是悬崖绝壁,景区内各景点也都是高耸直立、直插云天、形状各异的石峰,而与黄石寨景区相伴的腰子寨景区的四面开阔、花海奇树以及金鞭溪景区的曲折蜿蜒、流水潺潺,形成鲜明的对照(图6-1)。由于景点景物特点不同,因而划分为不同的景区。

黄石寨景区 腰子寨景区

图 6-1 张家界风景区不同景区的特征不同

2. 同一区内的规划原则、措施及其成效特点应基本一致

如陕西太白风景区九九峡景区是一条 9 km 长的深沟峡谷,山峦叠嶂、奇峰对峙、飞瀑深潭,而同它相邻的开天关景区,地域开阔,为松栎荫蔽、藤蔓遍布的栎林风光,由于它们保护、利用开发的方向不同,所以划分为两个景区。

3. 规划分区应尽量保持原有的自然、人文、线状等单元界限的完整性。

二、功能分区类型

风景区一般由以下几部分组成,但也随各风景区的规模与特点不同而有所变化。

1. 游览区

这是风景区的主要组成部分。游览区是风景点比较集中,具有较高的风景价值和特点的地段,是游人主要的活动场所。为了便于游人休息,可布置一些小型的休息和服务性建筑,如亭、廊、台、榭等。游览区又可依其风景特色不同而划分成几个景区。

(1)以眺望为主的游览区:如安徽黄山的天都峰、玉屏楼、莲花峰、光明顶,在这些峰顶可远眺,也可鸟瞰,既可观日出,又可赏日落、晚霞。登上山东泰山的观日峰极顶,东眺可观东海日出,极为绝妙。湖南岳阳太白公园的七女峰可远眺太白积雪,又可鸟瞰群峰。

(2)以峰峦岩石景观为主的游览区:如黄山的飞来石、杭州西山的飞来峰、广西桂林的独秀峰、湖南张家界森林公园的山峰等,奇峰异峦、怪石嶙峋、景观独特、千变万化,游人可大饱眼福。

(3)以水景为主体的游览区:如杭州西湖风景区的西湖和钱江潮,无锡太湖风景区的太湖,山西壶口风景区的壶口瀑布,贵州黄果树风景区的黄果树瀑布,河北北戴河风景区,山东胶东半岛的海滨,以及分布在风景区内的潭、泉、湖、瀑等极为美妙的水景,既观其形,又闻其声,为风景区最佳游览区之一。

(4)以溶洞、岩洞为主的游览区:如广西桂林漓江风景区内的溶洞群,安徽太极洞风景区的溶洞群,贵州九龙洞风景区的溶洞群,浙江桐庐瑶琳洞风景区的瑶琳仙境,辽宁本溪风景区的溶洞群等,都具有极佳的游览价值。

(5)以森林、植被景观为主的游览区:如长白山的原始森林,云南西双版纳的热带季风雨林,是游人探索森林奥秘和观赏森林植物群体美的好场地。以植物题材为主的景区,要形成自己的特色也不是很容易的,这有自然地理条件和历史原因的影响,北京香山和长沙岳麓山的红叶,由于黄栌和枫香的树姿叶色不同,而有不同的效果。杭州满觉陇的桂花、庐山的桃花,更有色香之异。

(6)以自然特别景观为主的游览区:如黄山的云海、峨眉山的宝光、钱塘江的潮水、新疆的天池、长白山的高山湖、漠河的北极光、山东的海市蜃楼等景观,有的多年一现,是游人难得的欣赏机会。

(7)以文物古迹、寺庙园林为主的游览区:如四川乐山风景区的大佛,安徽琅玡山风景区的醉翁亭,陕西楼观台风景区的老子说经台,四川峨眉山的报国寺,江西庐山的东林寺,河南嵩山的少林寺,山西五台山、安徽九华山的寺院建筑群,浙江天台的国清寺,以及各地的摩崖石刻、碑记、壁画、古建筑群、关隘、古驿道、古战场等。

2. 运动休闲区(游乐区)

结合游览,在有条件的地段可开展有益于身心健康的体育运动。如大的水面,可开展划船、游泳、垂钓、游艇、帆船、帆板、航海模型、摩托艇等各项体育活动;高山可开展登山、狩猎等活动;有滑冰、滑雪条件的风景区,可以开展滑冰滑雪运动;在西北和内蒙古草原上可开展马术训练和骑马越野等活动。但并不是所有风景区都必须设立单独的体育活动区,可以因地制宜地分散设立各项小型体育活动内容。

另外,还可以开展游人参与性强的项目设施。例如在金堤森林公园内,规划一探险区,可开展多种参与性强的活动,主要有模拟考古、地洞、森林迷宫、探险之路等内容。模拟考古是将一些仿造的文物埋入地下,让游人在挖掘中体验考古过程;地洞是利用地下纵横交错的洞穴,让儿童模拟地下动物进行游戏或地洞传声等;森林迷宫是在林内栽植与原有树种不同的树木作为标志,游人只要按标志前行或转弯,就可走出迷宫;探险之路设置山洞、地道、独木桥、藤萝、荡绳、绳索桥及熊洞探秘等活动,为游人营造探险的场所。

3. 野营区

在风景区内,选择林中空地、草地、空旷地,只要环境幽静、水源充足,有水面、有坡度、有岩石、有山峰的地方,即可划出一定面积,专供游人开展野营、露宿、野炊等各种野营活动,也可以举办青少年夏令营。在野营区中可以设置简单的水电接头,供人们随时接用。也可以建一些小型简单的住宿设施,供人们租用。

4. 科学研究、教学考察区

在风景区内,凡具有科研和教学考察价值的地区,可划作教学、研究考察区。这些地区主要表现在森林植被完整,动植物资源丰富,山体岩石、溶洞地貌发育很好,区域气候独特,水源充足、水质纯净等。如川、滇、藏地区的高山森林,西双版纳的热带雨林,东北地区的寒温带、亚寒带针叶林,东南沿海的亚热带季风林,新疆内陆的高山针叶林,甘肃、青海的冰川,滇、桂、湘、黔的喀斯特地貌及溶洞、岩溶地形等都有着科研和教学考察的价值。

风景区内被划为科研和教学考察的地区,在此范围内一般不接待游客,尽量保持其原始地貌和宁静的环境,以利于开展各项科教活动。

在规划设计时,应对该地区的自然资源进行详细登记造册,并标示在图上。对古树名木、奇花异草、珍稀禽兽、岩石、冰川和冰川遗迹、水源水质,均作特殊保护,严防生物新种被盗外流和对山体岩石的采集破坏,保护自然的完整性。

5. 休养疗养区

风景区因为环境质量好、无污染、距居民点较远,有的风景区还有能医疗的温泉、矿泉等休养疗养的良好条件,所以在这里建立休养疗养区有利于休养人员及病员的休养疗养。如大连、秦皇岛、刘公岛、青岛,东南沿海的厦门、汕头、湛江、海口等海滨,山东的崂山、泰山,安徽的黄山、齐云山、九华山、天柱山,浙江的雁荡山、莫干山,福建的武夷山,江西的庐山,江苏的太湖,浙江的千岛湖,以及江西、湖南、湖北、广东、贵州、云南等省的天然湖泊,这些地区具有山岳风景、广阔蔚蓝的海面、清澈透明的湖水以及森林、温泉,都适宜建立休养疗养区。但是在风景区中规划休养疗养区时应注意不能把休养疗养区建在主要景区内,特别是不能建在最佳景点的范围内,以免对风景资源的破坏。另外在建筑体量、造型及色彩上要和风景区的环境相协调。

6. 游览接待区

面积较大的风景区或离城市较远的风景区,游客当日无法返回,或一二日不能游完全部风景,游客必须在风景区内留宿、用膳,这就要建立旅游接待区,设立宾馆、饭店、商店、邮局、银行及文化娱乐设施,以满足游客食宿和其他方面的要求。

规划设计时,游览接待设施是集中住宿场所,建筑设施多,为了不影响风景区的自然景观,宜将旅游接待放在风景区外。同时,风景区的排污直接影响风景区,应放在风景区水源的下游地段。游览接待区要和游览区有方便的交通联系。

7. 行政管理区

为行政管理建设用地。主要包括行政管理办公用地、旅行社用地、公共安全机构用地(包括公安、消防、护林、车辆管理等)。

8. 生产经营区

在较大型、多功能的风景区中,每年高峰时有大量游人涌入,需要消耗大量的农副产品,特别是对新鲜果蔬的供应,靠外地运入既不经济,损耗也很大,常常主要依靠本地解决。在风景区规划的初期,就要考虑在高峰期不但可供应必需的新鲜蔬果,还要具有地方特色,形成特产。当然,风景区中必需的食品,只靠自己供应是不够的,也需要从附近调集才能保证需要。生产经营区主要包括蔬菜基地;果园、园艺场、茶园用地;奶牛场及奶制品厂用地;畜、禽、鱼类饲养养殖场用地;苗木、花卉、盆景生产基地。

三、景区命名

随着风景区发展的复杂态势,当代风景区规划所面对的规划对象越来越呈现出多元化的趋势。而景区的功能多样化,要求景区名称应能使该区繁杂的信息浓缩为一个特有的便于识别的名称。

景区命名的一般原则:命名应讲求文雅别致,突出特征;充分尊重名称的历史文化延续性;科学合理地进行景点组合命名。

景区的命名一般采取"名称＋类型＋功能"的方法，做到既突出了名称与景观类型的衡定性和形象性，也将各有分工的主要功能传递出来。在具体应用中，功能越复杂的景区名称越趋向复杂，应根据风景区的不同情况自行进行组合与取舍。

景区的名称可以根据地理方位、形状、物产、典型特征、历史事件或神话传说、人物、诗词名句、表达思想感情的美愿等多种自然与人文因素命名。

景区的类型分类方法很多，如按景观分类、结构分类、布局分类、功能分类等。在实际应用中通常采用具有可比性、稳定性的因素进行分类。比如，参考景观特征分类类型，划分自然、人文、综合一级分类，山岳、湖泊、岩洞、江河、峡谷、海滨、森林、草原、史迹、综合等二级分类，以及在此基础上进一步细分的 N 级分类类型。

景区的功能，一般分为观光、游憩、休假、民俗、生态、综合等类型。功能分区实例见图 6-2、图 6-3。

[实例]哈尔滨太阳岛风景名胜区功能分区（黑龙江省城市规划勘测设计研究院）

根据风景名胜区的使用要求，并考虑其地理、自然条件，将哈尔滨太阳岛风景区划分为太阳岛休闲服务区、生态恢复区、湿地生态游览区、"三野"休闲游览区、水上休闲运动区 5 个功能分区（图 6-4）。

1. 太阳岛休闲服务区

位于风景区中部，包括传统意义上的太阳岛东、中、西三区，总面积 7.05 km²。其中东区的太阳岛公园 1.22 km²、文化休闲区 0.68 km²；中区的月亮湾绿色休闲区 1.77 km²、太阳岛宾馆 1.09 km²；西区为冰雪文化休闲区，面积 2.29 km²。

此区是开展游憩活动最早的区域，积淀着太阳岛百余年来的历史，经过多年建设，市政基础设施比较完善，接待服务建筑集中分布，集中承载着风景区的旅游接待服务职能。同时，随着太阳岛外围防洪堤工程建成竣工，内部市政基础设施系统趋于完善，此区域已成为风景区的旅游服务中心区，是游览接待设施集中建设区和游览组织中心。

2. 生态恢复区

位于风景区西部，包括逐日岛、群力外滩和兴隆岗滩，总面积 59.25 km²。此区是以生态恢复、保护培育为主要功能的区域。

3. 湿地生态游览区

位于风景区西北部，包括金河湾湿地公园、天鹅湖、阳明滩、月太滩、古兰外滩、东北虎林园，总面积 18.1 km²。此区是开展湿地生态游赏、科普教育、动植物观赏的生态游览区。

4. "三野"休闲游览区

位于景区中部，包括欢乐岛、松浦滩和月琴港（船厂），总面积 8.6 km²。此区是开展"夏季三野"活动（野游、野餐、野浴）和"冬季三野"活动（冬泳、滑冰滑雪、雕冰塑雪），满足郊野休闲游憩功能的区域。

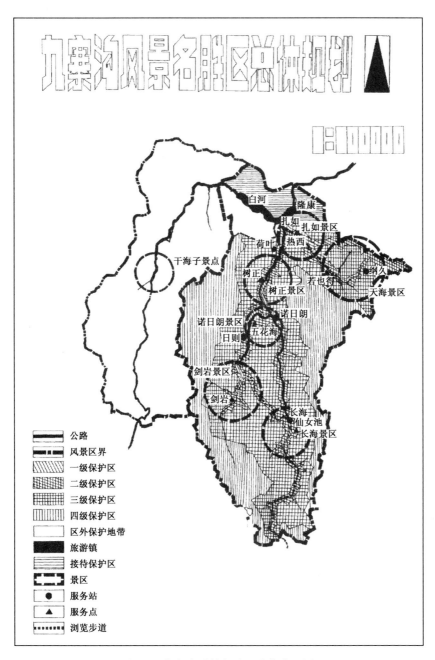

图 6-2　九寨沟风景名胜区功能分区图

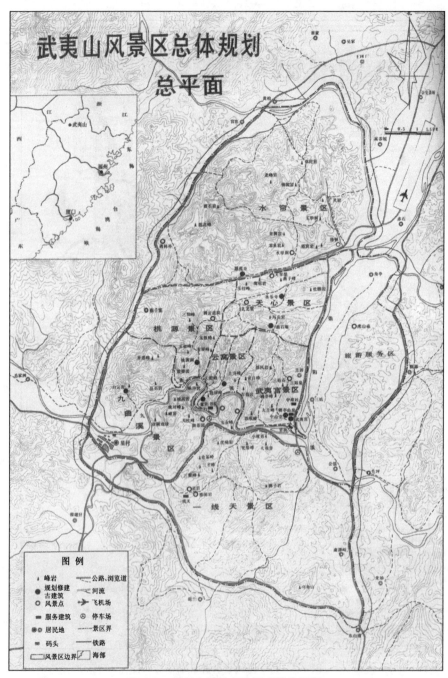

图 6-3　武夷山风景名胜区功能分区图

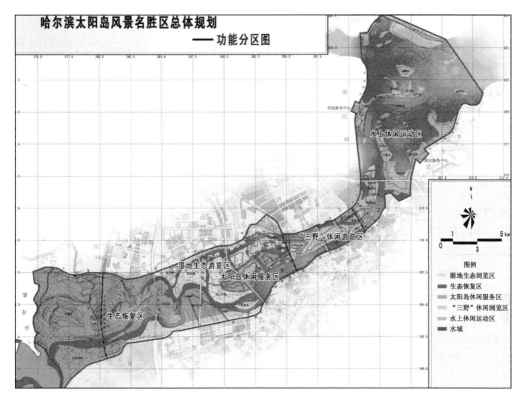

图 6-4 哈尔滨太阳岛风景名胜区功能分区图

5.水上休闲运动区

位于风景区东北部,包括羲和湾(老宫殿滩)和以十二星座命名的各岛屿,总面积 19.0 km² 。此区是以开展水上休闲运动为主要功能的区域。

第二节 游览方式的选择

游览方式以最好地发挥景物特点为主,并结合游乐要求而统筹考虑。游览方式可以是静赏、动观、登山、涉水、探洞,可以是步行、乘车、坐船、骑马等,也可空游、陆游、水游或地下游。不同游览方式将出现不同的时间速度进程,也需要不同的体力消耗,因而涉及游人结构的年龄、性别、职业等变化所带来的游兴规律差异。其中,游兴是游人景感的兴奋程度,人的某种景感能力同人的其他机能一样是会疲劳的,景感类型的变换就可以避免某种景感能力因单一负担过度而疲劳。游览方式的规划应针对户外游憩环境,通过对游客需求的了解、经营管理者的判断和公众的参与,发展出适当的游憩机会环境,建立一系列的游憩机会,以使游客追求到所期望的体验。

游览方式选择的不同或者选择不当,会影响到游人的游憩体验。比如游览泰山,乘坐索道上山和步行上山对于游人的感受是不同的。现在将公路修到中天门,中天门到南天门又建了索道,宣传说8分钟可达山顶是现代化的体现,实际上是违背了现代旅游的原则。登泰山要体验泰山的雄伟,追求对中国圣山的崇拜,增强民族自豪感,要沿十八盘去体验登顶的豪情和得到体力上的锻炼,同时在提升自己的生命力,是精神上的愉悦和释放,要参观几千年形成的中国历史露天博物馆的种种珍贵文物古迹。而8分钟登顶,登顶变成唯一的目的,恰恰是缩小了泰山的范围,贬低了泰山的价值。所以在作游览方式规划时,如果大量地用缆车交通替代步行交通,就大大弱化了游人用生命力征服、驾驭自然的能力。同时还缩短了游人在风景区的停留时间,降低了经济效益。正如李白诗词曰:"一溪初入千花明,万壑度尽松风声。"没有度尽松声哪得花明的喜悦,这是不可或少的过程。

综合起来,风景区的游览方式可归纳为4种。

一、空游

可乘直升飞机或缆车游览。主要用于一些大型风景区,在地面游览时难以达到各种视角奇观效果,登空俯视远观,气势磅礴,蔚为壮观。如加拿大的尼亚加拉大瀑布,落差50 m,宽800 m,组织了地面和空中的立体游览,不但增加景观效果,也大大增加了风景容量,使只有7万人的瀑布城,1979年竟接待游客上千万人次。我国的峨眉山、黄山、华山以及其他名山风景区,可结合解决交通问题,同时组织缆车等空中游览方式,但要注意选址,不可破坏原景观效果。

二、陆游

这是目前最大量的游览方式,可乘车或步行。游者置身于各种景象环境中,近乎人情,颇为亲切,既是很好的体育活动,又经济简便。在游览的同时,可进行文娱活动、狩猎、采访风土人情,访古怀旧,自由自在,适应性强,风景容量亦大,今后这仍然是景区内的主要游览方式。

三、水游

利用自然或人工水体,乘舟游览。游者虽不如陆上自由,但往往可获得较佳的游览效果。人在舟中,视点低而开旷,青山绿水,碧波倒影,景物成双,空间加倍,这是其他游览方式享受不到的。长江、漓江、西湖、太湖、青岛海滨等都是非常理想的水游环境。因此,凡有水面的风景区,应大力开发水上游览,以丰富游览内容。

四、地下游览

在一些岩溶地段,可利用天然溶洞进行地下游览。溶洞中石笋林立,千姿百态,奇光怪石,奥秘骇然。也可利用地下人防工事设立地下游乐场、地下公园等。有条件的海滨风景区可在水下设立水晶宫、组织潜水活动等。

总之,风景区游览方式的选择,主要决定于能够最好地发挥各种风景景观的特点,结合一定的游乐形式,使游览内容更加丰富。因此对于一个游览路线的组织,不一定固定一种游览方式,可以有多种形式的变化。

[实例1]桂林漓江风景区游览方式规划

桂林漓江万转千回,处处都呈现出"几程漓水曲,万点桂山尖"的诗情画意。但是,游览方式的不同,也可以出现截然不同的感受和效果(图6-5)。

历史上游览漓江,多是乘木帆船,从桂林到阳朔的83 km水程需行船整整两天,若是沿途登岸或观赏得细些,则需游程3天以上。这种游览方式虽能体验到漓江的壮丽奇观和诗画境界,但却需要有相当的决心、充裕的时间和不小的代价才能达到目的。

近年来游览漓江,都是用柴油机船,需8~10个小时的航程匆匆游完漓江。这种游览方式存在几个根本问题难以解决:

(1)一种方式一日游完漓江使人过分疲劳,当游兴高时,山水景观还处在"序曲"阶段,当进入风景精华地段时,大多数游人已相当疲劳,无兴细看。

(2)这种走马观花式的游览太粗,漓江景色的特点感受很少,甚至连拍照留影的时间都不多。

(3)机船噪声大,有空气和水体污染,同时船速又快,破坏了水中倒影,使得整个的漓江景色特点和游览气氛与情趣都被干扰破坏,禽鸟大大减少。另外,在每年4个月的枯水季节,机船无法通行,迫使游览活动停止。

(4)游船起航与结束的时间及地点比较

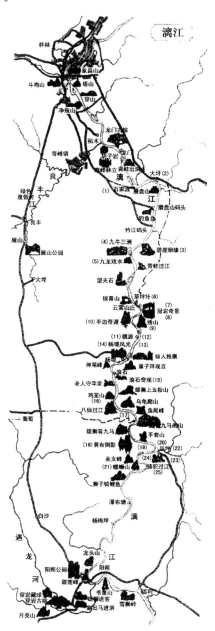

图6-5　漓江风景区景点示意图

103

集中,相互干扰,相当拥挤。

(5)集中一日游完漓江,景区内游人分布很不平衡,因而景区的游人容量大大降低,风景资源的潜力不能充分发挥。

因此,规划设想的游览方式调整为:

(1)控制大型柴油机游船的使用,发展无各种污染、小中型、中低速的游船,保留与改善具有漓江特点的木帆船,积极试验电瓶船。船体吃水深度在35cm以内,每船载客15～50人,船上有合格的通信、厕所、更衣、小卖和救生等基本设备,正餐食宿都在陆上解决。

(2)分段游览,分段发船。把漓江景区分为:石家渡—草坪—杨堤—画山—兴坪等四段,在每段景区内的游览都是游程半天,从桂林到石家渡、草坪、杨堤等三处都有公路和汽车直达,游人可事先选择游览区段和游程安排。

(3)以水上游览为主,同时结合陆地游览;以船上观景为主,同时结合游泳、登山与探胜等赏玩活动。尽量使每个游人在每个游日都可以感受到不同的景观特色,体验到不同的游赏方式和活动内容,保持旺盛的游兴。

[案例2]湖南岳阳君山景区游览方式规划

湖南岳阳君山景区共划分为古迹寻踪景区、君山假日景区、茗茶经典景区、水中览胜景区等4个景区,其旅游路线组织如下:

1.旅游路线的特点

(1)主干景点:电瓶车环线串联全部四大景区及大部分景点。

(2)高地势景点:通过园区次级道路及步行环线连接32个景点,做到游览路线简洁流畅,方便游人观光游览。

(3)水上景点:通过水上游船串联、组织,水上观岛,别有一番情趣。

2.旅游路线

(1)水上游线:开辟水上观光路线,在洞庭湖中赏月、观庙,听渔樵互答、惊涛拍岸,看浩渺烟波、郁郁山林,可以怡情,可以借景,这是一组颇具诗意的旅游线路。

(2)滨水游线:分为环湖电瓶车道、步行道和可淹没观光道等。将湖滨云集的湿地、草坡、广场、石滩、悬崖等独具特色的观光区串联起来,环湖电瓶车道、步行道与湖岸时分时合,游人既可以欣赏优美的滨湖风光,又可以体会葱郁的密林浓荫。

(3)陆上游线:以电瓶车道为主干,形成陆上游线,联系各景点的陆上旅游项目。

第三节　游览路线的组织

景区划分和游览路线的组织中,好的规划应该是使各个景区能以自己独特的魅力而存在。同时游览路线又最大限度地发挥原有景观的"潜力",使每个景点的作用和价值都得到显示。我们组织游览的原则应该是旅行的途中方便、迅速,风景名胜区中要丰富迷人,使人从容观赏。凡到过庐山锦绣谷的人都无不交口称赞这条花径到仙人洞的游路开辟得好,好就好在它迂回跌宕,贯串全谷,锦绣流云,尽收其间。可是有一些风景区的规划将方便迅速的交通设施深入景区,破坏了景观,引入了噪音,还无形中缩小了风景名胜区的范围和作用。如九华山将公路直修到山中的九华街,不仅打断了原有进香的神路,而且九华街以下的各个景点都处于被冷落的地位了;庐山顶上纵横的公路上汽车扬起的灰尘和噪音,大大干扰了游人的安宁,降低了庐山的景观价值。

园林风景的感染力是要通过游人进入其中直接感受才能获得。要使人们对风景区有一个完整而有节奏的游兴效果,精心组织导游路线和游览方式是非常必要的。游览线的盲目和随便颠倒,会使具有强烈时间艺术效果的观赏失败。在游线上,游人对景象的感受和体验主要表现在人的直观能力、感觉能力、想象能力等景感类型的变换过程中。因而风景区游线组织,实质上是景象空间展示、时间速度进程、景观类型转换的艺术综合。游线安排既能创造高于景象实体的诗画境界,也可能损伤景象实体所应有的风景效果,所以必须精心组织。

风景游览路线的组织主要功能有:①将各景区、景点、景物等相互串联成完整的风景游览体系;②引导游人至最佳观赏点和观景面;③组织游览程序——入景、展开、酝酿、高潮、尾声;④构成景象的时空艺术。游线组织应依据景观特征、游赏方式、游人结构、游人体力与游行规律等因素,精心组织主要游线和多种专项游线。

一、游线的选线

游线应满足形式融于自然的原则,其选线应至少考虑以下几方面的影响:

1. 旅游流的影响

满足旅游流的交通组织需求,根据主流向确定风景区的主要入口、道路的分布与走向。

2. 地形、地貌等自然条件的影响

因地制宜地处理好游线与山体、水体的关系,同时考虑地质和工程技术条件,经济、合理、科学地进行选线。

3. 资源保护的影响

以对自然生态环境影响最小为原则,安排游线的位置、密度与规模等。如草原、森林等区域的游线密度应小,而山地应避免破坏山体,尽量依据等高线设计游线等。生态敏感地区的游线选线都应"近而不入",也就是只能接近而不能进入。

4. 景观特色的影响

景观特色是游线区别于其他道路的重要特征,景观特色应是游线选线的主要导向,选线应有利于将景区内有价值的景观资源组织、串接,有利于对现有景观的利用、展示,有利于提高环境质量,彰显游线特色。

二、游线的序列

游线具有多空间、多视点、连续性特点,其线路的组织要求形成一个良好的游赏过程,因而就有了顺序发展、时间积累、连贯性等问题,形成了起景—高潮—结景的基本段落结构。如此将一系列不同景观特征、使用功能的空间按一定的观赏路线有秩序地贯通、穿插、组合起来,就是游线的序列。由于序列关注的是游线全局,因此游线序列被认为是关系到游览结构和整体布局的重要问题。

规划中经常要调动各种手段来突出景象高潮和主题区段的感染力,诸如空间上的层层递进、穿插贯通、景象上的主次景设置、借景配景,时间速度上的景点疏密、展现节奏,景感上的明暗色彩、比拟联想,手法上的掩藏显露、呼应衬托等。通过游线序列的巧妙组织,使游览活动有张有弛、劳逸结合、丰富多彩,形成欲扬先抑、步移景异、峰回路转等艺术效果。

传统风景区中,游线序列的组织有许多成功的例子。比如泰山十八盘游线,起始于孔子登临处,"第一山"、"登高必自卑"点明主题;万仙楼信息平平,斗母宫卧龙槐,听泉山房寄云楼稍有突起,柏洞浓荫流水,是一行板式发展段;壶天阁峰回路转,至崖顶豁然开朗;后一段平坡转陡石级抵中天门,仰观南天门一线,俯瞰山水全景,情绪大振;快活三里,由激转平,云步桥、五松亭、朝阳洞一线信息密集;越对松亭,历升仙坊,两山夹峙,盘道转陡,南天门在望,全力以赴,即上南天门,奔玉皇顶,"一览众山小",趋于最高潮;而后盘桓于日观峰、瞻鲁台,是高潮之后绵绵不绝的余弦(图6-6)。

三、游线的主题

游线具有不同的景观组织和性格特征,而游线的主题设计不仅可以更好地突出和深化景观特色,还可以增加游线的可识别性,帮助游客准确把握景观资源的主要特征。

游线的景观种类繁多,游线主题根据旅游活动类型一般可以分为观览类、体验类、休闲

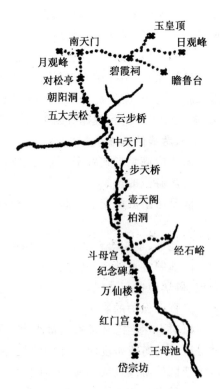

图6-6 泰山风景名胜区游线组织

类、运动类、教育类、商务类等,然后,再结合具体的资源景观内容进行细化分类,如:

海坛风景区(中国城市规划设计研究院 1992)分为海滨海岛、山岳湖泊、海蚀地貌、遗址遗迹、渔村风情、军事遗址、运动娱乐、特色行业 8 个游线主题。

峨眉山风景区(四川省城乡规划设计研究院 1999)分为地质科考、度假休闲、登山探险、观花玩雪、商务会议、体育健身 6 个游线主题。

四、游线的空间布局

依据景区、景点、景物的层次,相应的游线一般也分为主干道、次干道、游览步道三级,形成点、线、面合理结合的布局。

1.主干道

连接景区之间、景区与外部环境之间的主要交通干道,属于风景区层次,一般可供车行,在兼顾景观游览功能的同时,主要承担"旅"的交通功能,要求方便、舒适、快捷。

2.次干道

连接景区内部的主要交通道路,属于景区层次,一般为非机动车专用道,可使用自行车和电瓶车等,是景观游览的主要载体,主要承担"游"的游览功能,要求景色优美、舒适方便。

3.游览步道

深入景点内部的自然游览小径,属于景点层次、形式灵活多样,材质多以当地自然材料或环保再生物为主,如卵石、毛石、嵌草、砖、渣石、煤矸石等,以细部游览为主要目的,步行为主,提供驻足、最佳视点视域、解说等功能。

[实例1]江苏省常熟市沙家浜芦苇荡风景区游线组织(图 6-7、图 6-8)

在组织游览路线过程中,充分结合风景区的地域特色和革命传统特色,结合其丰厚的自然与人文资源,通过"启"、"承"、"转"、"合"的景观序列的组织,塑造了特有的场所氛围。游线规划如下:

芦苇荡风景区原有入口空间局促、形象杂乱。规划中以入口广场及一组入口接待建筑,形成风景区内外时空转换的界定点。建筑吸收江南水乡民居的要素和手法,以白墙灰瓦为基调,中间的白色石墙面借鉴中国古典书画艺术,一端以印章的形式将风景区的名称篆刻其上,另一端前的花坛种植早芦掩蔽石墙面的大半,整个入口空间的底景是刻有叙述沙家浜历史意义的弧形照壁,点明了沙家浜芦苇荡风景旅游区的历史人文主题,照壁使得并不十分深远的景区空间不致一览无余,同时遮蔽原有建筑的杂乱形象。广场、建筑、墙面、芦苇和照壁共同形成的场所氛围,使风景地域特色得以抽象化地展现,让人们在风景区景观流线的起始处初步感受到其所蕴含的特定的自然和人文历史内涵,构成了风景区景观序列的"起点"。

由照壁向左,一座江南水乡常见的三孔石拱桥横跨于水道之上,桥下是清澈的流

图 6-7　沙家浜芦苇荡风景区平面图

水,桥侧是郁郁葱葱的芦苇,对岸隐约可见景观序列中主空间之一的瞻仰广场,拱桥的曲线对视线半隐半现的遮挡,使人产生期待的心理,景观序列至此得以"承"续而进。

拱桥之后转而进入景观序列中主空间之一的瞻仰广场。悲壮的革命斗争赋予了沙家浜这片风景地域环境不可或缺的纪念性氛围,为营造这一氛围,广场以简捷厚重的碑亭构成空间轴线的起点,与下沉的山甬道和高起的广场主空间共同围合成一个完整的空间场所,形成强烈的内敛感与中心感,整个广场中台地、雕塑、碑亭、流水和甬道以统一的形象和对比,取得独立的场所存在,达到促使人凝思的目的。几何化的形态和明确的轴线与其周围的自然环境取得了"平行、对话与抗争"的关系,再现了悲壮的历史文化印记和崇高的场所精神。景观序列始而"转"入沙家浜所特有的历史人文景观记忆的全面再现。

由瞻仰广场一侧水面青青苇叶的导引,景观序列进入一组江南水乡形态的村落建

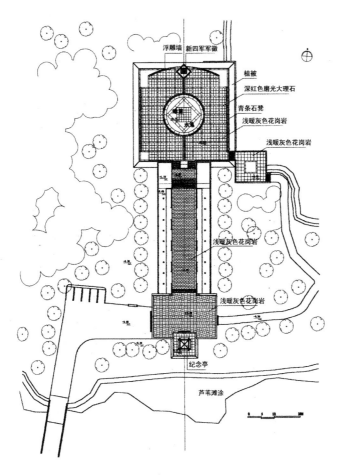

浮雕墙　新四军军徽

植被

深红色磨光大理石

青条石凳

浅暖灰色花岗岩

浅暖灰色花岗岩

浅暖灰色花岗岩

浅暖灰色花岗岩

纪念亭

芦苇滩涂

图 6-8　沙家浜芦苇荡风景区入口空间

筑中,村落以京剧《沙家浜》中的红石村为蓝本,将分散和残缺的历史遗迹集中于一处,重构了一个包括春来茶馆、阿庆嫂故居、新四军后方医院、修械所等景点的红石民族文化村。村落南临广阔的湖荡水面,建筑临水而置,随地形而自由错落,结合水边敞廊和小广场构成一个亲切活泼的与水紧密结合的平面形态。同时,对村落南临水面的现在地形重新组织,充分利用湖荡水面种植多种芦苇,形成辽阔、幽深、狭长、曲折等多种形态的水面空间,塑造朴野的自然情趣,使人在其中能体验到当年新四军转战芦苇荡的场所氛围和自然风貌。民居形态的建筑与水面茂密的芦苇相结合,形成了芦苇掩映中的水乡村落的景观形象。芦苇荡风景区中独特的人文景观和自然景观特色在此结"合"而成为景观序列中体现风景地域特色的高潮之处。

"起"、"承"、"转"、"合"的景观序列充分利用了风景地域环境中原有的自然与历史文化印记,通过重构完整的叙事主题,再现与深化了自然和人文给予芦苇荡风景区的风景地域特质。

[实例2]绍兴柯岩石佛景区规划(图6-9、图6-10)

通过把风景旅游环境要素进行一定结构秩序的组织来表现环境主题——云骨和大石佛。"云骨"所代表的石文化具有很深的思想内涵,体现在"石魂"上——最坚韧的精神气质,并具备超凡的实物主题价值;大石佛反映了隋唐及以后几百年间佛教兴盛的事实,其历史、艺术及观赏价值极高,同样具有超凡的实物主题价值。景区规划结构秩序为:进入环境区→过渡环境区→游览环境区→结束环境区。

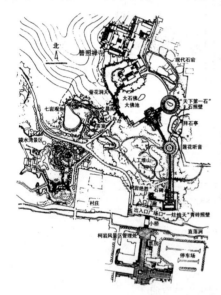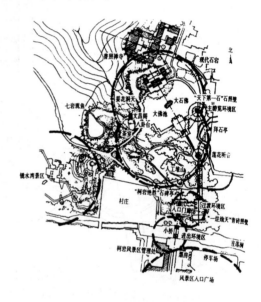

图6-9　柯岩石佛景区　　　　　图6-10　柯岩石佛景区环境分析

进入环境区由入口门屋及现存的石拱桥、小河(直落涧)所限定,桥是景区必经之处,从入口到主轴线的转折是该特定的环境下的"瓶颈",这一"瓶颈"区域组织成过渡环境区,成为环境转折的关键空间区域。该环境中设置了"柯岩绝胜"石碑亭及"一炷烛天"青砖照壁,并在草坪中点缀青竹,尽显诗情画意。过渡环境是从入口到主游览区的空间区域,处理成封闭、围合的形态(入口区与门屋形成的八字墙,处理成虚透形式,形成空间的渗透状态),不仅起到空间环境的提示、说明作用,而且对于人的心理也具有意识导向的意义。

进入主游览区空间,如何体现出"云骨"的至尊形象,是秩序组织首要解决的问题。

利用中国文化中"南北尊次"的关系,把"云骨"置于南北轴的北面,形成坐北朝南之势,以体现其"石魂"的崇高形象;云骨的对景为"一炷烛天"的唐风青砖照壁,两者相互呼应。以莲花听音为转折,是大石佛正面轴线。

在整个序列的尽端,即莲花听音与石佛连线的延伸,巧妙构筑了位于柯岩大石佛北侧山麓的唐风建筑群——普照禅寺,藉以烘托石佛。寺院主体顺山势坐西朝东,整个群体轴线曲折延伸。各殿堂渐次升起,并由罗汉廊连接,气势恢弘,使新的环境与柯岩山体紧密地结合一体,形成立体的空间层次。人们登上寺院向南远眺,新的环境尽收眼底,视线在空间上得以全面沟通。

风景区的入口区也常常通过游线组织,创造入口景区的空间序列,突出特殊的氛围。

[实例3]浙江省仙华山省级风景区入口区改造规划(图6-11、图6-12)

现状:景区入口位于半山腰处,建有昭灵宫、商业街、仙华苑(宾馆)等建筑。景区入口区内空间混乱,交通混杂。现有的商业街与昭灵宫显得简陋且建筑色彩欠协调,整个入口区空间含混,无特色。

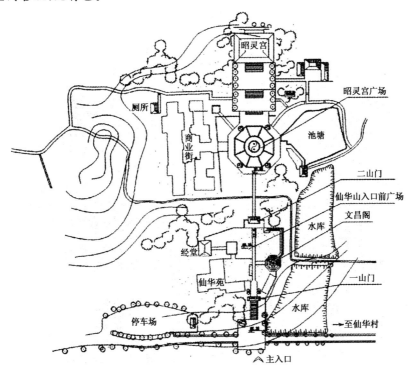

图6-11　仙华山入口区平面图

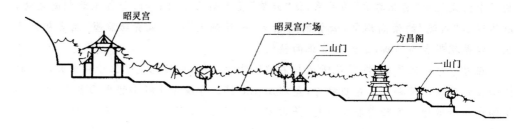

图 6-12　入口区中轴线剖面图

对策：规划针对其地形地貌，采用中轴线布局方式，沿中轴线利用地形高差变化较大的特点，利用 3 个台地组织整个空间序列变化；在昭灵宫前布置广场作为入口区整个空间序列的中心。将散乱空间统一、联系起来。

入口空间序列创造：规划充分利用台地和沿寺庙大殿中轴线布局方式组织入口区的空间序列结构。两座山门作为 3 个主要序列空间在尺度上的转换点，这 3 个主要序列空间分别是：入口前广场、文昌院和昭灵宫广场。规划将这 3 个序列空间在尺度、围合和景观上作对比变化处理，使游人不断感受到空间的流转变化，达到步移景异的效果。序列空间见表 6-1。

表 6-1　序列空间性质表

空间名称	大小(m²)	围合元素及程序	主要景观	功能
入口前广场	约 20×30	山门、地形、树木少围合	山门、水库	入口前空间景区标志、空间开启、集散
文昌院	约 40×42	建筑、亭廊、院墙全围合	文昌阁、老经堂、仙华苑	书画展览、餐饮、小卖部、休息、售票
昭灵宫广场	约 75×100	利用建筑、树木半围合	太极涌泉广场、昭灵宫、仙华主峰	景区集散转换中心

[实例 4]仙都风景名胜区风景游览线组织(图 6-13)

浙江省仙都风景区的自然景观多分布于练溪两岸，九曲练溪贯穿了 4 个景区和 1 个入口区，自然形成了带状串联式结构。总体规划顺其自然，充分加强和发展练溪在总体布局中的主轴线作用，将山、水、田园风光融为一体，组成一条完整的"九曲练溪，十里画廊"风景游览线。风景区由序景(前奏)—前景(展开)—主景(高潮)—结景(回味)构成，即"起"、"承"、"转"、"合"四节奏。周村为入口序景区，是游览的前奏，规划以大范围的树林、水面与外界分隔，造成环境过渡，并以饕城山、姑妇岩、松洲、柳洲为标志，初步呈现风景区的风貌特色，引人入胜。第二层次为前景区，规划将小赤壁、倪翁洞两个相邻接的景区，以精细而又多彩的自然与人文景观有节奏地连续展开，逐渐引发游兴。第三层次为鼎湖峰主景区，是游览的高潮处，景观以等级高、规模大、游览活动内容多的特

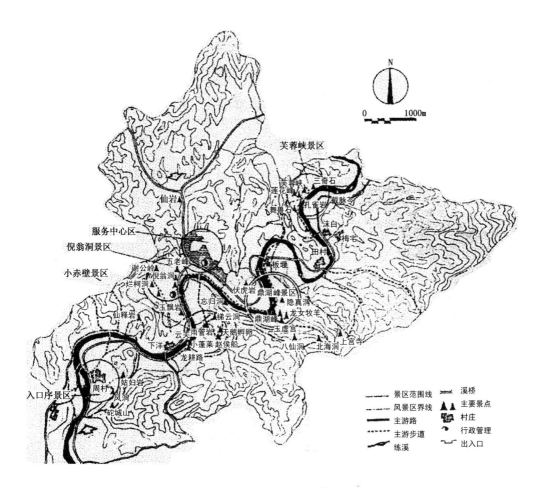

图 6-13　仙都风景名胜区总体规划图

点,得到游人的赞赏并使游人迸发出高亢的游兴。第四层次为和缓的结尾,芙蓉峡景区如"后花园",它有诸多形若鸟兽的奇岩巧石(如芙蓉峡、孔雀岩、舞兽岩、三鸡石等),形成繁花似锦、"百兽"齐舞的奇妙景象。穿梭的游道,荡漾的游船,令人迷恋和陶醉。整个风景区规划的立意与构思,是要形成一幅淡雅的山水田园风景画卷,一条山水结合的游览长廊,一个"世外桃源"的意境。

[实例 5]崂山风景区游赏方式和线路组织规划

崂山风景区游赏方式规划为:车行游赏、步行游赏、空中游赏、海上游赏、海底游赏,还有其他感观的游赏,如海水浴、花香、鸟语、听涛等。

1.车行游赏路线(景外游览道)

环状公路、东部沿海游赏路等是车行游赏路,其功能主要是沟通各景区之间的联系,游赏沿路景观;巨峰车行路游赏上十八盘、美女峰、秋千崮、五指峰等巨峰景区的名峰;沿海环路是以体验山海奇观、游赏瀚海高山、海礁石矶以及海渔风情为主要特色的海岸游赏路。

2.海上游赏线

海上游赏有两种方式:一种是游艇,可载数百人,由青岛市开往沙子口、流清河湾、太清宫、泉心河湾、仰口,由仰口开往长门岩岛;另一种是游览小船,载游客10人左右,一般路途较短,可靠海岸游赏。共三条小船游赏专线,由流清河湾开往老公岛;由太清宫开往钓鱼台、八仙墩、晒钱石;由仰口开往小蓬莱。

3.空中游赏线

开辟从青岛到崂山上空的直升飞机游览线。

4.登峰游赏路线

即宽度为1.5～2.0 m的石板路。规划确定三条主要登山路:流清河到巨峰,北九水到巨峰,泉心河到巨峰,三条登峰游赏路在巨峰汇合。沿路有秀丽奇特的山溪林泉景观,属于幽邃清秀型和奇特神奇型的涧溪游赏路。

5.山间游赏路

指宽度为1.5 m的山间游赏路。如海拔900 m左右的崂顶游赏路;自八水河口经上清宫、蟠桃峰、丫口、太清宫到钓鱼台的游赏路。山间游赏路比较平缓,游人集中,沿路景点内容丰富,是属于旷远型或内涵型的山间游赏路。

6.游赏小路

除上述以外,各游览区内部或游览区之间宽度为1 m及1 m以下的石板路均为游赏小路。它的特点是线路长,游赏内容丰富,游赏路的类型多、分布广。游赏小路主要类型有:幽邃清秀的涧溪游赏小路,如石门涧;奇特神奇型的涧溪游赏小路,如华严寺至明道观;雄伟壮观型的峰岭游赏小路,如天门岭;海滨风光型的山涧游赏小路,如太清宫到八仙墩。

第七章　环境容量及人口规模预测

第一节　环境容量及计算

一、环境容量

1. 研究环境容量的意义

一个 8 m² 的房子,住上一个人,感到比较宽敞,但 8 个人就无法居住了,说明这个房子太小,或者说容量太大。风景区也有同样的道理,进入风景区的游人数要和风景区的面积有一个适度的比例,若比例失控,游人过多,拥挤不堪,既满足不了游客的要求,又破坏了环境,这就涉及容量问题。所谓风景区环境容量是指在一定的条件下,一定空间和时间范围内所能容纳游客的数量,亦简称容人量,具体可用人/hm² 或 m²/人表示。研究风景环境容量是寻求旅游者的数量与环境规模之间适度的量比关系,确定风景区环境容量具有非常重要的意义。

首先,限制游人容量是一个严格的资源保护措施。在有些风景区中因自然环境的限制,景区内有制约游人出入的卡口,如狭窄的山路、水涧、峡谷等,每天只能通过有限的游人,形成了"自然限量"。如果需要扩大游人量就必须采取措施,改变原有自然资源的形态、结构或景观特色,因此扩大游人量就势必造成资源的破坏。但是大部分风景区中不存在固有的卡口,可以接待大量的游人,特别是那些资源价值较高的国家重点风景名胜区及离大城市较近以及交通便捷的热点风景区中,在旅游季节中经常处于人满为患的状态,无法保持宽松的游览空间和良好的生态环境,管理不当时,还会污染环境、污染景物。为了实现风景区具有能够调节游人的身心健康、保持风景资源应有的功能和效益,就需要限制游人的容量。这种被确定为科学合理的游人容量称作"规定限量"。游人容量的确定是告诉大家这是一种保护风景资源的临界警戒线。

其次,风景区环境容量是确定游人规模和建设规模最重要的科学依据。许多风景区为了追求旺季的旅游利润,缺少限制游人、控制游人容量的意识,而且有些风景区周围地区由于风景区的建设与发展,找到了有效的脱贫途径,于是包括国家及个人大规模的投资建设就在风景区中轰轰烈烈地开展起来,这就是造成了许多风景区城市化的主要原因,也被称为可怕的建设性破坏。这不仅破坏了风景区的生态环境,影响了景观的效果,还造成了旅游淡季时设施、设备的闲置和浪费。因为建设规模往往是随着旅游旺季大量的游人需要而上升的,那么我们就不得不对游人规模进行一些较深入地研究或探讨,寻求一个合理的建设规模——即必须在游人容量限定内的规模标准。所以,风景区环境容量是确定游客容量、建筑容量、交通容量、场地容量、水源和能源容量的基础,是风景区规划设计的重要数据之一。

2.环境容量的调查方法

环境容量的调查要以景区或游道为单位,测量游道长度、景点间的距离,记录游客在景间步行所需的时间及途中休息和在各景点观景所需的时间。测量时应以游客中数量最多的中、青年人的游览速度和观景时间为标准记录统计,并将所得的结果计入表7-1中。

表 7-1　环境容量调查表格

景点名称	景点间距离	徒步时间 (时·分·秒)	观景时间 (含解说时间)	风景等级	备注
××入口处					
××景点					
××景点					

二、环境容量的计算方法

容量幅度是一个十分活跃的数字,可随交通和设施的改善、新景点的开发而增大容量,但同时又受到环境条件的限制。有许多主景区风景绝佳,而观赏位置面积很小,游人云集,影响观赏效果;还有许多风景区奇峰突起,山顶无汇水面积,高山缺水,常常也成为影响游人容量的重要因素。由于以上原因,有必要对各风景区制定一个理想而又经济合理的环境容量,以便于把握风景资源的真正潜力,为经济合理地开发新风景区提供依据。

环境容量制定的主要依据,是在不破坏自然景观和生态环境的前提下,能充分满足游人生活必需和食宿交通条件时,所能容纳的理想数量。在合理容量的范围内,既能保证游客活动的“快适性”,又能低于资源的“忍耐性”,同时又能在保证风景区景观资源永续利用的情况下,取得最好的经济收入。也就是要满足 3 个条件:第一,在游憩用地的生态容量允许范围内(表7-2),不降低旅游地自然环境质量,也即环境的自然恢复能力不应受到损害,自然演替规律不能打破;第二,不降低游客的游览质量(包括视觉效果和参与效果);第三,不能损害旅游社区居民的社会福利平均值,也即不能超出当地居民对旅游开发影响的最大容忍程度。

表 7-2　游憩用地生态容量

用地类型	允许容人量和用地指标	
	（人/hm²）	（m²/人）
（1）针叶林地	2～3	5 000～3 300
（2）阔叶林地	4～8	2 500～1 250
（3）森林公园	<15～20	>660～500
（4）疏林草地	20～25	500～400
（5）草地公园	<70	>140
（6）城镇公园	30～200	330～50
（7）专用浴场	<500	>20
（8）浴场水域	500～1 000	20～10
（9）浴场沙滩	1 000～2 000	10～5

（资料来源:《风景名胜区规划规范》,1999 年）

游人容量应由一次性游人容量、日游人容量、年游人容量 3 个层次表示。

(1)一次性游人容量(亦称瞬时容量),单位以"人/次"表示。

(2)日游人容量,单位以"人次/日"表示。

(3)年游人容量,单位以"人次/年"表示。

1. 日环境容量

(1)面积测算法:以每个游人所占平均游览面积计算。

面积测算法适用于景区面积小、游人可以进入景区每个角落进行游览情况下的环境容量计算。其公式:

$$C_{面} = \frac{S}{E} \times P$$

式中:$C_{面}$——用面积计算法的环境日容量(人次);

S——景区或游览设施面积(m²);

E——单位规模指标(m²/人);

P——周转率,即每日接待游客的批数。计算方法为:

$$P = T/t$$

式中:T——每日游览开放时间(小时);

t——游人平均逗留时间(小时)。

单位规模指标是指在风景设施的同一时间内,每个游人活动所必须的最小面积。

计算方法为：

$$E = S/Q$$

式中：S——游览设施面积（m^2）；

Q——合理游客数（人）。Q 的数值一般为：

主要景点：$50 \sim 100 \ m^2/$人（景点面积）

一般景点：$100 \sim 400 \ m^2/$人（景点面积）

浴场海域：$10 \sim 20 \ m^2/$人（海拔 $0 \sim -2 \ m$ 以内水面）

浴场沙滩：$5 \sim 10 \ m^2/$人（海拔 $0 \sim +2 \ m$ 以内沙滩）

（2）游道计算法：适用于地势险要、游人只能沿山路游览的情况下的环境容量计算。有两种类型：

①完全游道计算法。完全游道是指进出口不在同一位置上，游人游览不走回头路。

$$C = \frac{A}{B} \times P$$

式中：C——环境日容量（人次）；

A——游道全长（m）；

B——游客占用合理的游道长度（m）；

P——周转率，即每日接待游客的批数。计算方法为：

$$P = T/t$$

式中：T——每日游览开放时间（小时）；

t ——游人平均逗留时间（小时）。

②不完全游道计算方法。不完全游道是指进出口在同一位置的游道。

$$C = \frac{A}{B + B \times \dfrac{E}{F}} \times P$$

式中：C——不完全游道计算的环境日容量（人次）；

F——完全游道所需的时间（分）；

E——沿游道返回所需的时间（分）；

A——游道全长（m）；

B——游客占用合理的游道长度（m）；

P——周转率，即每日接待游客的批数。

用此式计算时，以分为单位，不足 30 秒舍去，大于 30 秒算作 1 分钟。

例 1：黄果树大瀑布景区规划步行游步道 7 300 m，为完全游道，日游览时间为 10 小时，游完全程需 4 小时 58 分，游人间距为 4 m，计算环境日容量。

同时环境日容量＝7 300÷4＝1 825（人）

周转率＝10÷4.966 7＝2.013

环境日容量＝1 825×2.013≈3674（人）

例2：某主游道全长 4 210 m，为不完全游道，游完全程需 2 小时 53 分，原路返回需 1 小时 30 分，往返共需 4 小时 23 分，景区平均每天开放时间为 9 小时，游客距离为 7 m，计算环境日容量。则：

$$P＝540÷263≈2.05$$

$$C＝\frac{4\ 210}{7+7×\dfrac{90}{173}}×2.05$$

$$＝811（人）$$

（3）卡口法（瓶颈容量法）：此法适用于坐竹筏或坐人抬轿等条件下计算环境容量。比如武夷山风景名胜区的九曲溪景区已成为游人必然要游览的去处，在溪上泛筏也成为游人必然尝试的项目。但乘筏受到河道、气候等限制，其容量是有限的。于是乘筏就成为一个卡口的因素，全山的容纳游人量要受其制约。

卡口法的公式如下：

$$C_卡＝\frac{L}{S}×P$$

式中：$C_卡$——瞬时可容人数（人）；

L——游览路线长度（m）；

S——安全距离（m）；

P——乘坐人数（人）。

例如：武夷山风景区的九曲溪自九曲码头至一曲码头水路全长 8 000 m，前、后两张竹排之间安全距离为 50 m（包括竹排长度 8 m），每个竹排乘坐 8 人，则九曲溪环境容量即瞬时可容人数为：

$$C_卡＝\frac{8\ 000}{50}×8＝1\ 280（人）$$

在具体工作中，可根据因地制宜的原则，分别选用面积测算法、游道计算法和卡口法。

2.游客日容量

游客在风景区中游览时，一天可能游完几个景区（或游道），这样在环境容量统计中，则是几个游客，而在游客容量统计时，则是 1 个游客。这表明用环境容量作为规划的依据，会造成很大的误差，所以必须把公园的环境日容量换算成游客日容量，作为规划的重要依据。所谓游客日容量是指风景区容纳旅游人数的能力。一般等于或小于风景区的环境容量。

风景区游客日容量用下式计算：

$$G = \frac{H}{T} \times C$$

式中：G——某景区或游道游客日容量（人）；

H——游完某景区或游道所需的时间（小时）；

T——游客观光游览最合理的时间（小时），一般 $T=7$ 小时；

C——某景区或游道环境容量（人）。

例：张家界风景区游客日容量计算表：

黄石寨游道	$G=298/420 \times 2\,663 \approx 1\,889$（人）
金鞭溪游道	$G=222/420 \times 3\,033 \approx 1\,603$（人）
沙刀沟游道	$G=281/420 \times 1\,624 \approx 1\,087$（人）
腰子寨游道	$G=263/420 \times 814 \approx 510$（人）
龙凤庵游道	$G=83/420 \times 1\,170 \approx 231$（人）
朝天观游道	$G=334/420 \times 718 \approx 571$（人）
合　计	5 891（人）

3. 环境年容量及游客年容量

由于季节、气候、节日、习惯等因素的影响，风景区淡、旺季十分明显。以张家界国家森林公园 1987—1989 年 3 年游客统计资料为例：每年 5—10 月为旅游旺季，共 184 天；4 月和 11 月两个月为平季，共 60 天；1 月、2 月、3 月、12 月 4 个月为淡季，共 121 天。根据资料，用旺季理论日容量为 100%、平季为旺季的 65%、淡季为旺季的 20% 进行计算比较合理。其计算方法为：

(1)环境年容量：把景区当年平、淡、旺季的环境容量相加，则为景区的环境年容量。再把各景区的环境年容量相加，则为风景区的环境年容量，或直接求出的风景区平、淡、旺季的环境容量，再相加，则为风景区的环境年容量。计算公式为：

$$C_年 = \sum Q(C_{\max} \times P)$$

式中：$C_年$——风景区环境年容量（人次）；

Q——平、淡、旺季各占的天数（天）；

$C_{\max}$——风景区日最大环境容量（人次）；

P——平、淡时容量比例，旺季为 100%、平季为 65%、淡季为 20%。

例：某风景区最大日环境容量为 10 017 人次，旅游旺季天数为 184 天；平季为 60 天，游人为旺季的 65%；淡季为 121 天，游人为旺季的 20%，计算环境年容量。

根据以上公式,先求出平、淡、旺季的环境容量再相加。

旺季 $C_年=184×10\ 017=1\ 843\ 128$(人次)

平季 $C_年=60×(10\ 017×65\%)=390\ 663$(人次)

淡季 $C_年=121×(10\ 017×20\%)≈242\ 411$(人次)

环境年容量$=1\ 843\ 128+390\ 663+242\ 411=2\ 476\ 202$(人次)$≈248$(万人次)

(2)游客年容量:游客年容量等于风景区平、淡、旺季游客日容量之和,公式为:

$$C_客 = \sum Q(C_{max} × P)$$

式中:$C_客$——风景区游客年容量(人次);

Q——平、淡、旺季各占的天数(天);

C_{max}——风景区日最大游客容量(人次);

P——平、淡季时容量比例,旺季为 100%、平季为 65%、淡季为 20%。

例:某风景区日最大游客容量为 5 885 人次,旅游旺季天数为 184 天,平季为 121 天,淡季为 60 天,游人所占比例与上例相同,计算游客年容量。

旺季 $C_客=184×5\ 885=1\ 082\ 840$(人次)

平季 $C_客=60×(5\ 885×0.65)=229\ 515$(人次)

淡季 $C_客=121×(5\ 885×0.2)=142\ 417$(人次)

游客年容量$=1\ 082\ 840+229\ 515+142\ 417=1\ 454\ 772$(人次)$≈145$(万人次)

游人容量计算结果应与当地的淡水供应、用地、相关设施及环境质量等条件进行校核与综合平衡,以确定合理的游人容量。

三、几种游览场地的容量实例

1.海滨容量计算实例

北戴河风景区的游人主要分布在海域、沙滩、名胜古迹、公园、游园、文体活动场所及商业设施范围内,计算可接待游人数。

北戴河风景区海岸线长 15 km,适宜做海浴活动的为 7.5 km,海域活动面积为 37.5 hm²(按 50 m 宽以内带式水域计算,水深以 1.0～1.5 m 为宜)。据实际测算,每人需海域 10 m² 才互不干扰,则最大容量为 37 500 人。

沙滩可供游人活动的面积为 15 hm²,人均面积为 10 m²,则可容纳 15 000 人活动。

名胜古迹、公园、游园可供游览活动面积为 105.8 hm²,人均面积为 40～60 m²/人,则可容纳 21 000 人活动。

文、体、商业设施活动容量面积为 20 hm²,人均面积为 40 m²,则可容纳 5 000 人活动。

北戴河总游览区容纳人数为海域、沙滩、名胜古迹、公园、游园及文体活动场所及商业设施所容纳人数之总和,共为 78 500 人。

2.溶洞容量计算实例

浙江桐庐瑶琳洞(新安江风景区的景点),平均每2分钟进入10人,每人在洞内逗留3小时,每天开放时间为8小时,全年开放300天,计算可接待游人数。

3小时进入洞内游人:(3×60)分×10人/2分＝900(人)

日游客容量:900×8/3＝2 400(人)

年游客容量:2 400×300＝720 000(人)＝72(万人)

第二节　风景区人口规模

一些依附城市的风景区,其人口规模不单独计算,可在城市总体规划中一起考虑,这里所指的人口规模计算,只指远离城市的独立风景区。

风景区一切设施,其规模完全决定于风景区发展后的人口规模之大小。因此,首先需要得出人口规模的基本数据。

一、风景区人口构成

风景区中人口构成比较特殊,一般可分以下四类:旅游人口、服务人口、城市非劳动人口、农业人口。除农业人口基本在原有基数的情况下按自然增长率计算外,其他各项和风景区规划关系较密切,需单独计算。

1.旅游人口

主要指在规划年限内的人口关系,风景区旅游人口是风景区人口的主要组成部分。它们虽然是流动的,去而又来,但从数量上说是在一定的时间内保持着相对稳定。由于旅游人口数量决定着旅游设施规模和服务人员的数量,所以旅游人口的数量是规划中人口规模计算的基本因素。

2.服务人口

包括直接服务人口和间接服务人口。直接服务人口一般是指固定职工。在旅游旺季,增加季节性服务员,称临时直接服务人口。如四川峨眉山临时工为正式职工的3～6倍。间接服务人口是指从事风景区的基建、交通、食品加工、行政管理、文教卫生、市政公用等业的职工。一般服务人口占旅游人口的10%～20%。

3.家属及非劳动人口

指未成年劳动后备人员、退休职工、家务劳动者及丧失劳动力人口等。可参照一般城市比例,采用40%～50%,这一部分成员,在旅游旺季可参加部分服务工作。

从庐山1979年资料分析,旅游旺季时的人口构成比例:旅游人口占50%,直接服务人口占7%,间接服务人口占10%,家属及非劳动人口占33%。

例:某风景区在1990年接待外宾日流量7 800人,接待国内游人日流量13 000人,休疗养员日流量 5 000 人,当日游人数估计为 4 000 人,其服务人员占风景区总人口数的 20%,每个服务职工带 2 名非劳动人口,求风景区规划年的总人口日流量。

由于服务人员和非劳动人口是按风景区总人口比例计算,因此应采用下列公式计算:

风景区规划年的总人口=旅游和休疗养员绝对数/[1-(服务员人口百分比+非劳动人口百分比)]

$$=(7\ 800+13\ 000+5\ 000+4\ 000)/[1-(20\%+40\%)$$
$$=29\ 800/0.4$$
$$=74\ 500(人)$$

二、风景区人口分布

影响游人容量的因素有三项,即生态允许标准、游览心理标准、功能技术标准。生态允许标准是对景物及其占地而言;游览心理标准是指游人对景物的景感反应;功能技术标准是游人欣赏风景时所处的具体设施条件。影响游人容量的三项因素对游人和职工的分布关系密切,影响居民容量的三项因素也决定着居民的分布规律。然而风景师要运用规划构思和手法以及适宜的处理方式主动地调控这种分布,使三类人口各得其所,使风景区内无序发展的居民得到有效控制,使风景资源物尽其用,使主题意境情趣等精神文化寓意能适当发挥,使风景区内的居民社会得到有效控制,使风景区成为人与自然协调发展的典型环境。

风景区内部的人口分布应符合下列原则:

(1)根据游赏需求、生境条件、设施配置等因素对各类人口进行相应的分区分期控制。

(2)应有合理的疏密聚散变化,使其各尽其能、各乐其业、各得其所。

(3)防止因人口过多或不适当集聚而不利于生态与环境。

(4)防止因人口过少或不适当分散而不利于管理与效益。

三、游客容量与规模预测的比较

通过游客容量计算和游人规模的预测,就能判断出风景区在运转中可能出现的问题。即如果预测游人的规模同风景区容量相当,就是求之不得的事了。但是如果预测游客数量大于或小于风景区容量时,怎么办呢?这是规划设计者所必须考虑的问题。当所测游人数量小于环境容量时,就应考虑以下几个问题:首先从风景区本身来说,规划者如何挖掘潜力,增强风景区对游人的吸引力,其次要在当地想办法培育好旅游市场。为此,必须开展宣传,采用多种措施,扩大风景区的发展规模,然后根据游人的增多,逐渐扩大。当所测游人数量大于风景区的容量时,将会使公园超负荷运转,不仅对接待造成困难,游客旅游不好,而且还会使风景区的景观、环境受到破坏。因此在编制

总体规划时,应注意以下几点:

首先,要强调风景区的综合功能。风景区除旅游功能外,还有科学、文化、历史、教育、健身等多项功能作用,这些功能比旅游功能更重要。规划要重视生态旅游、文化旅游、观光旅游、休闲度假旅游、科考旅游等各种旅游方式,满足不同年龄、不同阶层和不同文化层次游客的需要。

其次,要加强客源市场的分析、预测等规划内容,特别是在热点风景区规划中要明确提出警界容量,使风景区提早控制,可以在"长假期间"采取门票预定措施,防止过饱和游览。必要时实行休游制度。所谓"休游",是指风景区在可旅游的季节,局部或整体不对外,使其暂时"闲置",以保持和增强风景区生态系统自我恢复调节能力的一种封闭性管理制度。据研究,封山育林后林内昆虫与植物的种类数和种类多样性较未封山育林区增加幅度较大,个体数量也有明显增加,植物与昆虫数量的稳定性大大增强,生态系统有了很好的恢复。故休游制度对风景区生态系统恢复是大有裨益的。休游制度按时间可分为季节性与多年性。空间上适用于人口密集地带或对人的活动较为敏感且自然"本底"脆弱的风景区,如喀斯特地貌,尤其是以洞穴类景观为主的喀斯特风景区,以及干旱半干旱地带的风景区。休游制度比较适用于游客量有明显淡、旺季之分的风景区。这种做法在国外国家公园管理中已十分常见。

第三,要有意识地增加简易移动设施,如组装房屋、旅行帐篷、汽车旅馆、移动厕所等设施,适应淡、旺季的不同需求。

第四,应重视国家、省域、市域风景体系规划研究,在一定地域内,规划确定更多的大、中、小型风景区,形成多级风景区体系,满足节假日游人的需要,不能盲目要求扩大某一个风景区的游览容量。

第八章 旅游设施规划

在风景区中,不仅有吸引游人的风景游览欣赏对象,还应有直接为游人服务的游览条件和相关设施。虽然游览设施规划在风景区中属于配套系统规划,但如果处理得当,其局部也可以成为游赏对象;如果规划设计不当,也可能成为破坏性因素。因而有必要对其进行系统配备与安排,将其纳入风景区的有序发展和有效控制之中。

各项游览设施配备的直接依据是游人数量。因而,游览设施系统规划的基本内容要从游人与设施现状分析入手,然后分析预测客源市场,并由此选择和确定游人发展规模,进而配备相应的游览设施与服务人口。各项游览设施在分布上的相对集中,出现了各种旅游基地组织与相关的基础工程配建问题。最后,对整个游览设施系统进行分析补充并加以完善处理。因此,游览设施规划主要包括游人与游览设施现状分析、客源分析预测与游人发展规模的选择、游览设施配备与直接服务人口估算、旅游基地组织与相关基础工程、游览设施系统及其环境分析五部分内容。

第一节 现状分析及相关预测

一、游人与游览设施现状分析

游人现状分析,应包括游人的规模、结构、递增率、时间和空间分布及其消费状况。分析的目的是为了掌握风景区内的游人情况及其变化态势,既是为游人发展规模的确定提供内在依据,也是风景区发展对策和规划布局调控的重要因素。其中,年递增率积累的年代愈久,数据愈多,其综合参考价值也愈高;时间分布主要反映淡、旺季和游览高峰变化;空间分布主要反映风景区内部的吸引力调控;消费状况对设施标准调控和经济效益评估有意义。

游览设施现状,主要是掌握风景区内设施规模、类别、等级等状况,找出供需矛盾关系,掌握各项设施与风景及其环境的关系是否协调,既是为设施增减配套和更新换代提供现状依据,也是分析设施与游人关系的重要因素。设施现状分析应表明供需状况、设施与景观及其环境的相互关系。

二、客源分析预测

不同性质的风景区,因其特征、功能和级别的差异,而有不同的游人来源地,其中,还有主要客源地、重要客源地和潜在客源地等区别。客源市场分析的目的,在于更加准确地选择和确定客源市场的发展方向和目标,进行预测、选择和确定游人发展规模和结构。

客源市场分析,首先要求对各相关客源地游人的数量、结构、空间和时间分布进行分析,包括游人的年龄、性别、职业和文化程度等因素;其次,要分析客源地游人的出游规律或出游行为,包括社会、文化、心理和爱好等因素;第三,分析客源地游人的消费状况,包括收入状况、支出构成和消费习惯等因素。

【实例】四川芦山龙门洞风景区客源市场分析(西南交通大学,2000 年)

(一)客源市场的动态分析

龙门洞风景区的旅游资源具有集科教性、观赏性、休闲性、探险性、参与性于一身的特点,而休闲性、参与性的优势在于它的复游率高,回头客多,客源市场相对稳定。另外,芦山还处在成都—都江堰—卧龙—四姑娘山—夹金山—宝兴—芦山—雅安—成都的旅游环线上,同时,距进出甘孜州的川藏线 318 国道仅 10 多 km。具体可以从以下各个区域进行分析:

1. 四川省芦山县及相邻地区客源市场

芦山县城及其紧邻的雅安市、邛崃市,是龙门洞景区最近的客源市场。雅安与邛崃都是经济迅速发展的新兴城市,正处在居民进行短途度假旅游的黄金时期。芦山县人口目前有 12 万人,但县城缺少有吸引力的休闲游乐活动场所,因此,芦山县将成为龙门洞景区稳定的客源市场。距离龙门洞景区仅 40 km 的雅安碧峰峡风景区,年游客量达到了 120 万人。龙门洞距碧峰峡仅半个小时车程,并且以其景观特点成为对碧峰峡风景区的有利补充,因此,将吸引碧峰峡的相当一部分游客。预计在龙门洞风景区建成初期,芦山县及相邻地区到景区游玩的游客将达到 3 万人次/年,并呈持续增长态势。

2. 四川省内客源市场

近年来,四川省经济水平持续增长,居民的旅游意识不断增强,其外游比率呈逐年增长的态势,已进入了短途旅游向中程旅游过渡的黄金时间。四川省内每年约有 20% 以上的城镇人口(即大约 600 万人)前往郊外观光休闲与度假娱乐,随着龙门洞风景区的逐步开发,采取积极的促销措施,能吸引四川省内相当一部分游客,按其中 2% 成为龙门洞风景区的客源来计算,人数也可达 12 万人,这是一个很大的市场。

3. 国内外客源市场

目前,四川省作为全国自然旅游观光的重要目的地,每年可吸纳国外入境旅游者 37 万人次,接待国内旅游者 5020 万人次(1999 年)。龙门洞风景区在成都周边旅游环线上有着优越的区位条件,按 0.2% 的游人到龙门洞旅游来计算,人数也可达 10 万多人次,这是个潜力很大的客源市场。另外,川西自然生态旅游区不断开发拓展,也将成成都—雅安旅游环线形成强大的组合效应,龙门洞风景区经过有效的市场促销,可依托成都门户旅游中心来开拓客源市场。

（二）客源市场定位

风景区的客源市场结构受景区地理区位与经济区位条件的制约，也和景区的资源类型及开发程度直接相关。龙门洞风景区的资源类型以洞穴地质景观和河滩、峡谷为主要特色，具有休闲度假、避暑健身、猎奇探险、娱乐观光的多种功能，是距离适中的城乡居民和成都及邻近大城市居民回归自然、旅游度假的首选之地。从地区区位看，龙门洞景区距芦山县城18 km，距成都市仅180 km；从景区现有和未来的交通发展状况看，客源可近及雅安、邛崃、成都市周边，远至四川省及整个西南地区，更将吸引国内外八方来宾。具体可定为3个级别的客源市场：

1. 一级客源市场

由成都市周边及雅安、邛崃等距景区较近地区的客源构成。由地理区位、资源类型、景区开发程度与知名度决定，在相当长的一段时间内，一级客源市场将占主导地位。

2. 二级客源市场

由四川省内及西南周边地区与成都市之间交通方便的城市客源组成，在风景区达到一定规模和逐渐成熟之后，二级客源将逐渐占据更大份额。

3. 三级客源市场

由国内其他地区和海外来川游客组成。

根据以上分析，龙门洞景区客源市场的开拓方向是：以成都及景区近边市场为主体，同时依托成都—雅安旅游环线与四川省自然生态旅游大区域，积极开拓国内二级客源市场及国内外三级客源市场。

三、游人发展规模预测

通过对风景区环境容量和游客容量的计算，可以科学地估算出旅游的需求规模，以需求定供给。但是所求得的环境容量和游客容量是一个确定数值，而来风景区旅游的游客是一个不确定的数值，如果只依据所计算的容量规划供给的规模，很可能出现因游人的不足，景区及设施不能充分利用，导致收益减少；或因游人过多，景区超负荷运转，游客得不到满意的体验，也不利于风景资源的保护。为此，在制定风景区规划方案时，不仅要计算容量，而且还要对游客增长规模进行预测，有计划地接待，才能做到供需平衡。

在客源分析的基础上，依据本风景区的吸引力、发展趋势和发展对策等因素，进而分析和选择客源市场的发展方向和目标，预测本地区游人、国内游人、海外游人递增率和旅游收入，确定主要、重要、潜在三种客源地，并预测三者相互转化、分期演替的条件和规律。当然，确定的年、日游人发展规模均不得大于相应的游人容量。

游人发展规模、结构的选择与确定，应符合表8-1的内容要求。

表 8-1　游人统计与预测

项目	年度	海外游人		国内游人		本地游人		三项合计		年游人规模（万人/年）	年游人容量（万人/年）	备注
		数量（万人）	增率（%）	数量（万人）	增率（%）	数量万人	增率（%）	数量（万人）	增率（%）			
统计												
预测												

（资料来源:《风景名胜区规划规范》,1999 年)

1.影响游客规模的因素

(1)社会因素:主要有政治因素和国民经济发展水平。社会的稳定对旅游业的影响也比较明显,稳定的政治环境虽不至于扩大旅游者的规模,但不稳定的局势对旅游的负面影响很大。因为战争,阿富汗的许多文化城市成为废墟,巴米扬——这个融波斯文化、希腊文化和印度文化于一身的古代重镇遭到破坏,阿富汗最著名的古迹——“巴米扬立佛”面临着被塔里班当局摧毁的危险,阿富汗的旅游资源受到严重威胁,旅游业在战争中遭受重创。

(2)经济因素:一个整天食不饱腹、衣不遮体的人,对旅游连想也不想。所以只有社会经济地位和家庭收入达到一定水平时,才有旅游的基础。在美国将户月收入达到 5 000 美元作为国内旅游的起点,达到 10 000 美元以上,算作国际旅游的起点。

为了从收入水平来预测游客数量,在旅游业中,采用了“有效旅游购买力”指数,从这个指数中可以判断旅游资源情况。所谓有效旅游购买力,等于从总收入中扣除生活必须支出的各项费用,能用于个人旅游的财力。用这个指数也可衡量人们对旅游的经济能力。

地区经济发展所处阶段也会影响游客规模。关于地区经济发展阶段的划分,比较流行的是美国学者罗斯托(Rostow,W. W.)提出的“经济成长阶段理论”,他在总结世界各国经济发展过程后归纳为 5 种阶段类型:①传统经济社会(人均 GNP＜300 美元);②经济起飞前的准备阶段(人均 GNP＜1 000 美元);③经济起飞阶段(人均 GNP＞1 000 美元);④迈向经济成熟阶段;⑤大量消费阶段。地区经济发展阶段基本上可以决定该地区的社会经济状况、人文素质、价值构成等社会软环境,而这些又会对旅游业产生不同的影响。例如,在传统经济社会,旅游一般是不受欢迎的,也难成气候;在以工业为突破口的经济起飞阶段,旅游业同样被搁置一旁。从理论上讲,起飞前的准备阶段、成熟阶段和大量消费阶段,旅游业受到重视。中国沿海部分地区 20 世纪 80 年代中后期以乡镇企业的发达而率先进入小康阶段,其主要精力放在工业经济上,旅游业可能没有萌生或仅处于辅助位置——社会公益事业,但进入 90 年代,中国南方地区经济基本进入成熟阶段,工业经济效益出现低潮和回落,人们便把目光转向具有长效的旅游业中。广东近年来加大了对旅游业的投资,并把其作为第三产业的支柱来营造,不仅是因为靠近港台的地缘优势,也是经济发展阶段使然。近几年更有 32 个省市区将旅游业界定为地区性支柱产业或先导产业。旅游业的不断开发势必也会使旅游人数增加。

(3)游览动机:游览动机决定了是否参与旅游的内部动力和对旅游需求的愿望。如有的是想出外观光、有的是为了参与商业活动、有的是思念故乡等,从而产生了对风景名胜游览的需求,对商务交易旅游的需求,对体育疗养的需求,对文化娱乐的需求,对宗教、民俗旅游的需求和对会议、博览、专业旅游的需求以及团体、家庭、个别旅游的需求等,从而通过动机产生了旅游行为。

(4)旅游时间:1999 年以前,中国除教师、学生有寒暑假的时间可以作旅游外,还未实行带薪长假制度,这决定了中国人民旅游只能在半径较小的范围和较短的时间内旅游,主要以国内游为主。1999 年实行了"五一"、"十一"及春节的 7 天长假政策以后,全国职工可以在 7 天时间内进行旅游,形成了中国特有的"假日经济"现象。

(5)旅游地的吸引力:风景区的开发要看它是否具有对游人的吸引力,然后才能决定它是否有开发的价值,所以吸引力是一项广招游客的重要因素。它除了风景区要有优美的风景条件外,还包括当地的文化资源,如艺术、文学、音乐、戏剧、歌舞等,以及地方特色、传统节日、地方知名度、社会环境、当地人对游客的态度等。对于有特色的风景区其吸引力要比普通风景区大,并能多吸引一部分有较高游赏能力的游人。

八达岭长城是珍贵的世界文化遗产,国外游人比例占总游人数的 12% 左右,北京市以外的游人占 60% 以上。而以香山红叶著称的西山,国外游人仅占 5%,外地游人占 50% 左右,这是由其城市风景区的性质和知名度决定的。

风景区因地制宜开展具有本民族、本地区风格的特色旅游,是打开旅游开发新局面的重要手段,泰山近几年举办的重阳登山节活动,吸引了大批国内外游客。

(6)交通因素:风景区的外部交通是风景区与外界的联系方式,是决定风景区可达性的主要因素。它不仅能缩短空间距离,更主要的是能缩短时间距离。我国一些位于主要铁路沿线的风景区游人量往往多于那些位置偏僻、交通不便的风景区,城郊型风景区游人量也多于村野型风景区,这些都得益于其优越的交通区位优势。

风景区的内部交通往往与资源的空间分布有关。过于分散的景点加剧了游客对长时间行程的厌倦感,"旅"而不游的现象,影响了风景资源的综合价值。其次,风景区的路网密度、路面状况等也有一定影响。

(7)经济距离:从游人居住地到旅游地之间的距离谓之经济距离。它是以发达的城镇为圆心,以有效旅游购买力指数等因素为半径的范围所构成的旅游地,在此范围内旅游人数量就大。所以这些城镇就是该旅游地的客源地。若国外游客来中国旅游,则经济距离是游客所在国口岸加上到旅游国的距离及到旅游地的距离。中国靠近上海的杭州西湖、黄山、太湖等风景区和靠近北京的八达岭、十三陵、承德避暑山庄等,都是在最佳经济距离范围之内,所以游人量大,即使这些地方景观质量差一点,同样能吸引大量游人。可以预见一旦上海、北京等主要客源地的人均收入进一步提高,带薪假期的增加,其经济距离将要加大,游人就会拥向更远的旅游地,如北京往五台山、恒山、泰山、北戴河等地,上海往庐山、武夷山、青岛、雁荡山等地甚至更远的风景区。

另外,影响游人规模的因素还有设施的优劣、服务质量、旅游宣传力度等。比如旅游宣传,就属于旅游商品的推销活动,旨在树立形象,拓宽市场。除了常用的广告、声像等图文手段外,邀请新闻工作者来访等对于增加旅游人口都是有益的。

2.游人规模预测的计算指标

(1)游人抵达数:是指到达旅游地的游客数,不包括在机场、车站、码头逗留后即离开的过境游客,可分为:

①年抵达人数(人/年)。通过年抵达游人数可大致决定游览设施的种类、规模,同各旅游地间进行比较。从历年抵达的人数统计中还可以观察到某些地区的经济发展动向及游人增长方向,有利于旅游地开发规模的决策。

②月抵达人数(人/月)。根据各月份游人量变动数,可以判断该旅游地的季节特性。通过它可以确定旅游高峰季节、全年的旅游时间、游览设施的规模以及确定劳动力和旅馆的经营管理方法。

③日抵达人数(人/日)。也用于确定游览设施规模。

(2)游人日数(或游人夜数):是用游人数乘以每个游人在旅游地度过的天数。游人日数是一种抽样调查确定的平均值,也可通过旅馆的平均住宿率统计而得,所以也称"游人平均逗留期(天)"。

(3)游人流动量:是单位时间内各交通线的利用人数及往返的流向。游人流动量关系着交通路线、游览设施的标准与规模。并从中可以得到旅游地的主要客源是哪些,可以看出游人选择交通工具的倾向,所以也是交通规划的主要依据。

(4)游人开支总额:为确定旅游需求提供信息,但计量困难。为此可通过税收测量,或利用日计账计量,也可以从设计的"旅游开支模型"中获得。

3.游客规模的预测方法(年抵达人数)

旅游规模预测有长期预测、中期预测和短期预测。预测的方法很多,可以分为定性预测和定量预测两类,这里介绍几种常用的方法。

(1)自然增长率预测法:此法是取多年的平均增长率来计算游人的增长量。如明年的旅游者人数等于今年的旅游者人数乘以过去10年的平均增长率。所取的年数要保

证一定的数量,只有包括足够的年数,才足以抵消随波动变化的影响。其表达式为:

$$y = x \times (1 + \frac{y_1 + y_2 + y_3 + \cdots + y_n}{n})$$

式中:y——预测值;

x——今年游客人数;

$y_1, y_2, \cdots, y_n$——历年游客增长率;

n——年数。

(2)特尔菲(Delphi)法:专家意见法的一种,是 20 世纪 40 年代美国兰德公司提出的预测方法。特尔菲是古希腊神话中的圣地,其中有座阿波罗神殿能够预卜未来,因而借用其名。特尔菲法主要是通过信函的形式,轮番征求专家们对预测对象的匿名预测意见,使不同专家意见充分表达。该方法能客观地综合多数专家经验和主观判断的技巧,能对大量非技术性的无法定量分析的因素作出概率估算,并将概率估算结果告诉专家,充分发挥信息反馈和信息控制的作用,使分散的评估意见逐渐收敛,最后集中在协调一致的评估结果上,最终得到预测结果。其主要过程如下:

①明确预测主题,准备背景材料。开展预测之前,预测组织者要根据预测所要达到的目的,确定预测主题,并收集整理有关调查主题的背景材料。

②拟定意见征询表。依据预测主题和有关背景材料,拟定需要了解的问题,列成预测意见征询表。征询的问题力求清楚明确,重点突出,而且问题数量不宜过多。其设计与问卷设计相似。

③选择专家。特尔菲法中专家的选择是非常重要的。所要求的专家,应当是对预测主题和预测问题有比较深入的研究、知识渊博、经验丰富、思路开阔、富于创造力和判断力的人。通常要求专家分布的广泛性、参与该项预测的积极性。专家的人数要适当,人数超过一定的范围,对结果准确度的提高并不一定有益,反而会增大数据收集和处理的工作量,延长评定周期,一般以 20～50 人为宜。

④轮番征询专家意见。首先将征询表和背景材料邮发给选聘的专家,在第一轮征询意见回收后,预测组织者以匿名方式将各种不同意见进行综合、分类和整理,然后再次邮发给专家征询意见,各位专家在第二轮征询过程中,可以坚持自己的意见,之后,再回寄给预测组织者。如此几经反馈,一般在 3～5 轮后,各位专家意见基本渐趋一致。

⑤汇总专家意见,量化预测结果。经过几轮的征询,专家意见渐趋一致,但仍然存在一种以上的不同预测,需要经过汇总、整理、分析、处理,最后得出数量化的预测结果。

(3)分析预测法:从总数预测部分值,例如从预期的旅游者到达总数(一个国家或一个地区),应用自己市场在历史上占总数的百分比,得到自己市场到达的旅游者数字。如黑龙江省的风景旅游规模预测,就是根据历史上风景区接待游客人数占全省接待总游客人数的百分比进行的。

【实例】黑龙江省风景旅游客源预测与定位(黑龙江城市规划勘测设计研究院,2002年)

黑龙江省旅游资源主体为自然风景资源,并聚集分布于规划风景区内,全省近年旅游开发实际情况也表明风景区是黑龙江省旅游业的最主要基地。如2000年黑龙江省全年接待国内旅游者2 712万人次,接待海外旅游者55.17万人次,而其中接待国内风景旅游者2 030万人次,接待海外风景旅游者41万人次。按照此比例,即按旅游者游程时间75%发生在风景区,以此对黑龙江省现状风景旅游规模进行预测,则:

2005年:根据预测的2005年全省全年接待国内旅游者数值,即国内旅游者4 773万人次和海外旅游者107万人次,再分别乘以75%,就得出当年黑龙江省将接待国内风景旅游者3 580万人次,接待海外风景旅游者80万人次,共3 660万人次。

2020年:根据预测的2020年全省全年接待国内旅游者数值,即国内旅游者13 160万人次和海外旅游者293万人次,再分别乘以75%,得出当年黑龙江省将接待国内风景旅游者9 870万人次,接待海外风景旅游者220万人次,共10 090万人次(表8-2)。

表8-2　黑龙江省风景旅游人数统计与预测

项目	年度	海外游人		国内游人		两项合计		年游人规模(万人)	年游人容量(人次/年)	备注
		数量(万人)	增率(%)	数量(万人)	增率(%)	数量(万人)	增率(%)			
统计	2000	41	35.52	2 030	10.92	2 071		2 071		国内游人包括省内和省外两部分
预测	2005	80	14	3 580	12	3 660		3 660		
	2020	220	7	9 870	7	10 090		10 090		

(4)回归预测法:所谓回归分析,就是对具有相互联系的现象,根据大量的观察找出其关系形态,用一种数量统计选择合适的数学模型,近似地表达变量的平均变化关系。这个数学模型称为回归方程。若依据变量之间的相互关系,建立回归方程对某经济现象进行预测,称为回归分析预测,其中把要预测的经济现象称作因变量,而把那些与其有密切关系的现象称作自变量。

根据自变量个数的多少和数据分布情况,回归分析预测可以分为一元线性回归分析预测、多元线性回归分析预测和非线性回归分析预测等类型。其中如果研究的因果关系只涉及两个变量,并且变量间存在确定的线性关系形态,则被称为一元线性回归。应用一元线性回归进行旅游市场预测的主要步骤如下:

①确定预测目标和影响因素,收集历史统计资料数据。

②分析各变量之间是否存在着相关关系,建立一元线性回归方程,即:

$$y = a + bx$$

式中:y——旅游客流量预测值(因变量);

　a——直线截距(回归参数);

　b——趋势线斜线(回归参数);

　x——时间变量(自变量)。

③建立标准方程,求 a、b 直线回归参数。标准方程为:

$$\sum y = na + b\sum x$$

$$\sum xy = a\sum x + b\sum x^2$$

其中,n 是历史数据个数,如果简化,可将时间序列原点移到数列中心,使 $\sum x = 0$,即:

$$\sum y = na$$

$$\sum xy = b\sum x^2$$

④用回归方程进行预测,并且分析和研究预测结果的误差范围和精度。

如果研究的因果关系与多个因素的变化有关,则可以用多个相关因素的变化来预测这一个因素的变化,如二次曲线预测法。其数学模型为:

$$y = a + bx + cx^2$$

式中:y ——旅游客流量预测值;

　a,b,c——系数;

　x——时间变量。

【实例】

(1)根据某风景区历年客流量(表 8-3),建立游客增长规模模型。

表 8-3　某风景区历年客流量

年份	1979	1980	1981	1982	1983	1984	1985	1986	1987
客流量（万人）	1.3	3.2	4.7	8.3	13.5	22.1	38.9	44.7	51.2

根据上表数据,采用一元线性回归和二次曲线预测法预测此游客增长规模模型,分别为:

$$y = 20.88 + 6.77x$$

$$y = 16.04 + 6.77x + 0.725x^2$$

(2)丽江旅游客源市场规模预测。

133

根据丽江地区1991—1996年5年内国内外游客数量增长情况（表8-4），预测出丽江未来8年的旅游人数。

表8-4　1991—1996年丽江地区国际国内游客人数表

年份	国外（人）	国内（万人）
1991	5 679	—
1992	12 517	15
1993	15 850	17
1994	16 885	20
1995	30 518	81
1996	45 930	125

将丽江地区已有的年游客量在 $x-y$ 坐标图上表示出来，得图8-1。

由图可见，其游客量与时间的关系表现为非线性关系。根据图像特征选择幂函数：$Y=ax$ 的 b 次方表示它们的非线性关系。

$$y = ax^b$$

其中：y 为游客人数；x 为从1992年开始推算的年数；a、b 为相关回归系数。将拟合函数线性化处理得：

$$\ln y = \ln a + b\ln x$$

并利用1991—1996年的数据作线性回归，得到回归方程：

$$y = 0.9038x^{2.7347}$$

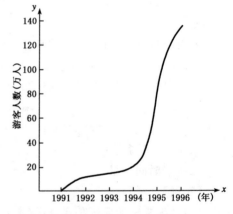

图8-1　丽江旅游区游客数量增长曲线

根据此回归方程，再使用趋势外推法，可预测出丽江未来8年乃至更长年份的旅游人数，如表8-5所列：

表8-5　丽江未来游人规模预测

年份	1997	1998	1999	2000	2001	2002	2003	2004
游客数（万人）	192	278	384	514	668	849	1059	1298

（5）对比法：估计将来的发展状况与过去的某一段时间或其他国家（地区）的某一段时间发展状况相同（相似），则可以用它们的增长率来代替将来的增长率，估计旅游增长

情况。

4.风景区旅游客源季节变动的预测（月抵达人数）

为了合理地确定风景区旅游的建设规模,不但要用上述任一种方法计算风景区年客流量,还要进一步转化为每月客流量。每月接待游客人数用下式计算（月抵达人数）:

$$Y_月 = P_月 \cdot Q$$

式中:$Y_月$——月接待游客量（人/月）;

$P_月$——月份指数;

Q——每月平均接待游客量（人/月）。

式中的月份指数 $P_月$=月份平均游人数÷全年月份总平均数

全年月份总平均数=历年月份平均游人数之和÷12

每月平均接待游客量 Q=预测年游客总人数÷12

【实例】

某风景区 2004 年预测游客总人数为 201.68 万人次,根据表 8-6 中前 5 列数据计算 2004 年每月平均接待人数。

表 8-6　每月客流量预测计算表

月份	1995 年（人）	1996 年（人）	1997 年（人）	1998 年（人）	月份平均游人数（人/月）	全年月份总平均数（人/月）	P	Q（人/月）	$Y_月$（人次）
1	500	3 114	3 255	6 315	3 296	11 322	0.29	168 067	48 750
2	600	3 200	3 321	6 500	3 405	11 322	0.30	168 067	50 551
3	700	3 400	3 500	6 560	10 354	11 322	0.91	168 067	153 704
4	650	3 300	3 405	6 400	15 356	11 322	1.36	168 067	227 958
5	810	5 000	5 102	7 005	15 898	11 322	1.40	168 067	236 004
6	1 211	4 500	4 605	6 800	18 426	11 322	1.63	168 067	273 532
7	1 000	5 500	5 612	7 300	18 035	11 322	1.59	168 067	267 727
8	1 010	5 060	5 122	7 160	17 888	11 322	1.58	168 067	265 545
9	1 030	5 012	5 088	7 930	16 489	11 322	1.46	168 067	244 777
10	1 500	6 500	7 009	8 156	10 045	11 322	0.89	168 067	149 117
11	900	4 000	4 005	6 421	3 832	11 322	0.34	168 067	56 878
12	505	2 800	3 500	4 533	2 835	11 322	0.25	168 067	42 078
年合计					135 858				
年预测									2 016 800

下面以1月份为例计算当月平均接待人数。

根据 $P_月$＝月份平均游人数/全年月份总平均数

其中:1月份平均游人数＝(500＋3 114＋3 255＋6 315)÷4＝3 296(人)

全年月份总平均数＝135 858÷12≈11 322(人)

则:1月月份指数 P_1＝3 296÷11 322×100％＝29％

根据 Q＝预测年游客总人数÷12

则: Q＝201.68÷12≈16.8067(万人次/月)

把求得的 Q 和 P' 代入公式 $Y_月$＝$P_月 \cdot Q$,就得出2004年1月接待游人预测数,即 Y_1＝$P_1 \cdot Q$＝16.81×29％＝4.875(万人次)。

用公式求出每月游人预测数(表8-6中第6至第10列),从各月数值的多少,就可以找出风景区平、淡、旺季的月份。

四、旅游床位预测与直接服务人口估算

1. 旅游床位预测

确定旅游床位是一个很困难的问题,如果以旺季的需求来确定床位规模,在平季、淡季会造成设备闲置;如果以旅游淡季来确定床位规模,在旺季床位就会紧张。因此,应在风景区客容量季节变动预测的基础上,合理地确定旅游床位的数量。

床位数主要受客流总量与滞留时间的影响,而各种档次住宿设施的数量则决定于客源的结构,主要是游客的消费水平与消费习性。下面介绍几种预测床位的方法。

(1)以全年住宿总人数来求所需床位:

$$C = \frac{R \times N}{T \times K}$$

式中各符号释义见表8-7。

表8-7 式中各符号释义

公式符号	单位	旅 游	休 疗 养
C	床	住宿游人床位需要数	休疗养员床位数
R	人次	全年住宿游人总数	全年休疗养员总人次
T	日	全年可游览天数(全年可利用天数)	全年可休疗养天数
N	日	游客平均住宿天数	每批休疗养员平均住宿天数
K	％	床位平均利用率	床位平均利用率

(2)以每天平均客流量求床位数:

$$C = \frac{R(1-r)n}{T \times K}$$

式中:C——每天平均停留客数对床位的需求;

　　R——客流量;

　　r——不住宿游客占游客的比例;

　　n——游客平均停留天数;

　　T——日历天数;

　　K——床位平均出租率。

【实例】

某风景区1989年平季、淡季、旺季可能接待人次如表8-8,求全年对床位平均需求量。

表8-8　某风景区1989年游人量统计　　　　　单位:万人次

淡　季(月)					平　季(月)			旺　季(月)			
1	2	3	11	12	4	6	9	5	7	8	10
1.70	2.80	4.80	14.10	9.30	16.38	19.70	17.60	27.52	32.28	31.60	23.92

根据公式
$$C = \frac{R(1-r)n}{T \times K}$$

取 $r=0.2$, $n=2$, $K=0.75$,则,按淡季5个月151天计算所需床位为:

$$C_{淡} = \frac{(1.70+2.80+4.80+14.10+9.30)\times10\,000\times(1-0.2)\times2}{151\times0.75}$$

$$\approx 4\,620(张床位)$$

按平季3个月90天计算床位为:

$$C_{年} = \frac{(16.38+19.70+17.60)\times10\,000\times(1-0.2)\times2}{90\times0.75} \approx 12\,724(张床位)$$

按旺季共4个月124天计算床位为:

$$C_{旺} = \frac{(27.52+32.28+31.60+23.92)\times10\,000\times(1-0.2)\times2}{124\times0.75}$$

$$= 19\,840(张床位)$$

全年平均月接待人次为16.81万人次,以日历天数为30天来计算月平均床位:

$$C = \frac{16.81\times10\,000\times(1-0.2)\times2}{30\times0.75} \approx 11\,954(张床位)$$

分析比较4种计算结果,以平季或全年每天平均床位需求量安排旅游床位较为合理。

(3)以现状高峰日留宿人数求所需床位:

$$C = Ro + Y \times N$$

式中:C——所需床位数;

Ro——现状高峰日留宿人数;

Y——每年平均增长数,由历年增长率统计进行估计;

N——规划年数。

此公式可用在缺乏必要的数据情况下,根据现状作粗略地推算,以解决初步规划时匡算用。

(4)以各月客流量的平均值计算床位:

$$C = (\overline{X} + \delta)N$$

式中:C——估计的床位数;

N——游人平均住宿天数;

$\overline{X}$——每月游客量的平均值;

δ——各月游人量的均方差。

其中
$$\overline{X} = (X_1 + X_2 + X_3 + \cdots X_n)/n$$

$X_1, X_2, \cdots, X_n$——每月游客数;

n——游览的月数。

$$\delta = \sqrt{\sum (X - X_1)^2/n}$$
$$= \sqrt{(X - X_1)^2 + (X - X_2)^2 + (X - X_n)^2/n}$$

当 $\delta = 0$ 时,则 $C = (\overline{X} + \delta)N$ 式就成为:

$$C = \overline{X} \times N$$

当对 $C = (\overline{X} + \delta)N$ 考虑床位利用率 K 时,则:

$$C = (\overline{X} - \delta)N/K$$

此式适用于全年各月游人量分布不均匀的情况下使用。

在式 $C = (\overline{X} - \delta)N / K$ 中,当 $\delta = 0$ 时,则:

$$C = \overline{X} \times N/K$$

此式适用于全年各月游人量分布较均匀的情况下使用。

(5)以游人总数求旅游床位:

$$C = \frac{T \times P \times L}{S \times N \times O}$$

式中:C——平均每夜客房需求数;

T——游人总数;

P——住宿游人占游人总数的百分比;

L——平均逗留时间;

S——每年旅馆营业天数;

N——每个客房平均住宿数,即用任何一阶段时间内的游人数除以游人留宿夜数;

O——所用旅馆客房住宿率。

以上介绍了几种计算床位的公式,在应用中应根据具体情况选择。

由于气候的关系,许多风景区的季节性变化非常明显,尽管对旅游床位作过科学的预测,但仍避免不了对风景区旅馆使用率带来极大的变化,在旅游旺季,床位紧张,到了淡季,有些旅馆床位很少有人使用,经济收入甚微。所以季节的变化使风景旅游业往往要付出极大的代价。可以采用以下几种措施缩小季节的变化。

①正确预测游客规模,合理确定床位数量,把床位使用的季节波动控制在最小范围内。

②扩大旅馆的接待对象,如有些旅馆饭店规定只接待外宾、高干,床位利用率低,经营得再好,利用率也只有 20%～30%。若扩大接待对象,就可改变被动局面。

③房价浮动,淡季优惠,接待会议,提高床位利用率。

④在旅游淡季举办各种有吸引力的活动,如节庆、博览、交易、赏雪等活动,吸引游人。

⑤在旅游旺季开辟临时补充床位,如据庐山 1979 年调查,旅游高峰期,正规旅馆只能接待 36%的游人,各单位办招待所接待 30%,暑期中小学教室接待 12%,居民组织的服务社接待 2%,投亲靠友及住在群众家的约占 20%。

2.直接服务人口估算

直接服务人口估算应以旅宿床位或饮食服务两类游览设施为主,其中,床位直接服务人口估算可按下式计算:

$$直接服务人口人员＝床位数×直接服务人口与床位数比例$$

式中,直接服务人口与床位数比例按 $1:2～1:10$。

第二节 游览设施规划

一、游览设施的配备

游览设施是风景区旅行游览接待服务设施的总称。可以将设施项目按其功能与行为习惯,统一归纳为 8 个类型,即旅行、游览、饮食、住宿、购物、娱乐、保健和其他共 8 类。旅行设施指旅行过程中所必需的交通通信设施;游览设施指游览所必需的导游、休憩、咨询、环卫、安全等设施;饮食和住宿设施的等级标准比较明确;购物设施指有风景区特点的商贸设施;娱乐设施指有风景区特点的文体娱乐或游娱文体设施;保健设施包括卫生、保健、救护、医疗、休疗养、度假等设施;将一些难以归类、不便归类和演化中的项目合并成一类,称为其他类。

游览设施配备应依据风景区、景区、景点的性质与功能,游人规模与结构,以及用地、淡水、环境等条件,配备相应种类、级别、规模的设施项目。

游览设施配备的原则要与需求相对应,既满足游人的多层次需要,也适应设施自身管理的要求,并考虑必要的弹性或利用系数,合理协调地配备相应类型、相应级别、相应规模的旅游设施。

在8类游览设施中,住宿床位反映着风景区的性质和游程,影响着风景区的结构和基础工程及配套管理设施,因而是一种标志性的重要调节控制指标,必须严格限定其规模和标准,应做到定性质、定数量、定位置、定用地面积或范围。

1. 住宿设施规划

住宿设施的规划建设主要考虑三方面的问题:一是根据游客规模的预测,确定旅馆床位数;二是从区域规划及风景区布局的角度,研究旅馆的位置、等级、风格、密度、面积等;三是考虑未来扩建的可能性。

风景区提供住宿的设施可以分为三种:一是旅馆;二是临时性住宿设施,如野营帐篷、竹楼、木楼、简易棚房等;三是辅助住宿设施,如农舍、别墅、寺观厢房等。旅馆的供给能力不具有季节性,而旅游具有很强的季节性,所以需要临时住宿设施和辅助住宿设施来调节,满足旺季时游人的需要,在淡季时又不致使旅馆大量过剩,从而降低成本。所以在旅游淡旺季明显的旅游地应尽量多提供临时和辅助住宿设施。在国外,供旅游旺季使用的补充住宿床位数量比正规床位还要多。据联合国经济合作与发展组织统计,欧洲8个旅游发达国家的住宿床位构成如表8-9。

表8-9 欧洲8个旅游较发达国家的旅游住宿构成

国别	住宿床位数 (1976年) (万张)	其 中			
		旅馆、饭店床位		补充住宿床位	
		床位数 (万张)	占总数的 百分比(%)	床位数 (万张)	占总数的 百分比(%)
意大利	413.9	150.7	36	263.2	64
英国	333.9	137.4	41	196.5	59
法国	255.8	85.7	34	170.1	66
西班牙	223.4	95.0	43	128.4	57
联邦德国	195.7	97.9	50.1	97.8	49.9
澳大利亚	119.5	62.5	52	57	48
瑞士	104.6	27.6	26	77	74
南斯拉夫	96.1	24.5	25	71.6	75

(资料来源:李万杰等编《森林公园规划设计》,1994年)

(1)旅馆的功能分类、等级：据统计，在一次旅游活动中，旅游者有 1/3 到 1/2 的时间是在旅馆中度过的。旅馆除了提供基本的住宿和膳食服务外，还向旅行者提供健身、娱乐等服务项目。在旅游者的消费支出中，用于食、宿、娱乐的比例很高，约占总支出的一半。在这种情况下，旅游者对旅游中食宿的价格、实用性、舒适性、旅馆的建造风格及各种设施都有着强烈的要求。相应旅游地在食宿投资中也要占相当大的比例，而且要求精心规划、精心设计、精心建造，一般要求使用 50 年以上。

①功能分类。旅馆除了具有住宿、餐饮的一般功能外，还具有多种专门的功能。

a.商务功能。旅馆饭店通过设立专门的商务中心，为旅游者提供各种方便快捷的服务，如传真、国际直拨电话、互联网、文件处理等。商务性饭店可以在客房中配备齐备的商务设施，包括传真机、两条以上的电话线、与电话接驳的打印机、电脑互联网络的接口等，为商务游客提供工作便利。

b.度假功能。主要为旅游度假的游客提供服务。它注重为游客营造旅游活动中的家庭气氛，设施要求宽松舒适，并配备齐全的康乐设备。

c.会议功能。主要为各种商业展览、贸易洽谈、科学讲座和新闻发布等活动提供食宿和有关的设施及功能服务。旅馆内设置各类大小、规格不等的会议室、谈判间、演讲厅、展览厅等，并配备专业人员服务。

d.家居功能。指为那些专门为居住期较长的(几个月、半年甚至超过一年)长住游客提供家庭式服务的旅馆。

②旅馆等级。旅游饭店的等级是按照设备、建筑材料、造价、服务人员、房间的比例以及所在地点管理服务水平等因素来划分的。国际上按照饭店的建筑规模、设备水平、舒适程度，形成了比较统一的标准，通行的旅馆饭店分为五等，通常用"星"的数目来表示旅馆饭店的等级，即一星、二星、三星、四星、五星；二星、三星属于中等；四星、五星属于高级豪华旅馆。无星旅馆一般比较简陋。在星级旅馆门口设有标志明文规定旅馆等级。此外，也有一些类似的表示方法，如美国旅游饭店以皇冠为标志，皇冠数量越多，饭店级别越高；美国汽车旅馆协会的分类标准是钻石；意大利旅游饭店则以豪华级、舒适级、经济级、低廉级来划分。世界各国旅游宾馆的等级标准虽没有固定模式，但划分方法、分类依据等基本一致。星级宾馆的划分条件从宾馆布局、内外装修、公共信息图形、采暖和制冷设备、计算机管理系统、前厅、客房、餐厅及酒吧、厨房、公共区域等几个方面进行定性和定量规定。星级旅馆的一般标准是：

一星：设备简单，具备食、宿两个基本功能，能满足客人最基本的旅游要求，属于经济等级，所提供的服务符合经济能力较低的游客需要。标准客房平均建筑面积为 50 m^2，宾馆的标准间客房的净面积小于 15 m^2。

二星：设备一般，除具有客房、餐厅等基本设备外，还有卖品部、邮电、理发等综合服务设施,可满足中下等收入水平的游客需要。标准客房建筑面积为 48~56 m²,宾馆的标准间客房的净面积为 15~18 m²。

三星:设备齐全,不仅提供食宿,还有会议室、游艺厅,满足中产阶级以上游客需要。标准客房建筑面积为 60~72 m²,宾馆的标准间客房的净面积为 18~20 m²。

四星:设备豪华,综合服务设施齐全,服务项目多,客人不仅能得到高级的物质享受,也能得到很好的精神享受。标准客房建筑面积为 74~80 m²,宾馆的标准间客房的净面积为 21~23 m²。

五星:设备十分豪华,服务设施齐全,服务质量很高,是游客进行社交、商务、会议、娱乐、购物、消遣、保健等的活动中心,收费标准高。标准客房建筑面积为 80~100 m²,宾馆的标准间客房的净面积为 23~25 m²。

中国自 1988 年 9 月 1 日起与国际接轨,采用星级标准对旅游宾馆进行等级划分。1998 年 5 月 1 日颁布了经过修订的新的星级评定标准,其中对三星级以上旅游饭店提供了一些选择性项目,以鼓励旅馆走特色化经营路子,同时从制度上进一步与国际惯例接轨。

(2)营地的种类及布局:风景区中的营地形式包括帐篷营地和拖车营地,帐篷和拖车露营是旅游接待设施中最便宜的形式。在西欧,由帐篷和拖车提供的床位空间远多于宾馆提供的床位。在美国,使用可移动车房去度假比欧洲更普遍。中国于 2003 年加入了世界汽车露营总会,并开始着手规划宿营地的建设问题。有关部门计划在 2008 年之前在全国风景旅游区、自然保护区建成 1 000 个国际标准化房车宿营地,这将对减少星级宾馆建设投资、吸引世界各国汽车宿营爱好者到中国来起到积极的作用。辽宁省大连市金石滩十里黄金海岸西部的汽车宿营地占地 6 hm²,能够停泊 50 辆车的规模,并设立了公厕、冲凉房、购物超市、餐饮间、沙滩水吧、运动场等相关硬件设施。河北省石家庄沙湖风景度假区的沙湖汽车宿营地位于石家庄市郊,占地近 460 hm²,可以为自驾车游客提供住宿和沙滩越野车、水上漂流、拓展训练、骑马、划船等活动。

用于露营的场地需要满足以下条件:便捷的入口、良好的排水、平缓的坡度、很好的朝向,而且在可能的条件下,营地之间要有树木和绿篱相隔(为挡风和私密性考虑)。

在西欧国家以及美国,依据营地中设施、空间和环境的组合情况,对帐篷营地和拖车营地采取了若干种不同标准。

依据结构的分类:

露营帐篷:在营地支起供临时使用的帆布折叠结构;

露营者面包车:作为自驱车辆的一个组成部分的可移动住所;

旅行活动房或拖车:汽车拖动的置于底盘上的临时住室结构;

可移动车房:置于底盘上的可移动或可拖动的全年候居住单元。

拖车停靠点应和帐篷营地相对隔离,尽管二者可以布局在同一营地,但两种游客的兴趣不同,可能会有冲突,而且拖车对基础设施的要求更高。

①营地的种类。一般露营地可划分为 7 种主要类型,见表 8-10。

表 8-10 露营地的分类

种类	特 征
临时营地	设施最少,滞留时间一般不超过 48 小时
日间营地	营地仅限于白天使用,或有时仅可滞留一夜
周末营地	分布于乡村地区,允许进行户外游憩活动,提供运动设施。通常还为儿童提供游戏场地以及其他一些设施和环境(在法国,80%的旅行活动房拥有者将其房车作为周末平房来使用)
居住营地	比周末营地更为长久。主要为旅行活动房、可移动车房或临时平房建筑所用。露营点(平房点最小面积为 200 m²)以年度为基础租赁,或以完全产权销售或产权租赁方式转让使用权
假日营地	靠近资源质量较高(海滨、湖滨、森林)、交通方便的地区
森林营地	在美国,森林营地配合森林游憩是典型的家庭度假地。中低密度开发,每一处营地多至 25 个单元,两个单元之间最少留有 35 m 的间隔,配有全套服务设施
旅游营地	高标准的假日营地,靠近或就在旅游度假区内

(资料来源:[英]曼纽尔·鲍德博拉等著、唐子颖等译的《旅游与游憩规划设计手册》,2004 年)

在发展中国家,帐篷通常由风景区提供。在其他地方,各人拥有或自主租赁帐篷、设备较常见,场地运营者提供空间、服务和公共设施。

②营地的密度与规模。营地密度各国不一。在法国,营地内每个单元(帐篷或拖车及小汽车)占用的最小面积为 90 m²。在德国,根据不同情况,变化于 120～150 m² 之间。荷兰森林管理局推荐的密度更低:每单元 150 m²(而且周围需是大片未开发的用地)。为保证一定程度地与大自然接触,美国国家公园推荐的营地密度变化很大:a. 将所有设施集中在一起的中央营地为 300 m²/单元;b. 可容纳 400～1 000 人的,有道路入口和服务设施的森林营地为 800～10 000m²/单元,且周围为大片林地所包围;c. 可容纳 50～100 人的,不配备任何设施的边疆(猎人)营地为 15 000m²/单元,周围是原野地区。

对于一个每公顷可接待 200～300 人的高密度营地,其合适的营地规模为 3～5 hm²,其允许的容量限度为 600～1 500 人。

(3)旅馆用地的计算

①旅馆区总面积的计算：

$$S = n \times P$$

式中：S——旅馆区总面积；

n——床位数；

P——旅馆区用地指数。

据建筑研究资料，$P = 120 \sim 200 \ \text{m}^2/\text{床}$。

②旅馆建筑用地面积的计算：

$$F = \frac{n \times A}{\rho \times L}$$

式中：F——旅馆建筑用地面积；

n——床位数；

A——旅馆建筑面积指标；

ρ——建筑密度；

L——平均层数。

旅馆建筑密度 ρ：一般标准为 $20\% \sim 30\%$，高级旅馆为 10%。

旅馆建筑面积指标 A 是指每张床位平均占建筑面积：标准较低的旅馆为 $8 \sim 15 \ \text{m}^2/\text{床}$；一般标准的旅馆为 $15 \sim 25 \ \text{m}^2/\text{床}$；标准较高的旅馆为 $25 \sim 35 \ \text{m}^2/\text{床}$；高级的旅馆为 $35 \sim 70 \ \text{m}^2/\text{床}$。

2.饮食服务规划

在风景区，饮食业是一个很重要的组成部分，如黄山虽然扩建了很多饮食服务点（表 8-11），但在旺季仍不能满足需求。因此应对风景区饮食服务作出规划，满足游客需求。

表 8-11　黄山各景区饮食服务点情况

地点	店名	供应品种	最大供应量（人）	建筑面积（m²）	营业面积（m²）	建筑质量
温　泉	松源宾馆	中西餐	400	1 451	561.6	永久
	黄山宾馆	中餐	850	840	598.5	永久
汤　口		中餐	350	403.2	250.2	永久
慈光阁			710	136.5		临时建筑
云谷寺				784.8	360	永久

144

地点	店名	供应品种	最大供应量（人）	建筑面积（m²）	营业面积（m²）	建筑质量
玉屏楼		中餐、快餐	2 700	220	98	木结构（临时）
北 海		中餐	2 900	543	543	永久
西 海		中餐	1 800	180	180	木结构（临时）
松谷庵		中餐	80	38	38	永久
温 泉（集体投资饭店）		中餐 点心	200	80	45	临时性厨房、餐厅

（资料来源：李万杰等编的《森林公园规划设计》，1994 年）

饮食接待能力与饮食提供服务的方式有关，如同样面积，快餐店由于人们就餐时间短，可以多接待一些人；而在餐馆里，人们就餐时间长，接待的人就少一些。一般的，饮食接待能力取决于营业总面积、人均就餐所需面积、营业时间、人均就餐所需时间等因素，有时还取决于原材料供应。

（1）饮食服务设施的类型

①独立的饮食服务设施。这种饮食服务不同其他行业联合，单独经营。独立饮食服务一般建在旅游起点的接待区、旅游路线的中间地带及游览区几个部位，其规划设计的特点是：

a. 布局和服务功能要考虑旅游行为，在起始点准备、顺路小憩、中途补充、活动中心、歇脚久望等处，都是游人要进餐的地方，应安排餐饮供应。

b. 饮食点作为旅游地景观的组成部分，设计上有特色，同时又是很好的观景场所。

c. 使用的多功能性，如用餐时作为餐厅，平时作为供应茶水、冷饮、热饮之地，还可举行文娱活动。这样在游客增多时不拥挤，游人减少时也不闲置。

②旅馆附设餐饮设施。国外旅馆所经营的餐饮业务，其收入占整个旅馆收入的50%，从而引起旅馆极大的重视。这些旅馆常设酒吧、咖啡厅、音乐茶座等。

一般旅馆的住宿面积和餐饮面积有一定的经验关系。表 8-12 为美国几个大旅馆所设饮食服务项目及面积定额。

（2）餐位计算：必须针对游客需求量最高的一餐（中餐或晚餐）来计算，并以餐位数来表达。

餐位数＝［（游客日平均数＋日游客不均匀分布的均方差）×需求指数］/（周转率×

利用率）

表 8-12　美国几个大旅馆所设饮食服务项目及面积定额

项目	定额 （m²/人）	300 间客房		500 间客房		1 000 间客房	
		单位 （人）	餐饮面积 （m²）	单位 （人）	餐饮面积 （m²）	单位 （人）	餐饮面积 （m²）
咖啡馆	1.6	120	192	200	320	300	480
餐馆	1.8	120	216	150	270	250	450
西餐厅	2.2	—	—	—	—	150	330
风味餐厅	2.0	80	160	80	160	2×80	320
小餐厅	2.0	—	—	2×30	120	8×30	180
屋顶餐厅	2.0	—	—	120	240	—	—
夜总会（可跳舞）	2.2	—	—	—	—	250	550
门厅酒吧	1.4	40	56	60	84	80	112
鸡尾酒吧	1.4	80	112	100	140	160	224
风味酒吧	1.4	—	—	—	—	40	56
快餐酒吧	1.6	30	48	40	64	80	128
游泳池酒吧	1.4			12	17	12	17
衣帽间	0.07	320	23	610	42	1200	84
公共卫生间	5.4/格	8 格	43	12 格	65	12 格	130
净面积			850		1 522		3 061
×20%			170		304		612
设计面积			1 020		1 830		3 673

（资料来源：丁文魁编的《风景科学导论》，1993 年）

3.停车场

对于风景区来说，凡是有车可达的，都需要开辟停车场。国外一般标准，旅馆每 2 ～4 个房间要求一个汽车空位。中国可以根据私人小汽车拥有量，对停车场地进行增减。

其所需的面积可用下列公式计算：

$$A = r \cdot g \cdot m \cdot n / c$$

式中:A——停车场面积(m^2);

　　r——高峰游人数(人);

　　g——各类车单位规模(m^2/辆);

　　m——乘车率(%);

　　n——停车场利用率(%);

　　c——每台车容纳人数(人)。

乘车率和停车场利用率均可取 80%。各类车的单位规模见表 8-13。

表 8-13　各类车的单位规模

车的类型	小汽车(2人)	小旅行车(10人)	大客车(30人)	特大客车(45人)
单位规模(m^2/辆)	17~23	24~32	27~36	70~100

(资料来源:根据杨赉丽编的《城市园林绿地规划》整理)

休疗养所停车场比旅馆的要少,一般可采用每 20~30 个床位设 1 个车位。

二、游览服务基地的规划与建设

游览设施要发挥应有的效能,就要有相应的级配结构和合理的单元组织及其布局,并能与风景游赏和居民社会两个职能系统相互协调。游览设施布局应采用相对集中与适当分散相结合的原则,应方便游人,利于发挥设施效益,便于经营管理与减少干扰。应依据设施内容、规模大小、等级标准、用地条件和景观结构等,分别组成服务部、旅游点、旅游村、旅游镇、旅游城、旅游市六级旅游服务设施,并提出相应的基础工程原则和要求。

1. 旅游基地选择的原则

(1)应有一定的用地规模,既应接近游览对象,又应有可靠的隔离,应符合风景保护的规定。严禁将住宿、饮食、购物、娱乐、保健、机动交通等设施布置在有碍景观和影响环境质量的地段。要特别考虑环境的适应性,比如著名的北海"银滩",旅游设施过于贴近海边,对银滩的负面影响之甚难以用经济价值衡量,地方政府下决心恢复原生面貌,建筑物整体后退,但直接经济损失将是一个天文数字。

(2)应具备相应的水、电、能源、环保、抗灾等基础工程条件,靠近交通便捷的地段,依托现有游览设施及城镇设施。

(3)避开有自然灾害和不利于建设的地段。

(4)游览基地应为游人提供安全、舒适、便捷和低公害的服务条件。服务设施应满足不同文化层次、年龄结构和消费层次游人的需要,应与旅游规模相适应,建设高、中、低档次,季节性与永久性相结合的旅游服务系统。

在以上的 4 项原则中,用地规模应与基地的等级规模相适应,但在景观密集而用地紧缺的山地风景区,有时很难做到,因而将被迫缩小或降低设施标准,甚至取消某些设施基地的配置,而用相邻基地的代偿作用补救。

游览设施与游览对象的可靠隔离,常以山水地形为主要手段,也可用人工物隔离,或两者兼而用之,并充分估计各自的发展余地同有效隔离的关系。

基础工程条件在陡峭的山地或海岛上难以满足常规需求时,不宜勉强配置旅游基地,宜因地因时制宜,应用其他代偿方法弥补,例如:可以设置邻近、临时、流动设施等。

2. 旅游设施与旅游服务基地的分级配置

一般来说,风景区、景区、景点以及风景区内各景区、景点之间沿途的旅游线路是游客抵达、途经、游览、观光的 4 个组成部分,亦是为游客提供行、住、游、食、娱、购而建造游览设施的 4 个必不可少的组成地段。但是风景区内游览设施等级的划分不同于城镇或工矿企业居住区内公共建筑级别的划分,更不像居住区中心、小区中心和住宅组团 3 个层次那么有规律,而是要按照天然造化的风景区类型,景区的划分,景点的品质、数量和地域分布状态以及旅游线路与交通设施状况的不同,游客活动的内容、规律及客流聚会集中程度的不同,根据具体情况具体分析,因地就势灵活布置。根据其设施内容、规模大小、等级标准的差异,通常可以组成六级游览设施基地,分别为:

(1)服务部:服务部的规模最小。其标志性特点是没有住宿设施,其他设施也比较简单,可以根据需要而灵活配置。

(2)旅游点:旅游点的规模虽小,但已开始有住宿设施,其床位常控制在数十个以内,可以满足简易的宿食游购需求。

(3)旅游村:旅游村或度假村已有比较齐全的行、游、食、宿、购、娱、健等各项设施,其床位常在百计,可以达到规模经营,已需要比较齐全的基础工程与之相配套。旅游村可以独立设置,可以三五集聚而成旅游村群,又可以依托在其他城市或村镇。例如:黄山温泉区的旅游村群,鸡公山的旅游村群,武陵源的锣鼓塔旅游村和索溪峪的军地坪旅游村。

(4)旅游镇:旅游镇已相当于建制镇的规模,有着比较健全的行、游、食、宿、购、娱、健等各类设施,其床位常在数千以内,并有比较健全的基础工程相配套,也含有相应的居民社会组织因素。旅游镇可以独立设置,也可以依托在其他城镇或为其中的一个镇区。例如:庐山的牯岭镇,九华山的九华街,衡山的南岳镇,漓江的兴坪、杨堤、草坪等镇,骊山的临潼骊山镇,九寨沟的九寨沟旅游镇,太姥山与秦屿镇。

(5)旅游城:旅游城已相当于县城的规模,有着比较完善的行、游、食、宿、购、娱、健等类设施,其床位规模可以过万,并有比较完善的基础工程配套。所包含的居民社会因素常自成系统,所以旅游城已很少独立设置,常与县城并联或合为一体,也可能成为大城市的卫星城或相对独立的一个区。例如:漓江与阳朔,井冈山与茨坪,嵩山与登封,海坛与平潭,苍山洱海与大理古城,黄果树与镇宁县城,西双版纳与景洪县、勐海县,嵊泗列岛与嵊泗县城。

(6)旅游市:旅游市已相当于省辖市的规模,有完善的游览设施和完善的基础工程,其床位可以万计,并有健全的居民社会组织系统及其自我发展的经济实力。它同风景游览欣赏对象的关系也比较复杂,既相互依托,也相互制约。例如:桂林市与桂林山水,杭州与西湖,苏州无锡与太湖,承德与避暑山庄外八庙,泰安与泰山,南京与钟山,兴城与兴城海滨,岳阳与洞庭湖岳阳楼－君山岛,昆明与路南石林,肇庆与星湖－鼎湖山,都江堰与青城山－都江堰,洛阳与龙门风景区,厦门与鼓浪屿－万石山,三亚市与三亚海滨。

游览设施的分级配置,应有三方面原则约束:第一,设施本身有合理的级配结构,便于自我有序发展;第二,级配结构能适应社会组合的多种需求,同依托城镇的级别相协调;第三,各类设施的级配控制,应同该设施的专业性质及其分级原则相协调。

在风景区规划中,对于所需要的游览设施的数量和级配,均应提出合理的测算和安排。而对其定位定点安排,应依据风景区的性质、结构布局和具体条件的差异,既可以将其分别配置在规划中的各级旅游基地中,也可以将其分别配置在所依托的各级城镇居民点中。但其总量和级配关系,均应符合风景区规划的需求。表 8-14 对风景区游览设施的分级配置进行了规定。具体的量化控制指标可以在其他条目的单项指标中规定,也可以按照相关专业的量化指标进行规划。

表 8-14　服务设施与旅游基地分级配置表

设施类型	设施项目	服务部	旅游点	旅游村	旅游镇	旅游城	备注
一、旅行	1.非机动交通	▲	▲	▲	▲	▲	步道、马道、自行车道、存车、修理
	2.邮电通信	△	△	▲	▲	▲	话亭、邮亭、邮电所、邮电局
	3.机动车船	×	△	△	▲	▲	车站、车场、码头、油站、道班
	4.火车站	×	×	×	△	△	对外交通,位于风景区外缘
	5.机场	×	×	×	×	△	对外交通,位于风景区外缘

续表

设施类型	设施项目	服务部	旅游点	旅游村	旅游镇	旅游城	备注
二、游览	1.导游小品	▲	▲	▲	▲	▲	标识、标志、公告牌、解说图片
	2.休憩庇护	△	▲	▲	▲	▲	座椅桌、风雨亭、避难屋、集散点
	3.环境卫生	△	▲	▲	▲	▲	废弃物箱、公厕、盥洗处、垃圾站
	4.宣讲咨询	×	△	△	▲	▲	宣讲设施、模型、影院、游人中心
	5.公安设施	×	△	△	▲	▲	派出所、公安局、消防站、巡警
三、饮食	1.饮食点	▲	▲	▲	▲	▲	冷热饮料、乳品、面包、糕点、糖果
	2.饮食店	△	▲	▲	▲	▲	包括快餐、小吃、野餐烧烤点
	3.一般餐厅	×	△	△	▲	▲	饭馆、饭铺、食堂
	4.中级餐厅	×	×	△	△	▲	有停车车位
	5.高级餐厅	×	×	△	△	▲	有停车车位
四、住宿	1.简易旅宿点	×	▲	▲	▲	▲	包括野营点、公用卫生间
	2.一般旅馆	×	△	▲	▲	▲	六级旅馆、团体旅舍
	3.中级旅馆	×	×	▲	▲	▲	四、五级旅馆
	4.高级旅馆	×	×	△	△	▲	二、三级旅馆
	5.豪华旅馆	×	×	△	△	△	一级旅馆
五、购物	1.小卖部、商亭	▲	▲	▲	▲	▲	
	2.商摊集市墟场	×	△	△	▲	▲	集散有时、场地稳定

续表

设施类型	设施项目	服务部	旅游点	旅游村	旅游镇	旅游城	备注
五、购物	3.商店	×	×	△	▲	▲	包括商业买卖街、步行街
	4.银行、金融	×	×	△	△	▲	储蓄所、银行
	5.大型综合商场	×	×	×	△	▲	
六、娱乐	1.文博展览	×	△	△	▲	▲	文化、图书、博物、科技、展览馆等
	2.艺术表演	×	△	△	▲	▲	影剧院、音乐厅、杂技场、表演场
	3.游戏娱乐	×	×	△	△	▲	游乐场、歌舞厅、俱乐部、活动中心
	4.体育运动	×	×	△	△	▲	室内外各类体育活动健身竞赛场地
	5.其他游娱文体	×	×	△	△	△	其他游娱文体台站团体训练基地
七、保健	1.门诊所	△	△	▲	▲	▲	无床位、卫生站
	2.医院	×	×	△	▲	▲	有床位
	3.救护站	×	×	△	△	▲	无床位
	4.休养度假	×	×	△	△	▲	有床位
	5.疗养	×	×	△	△	▲	有床位
八、其他	1.审美欣赏	▲	▲	▲	▲	▲	景观、寄情、鉴赏、小品类设施
	2.科技教育	△	△	▲	▲	▲	观测、试验、科教、纪念设施
	3.社会民俗	×	△	△	△	▲	民俗、节庆、乡土设施
	4.宗教礼仪	×	×	△	△	△	宗教设施、坛庙堂祠、社交礼制设施
	5.宜配新项目	×	×	△	△	△	演化中的德、智、体技能和功能设施

注:×表示禁止设置;△表示可以设置;▲表示应该设置。

(资料来源:《风景名胜区规划规范》,1999 年)

151

【实例】崂山风景区游览设施布局规划（中国城市规划设计研究院，引自《风景规划——〈风景名胜区规划规范〉实施手册》）

1. 旅游服务基地选择原则

除为旅游者提供良好的生活、游览、交通、通信、购物等条件外，还要严格保护风景资源和环境。除满足上述服务功能外，还要考虑为旅游者提供良好的景观条件，使游人在基地周围也能得到享受。

一定要有便利的交通条件，以保证客货运输通畅。应考虑基础条件提供程度和现有设施的利用。

2. 旅游服务基地确定（表 8-15）

根据服务基地在服务系统中所起的作用、标准、规模等，崂山风景区服务基地按旅游市、城、镇、村、点、服务站这样一个系统考虑。

(1) 旅游市——青岛市。青岛城市性质的主要职能之一是风景旅游，风景区域规划中确定了它是整个景域的门户和总基地，青岛市区同崂山的位置关系也进一步决定它是崂山风景区的重要旅游基地。青岛市旅馆业已具有一定的规模，在旅游服务系统中起着重要作用。

(2) 旅游城——沙子口是规划中风景区人民政府所在地，是风景区内的经济、文化、交通、管理的主要基地，也分担着流清景区的部分接待床位，同时，也有为驻军服务的职能。因而沙子口是风景恢复区内唯一多功能的城镇，应有较齐全的旅游服务设施和社会功能设施。

(3) 旅游镇。直接和间接地为崂山风景区服务的基地。间接服务的基地有王哥庄镇、惜福镇、夏庄镇、中韩哥庄镇，这些集镇都具有一定规模的服务设施，在地理位置上处于风景区的边缘（北宅乡除外），是崂山风景区旅游食品和农副产品供应的后方基地。规划在仰口湾设置直接为旅游服务的度假旅游镇，接待床位 3 000 张，总人口规模6 250人。

(4) 旅游村。直接和间接地为崂山风景区各景区服务的基地。直接服务的村有流清度假旅游村、青山度假旅游村、泉心度假旅游村和北九水度假旅游村。在地理位置上，其中 3 个村处在南线上，1 个村处在中线上，而且分别位于 3 条主要登巨峰的起点。如果以崂顶为圆心约 6.1 km 为半径画圆，4 个基地正好都处在圆周上。

(5) 旅游点。为各风景区和各组景点服务的基地。直接服务的点每个景区都有1～2个，且处于景点比较集中的地段，能提供简单的食、宿、休息、购物等服务。规划共设 10 个永久性点和若干临时性点。

(6) 服务部。仅提供简易的饮食、小卖、导游、憩息等服务设施。可以随需要而设，部分是永久性的，常同各类风景建设相结合；大多数将是季节性的和临时性的服务部。

表 8-15 崂山风景区旅游服务基地规划一览表

各级游览设施基地	名 称	接待规模（床）	备 注
旅游市	青岛市		
旅游城	沙子口镇		
旅游镇	王哥庄镇、惜福镇、夏庄镇、中韩哥庄镇		间接服务的旅游镇
	仰口湾	3 000	直接服务的旅游镇。其中：高档 1 500,中档 1 000,低档 500
旅游村	流清旅游村	1 050	其中：中档 600,低档 450
	青山旅游村	300	其中：中档 120,低档 180
	泉心旅游村	420	其中：中档 180,低档 120,棋盘石 50,白云洞 50
	北九水度假村	160	
旅游点	太清宫旅游点	50	共 10 个永久性点和若干临时性点
	崂顶旅游点	150	
	青山旅游点	50	
服务部			饮食、购物、导购等,季节性和临时性服务部

3.旅游服务设施建设及控制的原则与方法

旅游服务设施的盲目建设会对风景区带来巨大的危害,比如破坏风景名胜资源、破坏视觉景观、破坏生态水文环境等。以武陵源风景区为例。

武陵源风景区 1980—1998 年进行了大规模的旅游服务设施的建设,这些建设主要发生在风景区的南大门锣鼓塔、东大门索溪峪、核心景区天子山。锣鼓塔的旅游床位数达 3 484 张,索溪峪的旅游床位数达 6 731 张,以天子山为主的核心景区内旅游床位(包括袁家界、杨家界等)2 875 张。在该地段建设之后,这些杰出的自然景观受到了严重的破坏。在对武陵源进行景观美学评价中,认为人工设施是对石英砂岩峰林景观产生负面影响的首要因素,其权重值为－41.29,而正面影响权重值仅为 3。研究表明,人工干预对于武陵源世界自然遗产的美学质量来说,其弊大于利。对于生态环境的破坏主要体现在:5 540 m 长的金鞭溪的水质明显恶化,水质污染呈现明显的有机型污染,总磷在枯、丰、平 3 个水期超标率分别为 52.9%、50.0%、100.0%,并与游客年内季节分布趋势基本一致。大气环境质量逐年降低,生物多样性受到威胁等。2001 年湖南省人民代表大会颁布了《湖南省武陵源世界自然遗产保护条例》,并开始实施,规范了建设项目审批手续,使规划建设走上了法制化轨道,风景名胜区内的建设项目得到了控制,品质得到了提升。

世界上其他国家的国家公园和风景旅游区也同样经历了旅游设施盲目建设的困扰。世界上第一个国家公园——美国黄石公园至 20 世纪 70 年代末,公园内的野营基地已达 11 处,且主要集中在游人经常进出的路段旁和重要景区。1980 年以来,在公园中心的钓鱼桥(Fishing Bridge)、TW 服务社(TW Services)建立了综合服务基地,建有 358 套客房和乡村客舍,年供应量达 170 万次的豪华快餐店、游船码头和一个公共汽车运输系统、3 处租车中心。公园中南部的格兰特村(Grand Village)已发展成拥有 300 多套客房的现代化汽车旅馆、给养站和维修站等设施的旅游基地。公园内部游览设施的不断扩大,破坏了公园整体景观的和谐。更主要的是,对于多数体形较大的哺乳动物,尤其是食肉动物,人工建筑往往构成它们运动中的主要障碍(如灰熊)。

总之,风景区内的旅游服务系统盲目建设的现象已经影响到了风景名胜区的可持续发展,影响到了风景名胜区的生命周期。因此,应合理布局旅游服务设施,严格执行风景名胜区总体规划,对重点景区景点分别编制控制性详细规划和环境整治规划,核心景区禁止任何过夜接待设施的建设。在严格保护风景名胜资源的同时,控制风景区内的接待设施总量,合理规划设计旅游村镇。

(1)严格执行风景名胜区总体规划,制定游览设施的控制性详细规划:每个风景名胜区都有经过论证、审批的规划,规划中会明确确定风景区的性质、特点、功能布局、线路组织以及相应的游览设施项目等内容。要严格规划管理,按照规划审批,核心景区禁止任何过夜接待设施的建设,已有的接待设施应该逐步拆除。中国自从 1987 年开始申报自然和文化遗产工作以来,已经申报世界遗产名录的风景名胜区拆除或改造了不少违规游览设施。如武夷山风景名胜区被列为世界自然文化遗产后,根据总体规划的要求,先后分批组织景区内的旅店、商店等单位以及 400 余家核心区范围内的居民外迁。拆迁地区实行了全面的绿化,大大改善了自然环境面貌。又如青城山—都江堰风景名胜区列入世界自然文化遗产后,按照世界遗产的保护要求和国家有关法律法规,进行了有史以来规模最大、整治最彻底的景区拆迁和环境整治工程,拆迁宾馆 3 家,游乐企业 14 家,农户 800 多户,拆迁建筑面积 14 hm²,基本恢复了风景名胜区内的生态环境。另外还要对重点景区景点分别编制控制性详细规划和环境整治规划。在严格保护风景名胜资源的同时,控制风景区内的接待设施总量,合理规划设计旅游村镇。表 8-16 是猛洞河风景名胜区游览设施建设用地的控制规划表。

表 8-16　猛洞河风景区游览设施建设用地控制规划表

王村镇	老司城村	哈妮宫	牛路河	旅游服务部
保留老镇区内的家庭客栈,规划在新开发区建设旅游服务设施,占地约 10 hm²	规划老司城核心景区外围建设旅游服务设施,占地约 0.5 hm²	保留现有,不再新增	保留现有,不再新增	每处占地约 100 m²

(资料来源:http://www.ysx.gov.cn/zhuanti/mdh_gh/gh09.htm)

　　(2)游览设施应与自然环境和景观统一协调:宾馆、饭店、休疗养院、游乐场等大型永久性建筑,必须建在游览观光区的外围地带,不得破坏、影响景观。对风景区中旅馆的位置,为不破坏自然景观,尽量选址在山外,实行山上游、山下住的原则。但有些地方如峨眉山、华山、黄山、泰山及庐山等,游人要在山上观日出、云海、佛光,据统计约有30%~90%的游人要在山上过夜,在这种情况下,可以考虑在山上建适当规模、适当体量的旅馆,但需注意馆址要选在不影响景观的地方,以隐蔽为好。

　　(3)改善风景区内外的交通联系:完善风景区的内部交通网络,尽可能采用环保机动交通,使游客能够在风景区快速扩散,缩短游客在风景区内停留的时间,加快游客周转。同时使风景区与进出口岸的交通四通八达,加快游客向风景区外的服务基地扩散,减轻风景区内的接待压力。

第九章　保护培育规划

第一节　保护与开发

风景名胜区的保护与开发,一直是困扰风景名胜区建设的问题。资源保护主义者认为,风景名胜区内的自然风景资源必须加以保护,禁止或尽量减少人与该资源的交往;片面建设论者夸大了美学中人工因素的重要性,认为自然景观必须有"丰富的人工点缀"。

事实上,保护与开发应该是一个统一体。《世界自然资源保护大纲》将保护与开发定义为:保护——对人类使用的生物圈加以经营管理,使其能对先进人口产生最大且持续利用,同时保护其潜能,以满足以后人们的需要与期望;开发——改变生物圈并利用人力、财力、有生命及无生命之源,以满足人类需要,并改善生活品质。

风景名胜区保护与开发应以景观生态学为理论基础,实施"综合保护,有限开发"的原则,亦即遵循生态平衡的原则。保护不是封闭,保护的目的是为了使风景名胜区能够永续利用,可持续发展;开发不是破坏,开发的目的是为了使风景名胜区能够合理利用,让它更好地为人类服务。

第二节　保育规划的内容

风景名胜区的基本任务和作用之一是保护培育国土,树立国家和地区的形象,因而,在绝大多数风景名胜区规划中,特别是在总体规划阶段,均把保护培育的内容作为一项重要的专项规划来做。

风景名胜区的保护培育规划,是对需要保育的对象与因素实施系统控制和具体安排,使被保护的对象与因素能长期存在下去,或能在被利用中得到保护,或能在保护条件下被合理利用,或能在保护培育中使其价值得到增强。

风景区保护培育规划应包括三方面的基本内容。

第一,查清保育资源,明确保育的具体对象和因素。其中,各类景源是首要对象,其他一些重要而又需要保育的资源也可被列入,还有若干相关的环境因素、旅游开发、建设条件也有可能成为被保护因素。

第二,在此基础上,要依据保育对象的特点和级别,划定保育范围,确定保育原则。例如,生物的再生性就需要保护其对象本体及其生存条件,水体的流动性和循环性就需要保护其汇水区和流域因素,溶洞的水溶性特征就需要保护其水湿演替条件和规律。进而要依据保育原则制定保育措施,并建立保育体系。保育措施的制定要因时因地因境制宜,要有针对性、有效性和可操作性,应尽可能形成保护培育体系。

第三,保护培育规划应包括查清保育资源、明确保育的具体对象、划定保育范围、确定保育原则和措施等基本内容。

第三节　分类保护

在保护培育规划中,分类保护是常见的规划和管理方法。它是依据保护对象的种类及其属性特征,并按土地利用方式来划分出相应类别的保护区。在同一个类型的保护区内,其保护原则和措施应基本一致,便于识别和管理,便于和其他规划分区相衔接。

这里规定的六种保护区及保护原则、措施,可以覆盖风景区范围内的各种土地利用方式,并同海外的"国家公园"或国内外相关的保护区划分方法易于互接,因而具有很强的包容性和适用性。

分类保护中的风景修复区,是很有当代特征和中国特色的规划分区,它具有较多的修复、培育功能与特点,体现了资源的数量有限性和潜力无限性的双重特点,是协调人与自然关系的有效方法。

风景保护的分类应包括生态保护区、自然景观保护区、史迹保护区、风景恢复区、风景游览区和发展控制区等,并应符合以下规定:

一、生态保护区的划分与保护规定

(1)对风景区内有科学价值或其他保存价值的生物种群及其环境,应划出一定的范围与空间作为生态保护区。

(2)在生态保护区内,可以配置必要的研究和安全防护性设施,应禁止游人进入,不得搞任何建筑设施,严禁机动交通及其设施进入。

二、自然景观保护区的划分与保护规定

(1)对需要严格限制开发行为的特殊天然景源和景观,应划出一定的范围与空间作为自然景观保护区。

(2)在自然保护区内,可以配置必要的步行游览和安全防护设施,宜控制游人进入,不得安排与其无关的人为设施,严禁机动交通及其设施进入。

三、史迹保护区的划分与保护规定

(1)在风景区内各级文物和有价值的历代史迹遗址的周围,应划出一定的范围与空间作为史迹保护区。

(2)在史迹保护区内,可以安置必要的步行游览和安全防护设施,宜控制游人进入,不得安排旅宿床位,严禁增设与其无关的人为设施,严禁机动交通及其设施进入,严禁任何不利于保护的因素进入。

四、风景恢复区的划分与保护规定

(1)对风景区内需要重点恢复、培育、抚育、涵养、保持的对象与地区,例如森林与植被、水源与水土、浅海及水域生物、珍稀濒危生物、岩溶发育条件等,宜划出一定的范围与空间作为风景恢复区。

(2)在风景恢复区内,可以采用必要的技术措施与设施;应分别限制游人和居民活动,不得安排与其无关的项目与设施,严禁对其不利的活动。

五、风景游览区的划分与保护规定

(1)对风景区的景物、景点、景群等各级风景结构单元和风景游赏对象集中地,可以划出一定的范围与空间作为风景游览区。

(2)在风景游览区内,可以进行适度的资源利用行为,适宜安排各种游览欣赏项目;应分级限制机动交通及旅游设施的配置,并分级限制居民活动进入。

六、发展控制区的划分与保护规定

(1)在风景区范围内,对上述五类保护区以外的用地与水面及其他各项用地,均应划为发展控制区。

(2)在发展控制区内,可以准许原有土地利用方式与形态,可以安排同风景区性质与容量相一致的各项旅游设施及基地,可以安排有序的生产、经营管理等设施,应分别控制各项设施的规模与内容。

第四节　分级保护

保护培育规划中,分级保护也是常用的规划和管理方法,这是以保护对象的价值和级别特征为主要依据,结合土地利用方式而划分出相应级别的保护区。在同一级别保护区内,其保护原则和措施应基本一致。

这里所规定的四级保护区及其保护原则和措施,也可以覆盖风景区范围内各种土地利用方式,同自然保护区系列或相关保护区划分方法容易衔接。其中,特别保护区也称科学保护区,相当于我国自然保护区的核心区,也类似分类保护中的生态保护区。

风景保护的分级应包括:特级保护区、一级保护区、二级保护区、三级保护区等四级内容,并应符合以下规定:

一、特级保护区的划分与保护规定

（1）风景区内的自然保护核心区以及其他不应进入游人的区域应划为特级保护区。该区景象艺术特征突出，空间环境质量好，艺术价值和科学价值高，开发利用方便。具体来讲，有下列特点：

①景点有鲜明的个性艺术特征，如造型奇特、优美，具有逼真的动态或变化景观。

②空间环境的组合巧妙，能有力地渲染和突出整体环境气氛，或者环境空间的变换节奏丰富，给人以奇特的空间变换效果。

③大水体气势磅礴，半岛、岛屿嵯峨，或者为流量大、落差大的动态水景。

④国家一级重点保护植物和千年以上古树。

⑤国家级或者省级文物保护单位。

（2）特级保护区应以自然地形地物为分界线，其外围应有较好的缓冲条件，在区内不得搞任何建筑设施。

二、一级保护区的划分与保护规定

（1）在一级景点和景物周围应划出一定范围与空间作为一级保护区，宜以一级景点的视域范围作为主要划分依据。

（2）一级保护区内可以安置必需的步行游赏道路和相关设施，严禁建设与风景无关的设施，不得安排旅宿床位，机动交通工具不得进入此区。

三、二级保护区的划分与保护规定

（1）在景区范围内以及景区范围之外的非一级景点和景物周围应划为二级保护区。

（2）二级保护区内可以安排少数旅宿设施，但必须限制与风景游赏无关的建设，应限制机动交通工具进入本区。

四、三级保护区的划分与保护规定

（1）在风景区范围内，对以上各级保护区之外的地区应划为三级保护区。

（2）在三级保护区内，应有序控制各项建设与设施，并应与风景环境相协调。

第五节　综合保护

分类保护和分级保护各有其产生的背景和规划特点。分类强调保护对象的种类和属性特点，突出其分区和培育作用；分级保护强调保护对象的价值和级别特点，突出其分级作用。两者各有其应用特点。

在保护培育规划中，应针对风景区的具体情况、保护对象的级别、风景区所在地域的条件、择优选择分类或分级保护，或者以一种为主和另一种为辅的两者并用方法，形成分类之中有分级或分级中又有分类的综合分区，使保护培育、开发利用、经营管理三者各得其旨,并有机结合起来。

总之,保护培育规划应依据本风景名胜区的具体情况和保护对象的级别而择优实行分类保护或分级保护,或两种方法并用,应协调处理保护、培育、开发利用、经营管理的有机关系,加强引导性规划措施(表 9-1)。

表 9-1 保护规划要点表

保护类型	保护要点	保护分区	保护对象	保护措施
分类保护	根据保护对象的种类及属性特征,按土地利用方式来划分。同类保护区的保护原则和措施应相同	生态保护区	有科学价值或其他保存价值的生物种群及其环境	应禁止游人进入,不得搞任何建筑设施,严禁机动交通及其设施进入
		自然景观保护区	需要严格限制开发行为的特殊天然景源和景观	宜控制游人进入,不得安排与其无关的人为设施,严禁机动交通及其设施进入
		史迹保护区	各级文物和有价值的历代史迹遗址的周围	宜控制游人进入,不得安排旅宿床位,严禁增设与其无关的人为设施,严禁机动交通及其设施进入,严禁任何不利于保护的因素进入
		风景恢复区	需要重点恢复、培育、抚育、涵养、保持的对象与地区	应分别限制游人和居民活动,可以采取必要的技术措施与设施,严禁对其不利的活动
		风景游览区	景物、景点、景群、景区等各级风景结构单元和风景游览对象的集中地	宜安排各种游览欣赏项目,应分级调控游人规模、旅游设施及机动交通的配置
		发展控制区	对上述五类保护区以外的用地与水面以及其他各项用地	准许原有的土地利用方式与形态,可以安排相应的旅游设施及基地,应分别控制其规模和内容

保护类型	保护要点	保护分区	保护对象	保护措施
分级保护	根据保护对象的价值和级别特征,结合土地利用方式而划分出相应级别。同级的保护原则和措施应相同	特级保护区	自然保护的核心区及其他游人不应进入的地区	应以自然地形、地物为分界线,其外围有较好的缓冲条件,区内不得搞任何建筑设施
		一级保护区	在一级景点和景物周围,应划出一定空间和范围作为一级保护区	可配备必要的步行游览路,机动交通不得入内,严禁建设与风景无关的设施。严格控制游人容量
		二级保护区	在景区范围内及其景区范围以外的非一级景点和景物的周围应划为二级保护区	可以安排少量旅宿设施,应限制机动交通进入。限制与风景无关的建设,控制游人容量
		三级保护区	在风景区范围内,对以上各级保护区以外的地区均应划为三级保护区	应有序控制各项建设与设施,并应与风景环境相协调,控制人口规模
综合保护	把分类保护和分级保护在点线面上结合起来并用	①先分类后分级的分区保护②先分级后分类的分区保护③分层级的点线保护与分类级的分区保护相互配合		在点、线、面、体和时间上分别控制:a.游人规模和人口规模;b.配套设施及其级配;c.开发利用方式及其强度。即动态调控与保护措施

（资料来源:《风景名胜区规划规范》,1999 年）

　　针对不同的保护分区,在总体规划的专项规划中,可以落实不同的规划控制方针（表 9-2）。

表 9-2　不同保护分区的规划控制措施

保护分区	旅游活动	游览设施	内部交通	居民社会	土地利用	基础设施
特级保护区	旅游者禁止进入,经过严格审批的科研人员和管理人员可以进入	无游览设施	无游道和车道,已有的游道必须拆除并恢复植被	无居民区	全部为风景保护用地	无地上、地下的基础设施
一级保护区	游客可以进入,但规模必须控制在允许环境容量之内	可以设没有过夜设施的服务部、休息亭和观景台	除必要的与外界联系的通道外,禁止社会车辆进入,内部实行环保机动车交通	除个别具有地方文化景观意义并不对遗产保护构成威胁的居民建筑外,所有居民应逐步迁出	该区应该退耕还林,除必要的交通用地外,都应划入风景游赏用地	禁止设置电力、电信、给排水设施,所有管线应该埋地化处理
二级保护区	可以有户外游憩活动	可以有服务部,有露营地,但不能有室内过夜设施	可以有直达机动车,但应限制过境交通	鼓励居民向城镇搬迁、向山下搬迁。居民建筑受到严格控制	保护耕地,严格限制建设用地	基础设施建设不对遗产造成破坏
三级保护区	游客进入不受限制	集中布置服务设施村镇	与外界建立通达的交通联系	居民聚集区	游览设施用地,城镇建设用地	完善的电力、电信、给排水等基础设施

第六节　外国经验

一、自然遗产地保护分区模式

美国国家公园管理模式中,将国家公园内部土地利用划分为不同的区域,以实施分区控制。分区制是国家公园进行规划、建设和管理等方面最重要的手段之一,是用以保证国家公园的大部分土地及其生物资源得以保存野生状态,把人为的设施限制在最小限度以内(表9-3)。

表 9-3　国家公园与保护区体系

用地大类	土地利用种类	定　义	首要管理目标	保护度	发展度
国家公园与保护区体系	严格自然保护区	拥有杰出或有代表性的生态系统,其特征或种类具有地质学或生理学意义	科学研究;物种/基因多样性保护	10	0
	野生保护区	自然特性没有或只受到轻微改变的辽阔地区;没有永久性或明显的人类居住场所	荒野保护;环境监测	9	1
	濒危动植物栖息地	通过积极的管理行动,确保特定种群的栖息地或满足特定种群的需要	保护特定动植物种群	8	2
	国家(或省立)公园	为当代和子孙后代保护一个或多个生态系统的完整性;排除与保护目标相抵触的开采和占有行为;提供在环境和文化上相容的精神、科学、教育、娱乐和游览机会	提供游憩机会;物种/基因多样性保护;环境监测;荒野保护	7	3
	天然地貌保护区	拥有一个或多个具有杰出或独特价值的自然地貌地区,这些价值来源于它们所具有的稀缺性、代表性、美学品质或文化上的重要性	自然特色的保护;提供游憩机会	7	3
	人文景观保护区	具有重要文化多样性的地区	文化特性的保护;提供游憩机会	7	3
过渡区体系	受管理的资源保护区	没有受到严重改变的自然系统,通过有效管理,在保护生物多样性的前提下同时满足社区需要,并可提供自然产品与服务	物种/基因多样性保护;资源可持续利用	6	4
	国家或省级旅游度假区	资源非敏感地区,适合人类休闲游憩需要	提供休闲度假机会	5	5

续表

用地大类	土地利用种类	定　义	首要管理目标	保护度	发展度
过渡区体系	畜牧业用地	资源非敏感地区,满足当地社区畜牧需要	畜牧业	4	6
	农业用地	资源非敏感地区,满足当地社区农业需要	农业	4	6
	其他非城镇用地	资源非敏感地区,满足当地社区水利灌溉等其他需要		4	6
城镇体系	中心村	资源非敏感地区,人口在 500 人以上的村落		4	6
	镇	资源非敏感地区,人口在 1 万人以上		3	7
	小城市	资源非敏感地区,人口在 5 万人以上		2	8
	中心城市	资源非敏感地区,人口在 10 万人以上		1	9

1. 生物圈保护区

生物圈保护区是联合国教科文组织(UNESCO)在全球实施的人与生物圈(MAB)计划下倡导并发展的,它们是受到保护的陆地、海岸带或海洋生态系统的代表性区域。生物圈保护区将其保护区划分为以下 3 个部分(图9-1):

核心区:每个生物圈保护区,都有一个或几个基本上保持着原始状态或很少受到人类影响的区域,作为核心区用以保护主要物种、生态系统或自然景观。它作为自然本底,具有重要的保护

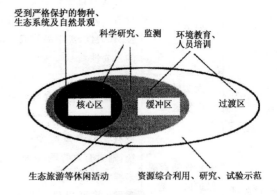

图 9-1　生物圈保护区分区方案

与科学价值。因此,核心区必须受到严格保护,只能进行科研、监测活动。

缓冲区,缓冲区为传统经济区,与核心区之间必须明确划定区域边界。

过渡区:考虑到生物圈保护区内及周边社区群众生活与发展的需要,在缓冲区的外

围设过渡区。当地群众可在这个区域,进行对上述两个区没有污染和负面影响的经济活动。这个区域可以用来进行资源合理利用的研究、试验和示范,并向周边地区推广和扩散,促进当地社区经济协调发展。

2. 国外国家公园的分区与我国的对比

最早创立国家公园的美国、加拿大,已经有一套系统的分区模式和技术方法,已经成功地保护了国家公园内的自然遗产。日本与中国相似,是一个人多地少的国家,作为发展中国家,津巴布韦的分区模式也值得我们借鉴(表9-4)。

二、施普雷森林自然保护区

距德国首都柏林东南80多km有一个欧洲独一无二的自然保护区——施普雷森林自然保护区。1990年,德国政府宣布这片森林公园为"自然保护区"。1991年3月,联合国教科文组织正式命名为"施普雷森林自然保护区",并列为联合国"人与自然发展项目"。

表 9-4 国外国家公园保护分区模式和我国的对比

	特级保护区	一级保护区	二级保护区	三级保护区
中 国 (《风景名胜区规划规范》)	风景名胜区内的自然保护核心区及其他游人不应进入的地区 应以自然地形、地物为分界线,其外围有较好的缓冲条件,区内不得搞任何建筑设施	在一级景点和景物周围,划出一定空间和范围作为一级保护区,宜以一级景点的视域范围为主要划分依据 可配备必要的步行游览路,机动车辆不得入内,严禁建设与风景无关的设施。严格控制游人容量	在景区范围内及其以外的非一级景点和景物的周围应划为二级保护区 可以安排少量旅宿设施,应限制与风景无关的建设,控制游人容量	在风景区范围内,对以上各级保护区以外的地区均应划为三级保护区 应有序控制各项建设与设施,并应与风景环境相协调,控制人口规模
	特级保护区	一级保护区	二级保护区	三级保护区
日 本	维持风景不受破坏,一般占总面积的50%,可以有步行道和当地居民	在特级保护区之外的,尽可能维持风景完整性,一般占30%,可以有步行道和居民	需要调整农业产业结构的地区,可以有车道	除特级、一级、二级保护区之外对风景资源基本无影响的区域,一般占10%,是集中建设的区域

续表

	特级保护区	荒野区	自然环境区	户外游憩区、公园服务区
加拿大	约占4%,人车都不能进入	约占90%,人能进入,车不能进入,但不能排除必要的交通联系	约占1%,限制机动车进入	户外游憩区可以有直达车道,是户外游憩的集中场所 公园服务区是国家公园的接待中心
	特级保护区	特级自然保护区	自然环境区(缓冲区)	边缘区
美国	自然纪念地、自然避难所,无开发,人车都不能进入	除必要的交通联系外无车道,有自行车道、步行道,无接待设施(露营地除外)	建有接待设施、饮食设施、休闲设施、公共交通和游客中心	高密度开发,接近入口、居民区
	特别保护区	荒野区	荒原地区	发展区
津巴布韦	包括生物保护区、庇护区、湿地。是以科研为目的的区域,只有开展科研活动才准予进入	规模很大,包括在保护区生存的全部动植物区系,开发较少,准许进入少量游客	道路畅通,有乡村式的建筑、露营地和观景台,准许进入较多的游客	主要提供行政机关及研究设施、职工宿舍和游客活动项目。该区的理想位置是保护区的尽端

施普雷森林自然保护区的总面积为 472.92 km²,划分为达莫、劳斯兹和施普雷—尼斯河套 3 个县。全保护区的耕地面积为 118.92 km²,绿地面积为 133.5 km²,森林总面积为 132.5 km²,河流总面积为 13.86 km²。

德国施普雷森林自然保护区是保护与旅游的成功之作。为了便于科学有效地保护利用和开发,施普雷森林被划分为 4 个部分:纯原始状态的核心区;尚未开发的自然风景缓冲区;已开发利用的旅游度假风景区;从城镇到旅游景区之间的过渡区。然后,根据自然条件、动植物种类的特点,再划分出许多个不同的小的区域范围,分别采取不同的管理措施。

第七节　实　例

一、桂林山水风景区规划中景源保护规划

桂林山水风貌是以大面积的、星罗棋布的岩溶景观为主。同时,这些山水洞石等自然景物又同田园村舍及城市景观交错穿插、紧密相连。因而,风景资源的保护就成为桂林城市规划的重要内容和任务。

为尽快恢复并很好地保持"桂林山水甲天下"的风貌,确保"金矿"似的风景资源不被破坏,并使桂林的各项建设与山水风景协调一致,特提出以下4种保护区规划措施。

(1)自然风景保护区。

(2)历史风土保护区。

(3)各种特别绿地保护区。

(4)建筑层高体量控制区。

为确保山水风貌和尺度,控制城市轮廓和空间效果,特分四级控制:

1. 非城市建筑区

(1)规划中的公园风景区和各种绿地。

(2)位于市区的漓江沿岸60 m以内。

(3)位于郊区的漓江沿岸500~1000 m以内。

2. 低层建筑区(二层以内)

(1)王城周围100 m以内。

(2)一级、二级保护石山周围3~4倍高度范围以内。

(3)榕杉湖、濠塘、桃花江、小东江周围沿岸100 m以内。

(4)解放桥东岸居住区。

3. 一般建筑区(4~5层以内)

4. 允许高层建筑区

(1)三里店旅馆区。

(2)铁路桂林站区。

(3)平山、瓦窑区。

(4)铁路北站区。

(5)西城区。

二、黄山风景名胜区总体规划中保护培育规划

黄山风景名胜区划分为6个游览区、5个自然保护区及外围保护带。游览区内不得进行开发建设,以保持其自然特色。保护区的划定,也有效地保护了6个游览区。在黄山风景区内,根据景观质量和环境的评估特征,分为一级、二级、三级保护景点(景区)并制定相应的保护管理规定。

三、南北湖风景名胜区总体规划中保护培育规划

1. 分类保护规划

南北湖风景区的分类保护规划可分为史迹保护点、自然景观保护区、生态恢复区、风景游览区和发展控制区五类。

(1)史迹保护点

①根据文物建筑的不同等级,按照《中华人民共和国文物保护法》的有关条款进行保护。同时,对未定级的文物建筑,根据其历史、艺术与科学价值,设定相应的暂保级别,建议按此进行申报和保护。

②根据文物建筑的级别、性质和地理环境,划定必要的保护范围和建设控制地带,建立标志。对保护范围内的一切建设进行管理和控制。在外围保护地带内严格控制建设,必要的基础设施建设不能破坏景观。

③建议由文物部门和规划建设部门对各文物建筑的保护、修缮和建设编制专项控制性详细规划。

④建立摩崖石刻档案,明确其位置、年代、内容、损坏程度及修复保护措施,价值较高的石刻应有拓片。游人集中的摩崖石刻,应设立防护栏杆和标示牌,禁止游人践踏、触摸。

(2)自然景观保护区

①水域保护区

a. 湖区水域保护区。湖区水域面积约 1.2 km²,是南北湖风景区的精华所在,目前环湖村庄、居民点和宾馆饭店已很稠密。规划期内为切实保护湖区和湖水的质量与景观应做到以下几点:

(a)按照总体规划布局要求适当搬迁部分环湖居民点和宾馆饭店,以减少对湖区的压力与影响。

(b)环湖景点、村庄和服务设施的生活污水应尽可能集中并经处理达标后排放。离湖岸较远的村落,其生活污水应单独处理达标后就近排放。

(c)严格限制湖区养殖的数量,减少水体的富营养成分和有害生物的增长速度。

(d)结合景点建设和村庄改造挖湖清淤,提高水深,扩大蓄水能力,同时满足环湖景观环境建设和游船行驶的需要。

(e)除救生、巡逻等必要的机动船只以外,在湖面上禁止汽油、柴油机动船的行驶,以保持水质,减少污染;严格禁止快艇等高速、高噪声机动船的使用。

(f)加强环湖的绿化造林和保持水土工作。

(g)湖区周围的农田、林地、茶园等应避免使用有残留毒素和难以分解的农药。

(h)规划期内湖水水质力争达到国家Ⅰ类水质的要求。

b. 浅海水域保护区。南北湖风景区南部和东部的浅海水域面积约3.9 km²。其南部海滨号称"钱江潮源",举世闻名的钱塘江大潮就是从这里开始汇集、孕育而成的;东部汹涌澎湃的"龙口怒潮"景观也非常壮观罕见。为保护浅海水域的景观与环境应做到以下几点:

(a)整个滨海地带包括城镇和农村的污水都应达标排放。在澉浦镇建设污水处理厂,主要处理本镇区、附近村庄以及景点和服务基地的生活与工业污水。远离镇区的沿海村庄的污水也要单独处理达标后排放。

(b)滨海地带要严格限制工业项目的无序发展和污染物及固体废弃物的排放。

(c)对海域水质要及时进行检验,随时掌握水质变化情况。

(d)对本海域内的渔业作业船只应加强监督管理,配备防污设备和设施,禁止把污染物随便投入大海。

(e)山、海、湖浑然一体是南北湖风景区最大的特色和卖点,任何建设都不得影响和破坏这一特征。

c. 其他河、塘、山泉、溪流的保护。南北湖风景区内河网密集,水塘星罗棋布,还有众多的山泉、溪流等,这些都是整个风景区水域的重要组成部分,必须加以保护应做到以下几点:

(a)结合农田灌溉和景点建设的需要,疏浚湖区,逐步恢复和建设南北湖水闸、澉浦古城护城河、长山闸等景点。

(b)在滨水地带大量植树绿化,防止水土流失,保持风景区水系的畅通,营造良好的生态和景观环境。

(c)风景区内的任何单位和个人不得随意向水体中倾倒垃圾和未经处理的有污染物的污水,确保风景区水体的质量和环境景观。

②湿地保护区。南北湖风景区地处山、海、湖交界的边缘地带,拥有丰富的湿地资源和动植物景观,对区内约1 km²的海滨湿地应严格进行保护,维持其自然原貌。

a. 严禁在滩涂上倾倒垃圾等污染物。

b. 严禁在沿海山体开山取土,避免水土流失,保护山体的自然风貌和阻挡海潮的袭击,保持湿地生态系统的相对稳定。

c. 对围垦等重大项目应组织有关专家进行论证,确定其可行性。

(3)生态恢复区:面积约为5.6 km²,主要包括风景区内的山体以及山体之间的生态廊道。山林资源既是重要的风景资源,也是生态系统的有机组成部分。山体以及山林地和其中的野生动植物,尤其是鸟类的保护是南北湖风景区保护的重要内容之一。

具体保护措施包括：

①立即停止开山采石等破坏景观和环境的行为，尤其是要严格禁止在长山、青山、葫芦山等沿海山体的采石和毁林现象，已经开采的要立即停止，并采取必要的植被恢复措施。

②对风景区内的古树名木和珍稀植物要进行记录和挂牌，制定相应的保护措施。

③严禁在林中打鸟、捕鸟等伤害野生动植物的行为，有关部门应当制定严格的制度和行之有效的管理办法，严肃处理各种违法和破坏行为。

④在严格保护，综合采用人工造林、封山育林、森林防火、病虫害防治等各种恢复手段，在切实巩固和管理好现有植被资源的同时，应根据适地适树的原则大力营造混交林，有计划、有步骤地调整树种结构，逐步扩大观赏乔木、常绿树、花灌木、竹林等植被的种植面积，发挥林地最大的生态效益。

(4)风景游览区：在风景资源保护区和恢复区之外，本规划对南北湖风景区内景源较为集中的区域，划出一定的范围与空间作为风景游览区，面积约为 9 km²。

在风景游览区内，可以进行适度的资源利用行为，适宜安排各种游赏项目。也可结合游赏活动，进行少量的景观建设，如亭、榭、廊、坊等以及应有的安全和指示设施，以方便游人活动。本区内可配置必要的机动交通及旅游设施。

(5)发展控制区：在风景区范围内，对上述四类保育区以外的用地，均应划为发展控制区，总面积约为 12.6 km²。

在发展控制区内，可以准许原有土地利用方式与形态，安排同风景区性质与容量相一致、直接为游人服务的各项旅游设施和基地以及有序的生产、经营、管理等设施，但各项设施建设的规模与内容应以保护环境为前提，建筑形式以景观建筑为主，能隐则隐，以能满足游人的基本需要为准，严禁扩大建设用地。发展控制区可分为三类，即 6.5 km² 的田园控制区、1.7 km² 的古镇控制区和 4.4 km² 的其他发展控制区。根据各区景观特色、功能用途与用地形态的区别，其保护、利用与控制的方法也有所不同。

2. 分级保护规划

(1)一级保护区：包括南北湖环湖山脊线以内向湖地区和二级以上景点较集中的谈仙岭、鹰窠顶地区，总面积为 4.2 km²，其中湖面面积为 1.2 km²。一级保护区范围内必须编制详细规划，任何建设必须符合规划要求。要特别重视主要景点和景观视线的保护，严格控制建筑的高度、色彩、体量和风格，建筑物周围要有充足的绿化空间。一般沿湖绿地宽度不得小于 30 m，极个别处也不应小于 10 m。区内可以设置必需的步行游赏道路和相关设施，严禁建设与风景无关的设施，不得安排旅宿床位，机动交通工具不得进行本区。严禁开山采石、挖沙取土、埋坟建墓，对已开山或建墓的地段应加强绿化屏挡，逐步治理和恢复。

（2）二级保护区：包括风景区内的山林和滨海地区等生态敏感地带，总面积为15.8 km²。二级保护区范围内可以安排少量旅宿设施，但必须限制与风景资源保护和风景游赏无关的建设。必需的旅游服务及经营管理设施，应安置在景观价值较低、不破坏绿化和地貌之处，建筑形式要求融于自然，不破坏自然景观。

（3）三级保护区：在风景区范围内，以上各级保护区之外的地区应划为三级保护区，总面积为12.5 km²。在三级保护区内，应保护自然地形、地貌和山林景观的整体完美，有序控制各项建设与设施，使其与风景环境相协调。对澉浦镇等居民点应合理规划，统筹安排，逐步引导人口与产业的转移，切实保护好风景环境。

（4）外围保护区：为了更好地保护南北湖风景区的风景资源，本规划在风景区范围周边设立外围保护区，具体界线是：西部沿高阳山、南木山、北木山山脊线西侧控制50～300 m，北部至老沪杭公路北侧400 m，东部南部基本控制至钱塘江潮间带，大约为自海岸线向外800～1 000 m左右的范围。外围保护区的面积约为15.4 km²。

外围保护地带范围内，在保护整体风景环境的前提下，可进行与风景旅游相关的开发建设，但其植被、建筑、设施等在布局、体量、造型、色彩上均应与环境协调。区内不得建设严重污染环境和破坏景观的工矿企业，并应大力治理环境卫生，保持环境整洁。

四、泰山风景名胜区总体规划中保护培育规划

资源保护的措施分为分区保护、分类保护和分级保护三大类。泰山风景区内的各种资源按照其区位、类型和级别，要同时满足分区保护、分类保护、分级保护之相应条款的规定。

分区保护包括资源严格保护区、资源有限利用区、设施建设区三类；分类保护包括文物建筑专项保护、石刻碑刻专项保护、名木古树专项保护、奇峰异石专项保护等四类；分级保护分为特级景点保护、一级景点保护、二级景点保护、三级景点保护、四级景点保护五类。

五、九寨沟风景区总体规划中保护培育规划

1. 保护模式

风景区采用保护分级方式，划分为特级、一级、二级、三级四个等级，另设风景区外围保护地带。

2. 保护要求

（1）特级保护区：对特级保护区实行严格保护，禁止除科学研究外的一切人为活动。

（2）一级保护区

①严格保持并完善风景景观环境，使景点更富魅力。

②可设置风景游赏所必需的游览步道、观景台等相关设施。

③景点的修缮、游步道的设置、小品的配置都需仔细设计，经有关部门批准后方可

实施。

④对人文景点进行整改,使其达到景观要求。

(3)二级保护区

①保持并完善风景景观环境。

②禁止与风景游赏无关的建设行为。

(4)三级保护区

①游览设施设置及居民建设需经详细规划后,按规划严格实施。

②详细规划必须符合总体规划精神,建设风貌必须与风景环境相协调,基础工程设施必须符合规范及环境保护要求。

③保持并完善生态环境。

(5)外围保护地带

①保持并完善自然生态环境,禁止一切破坏生态环境的项目进入。

②除了已作规划的漳扎旅游镇外,不得再设其他游览设施。

3. 植被培育规划

对风景区内植被状况未能达到风景环境或生态环境要求的地方进行重点植被培育。需重点培育的地段是:对风景游赏区内树正、荷叶、则查洼 3 个居民寨进行风貌整改时所需绿化美化的地带;风景游赏区内逐步退耕还林的地带;漳扎旅游镇河谷两侧的山地。这些地带的培育选用树种应为具有景观效果的乡土树种,并适当选用速生树种,能又快又好地达到培育效果。

第十章 典型景观规划

第一节 规划意义

在每个风景区中,几乎都有代表本风景区主体特征的景观,在不少风景区中,还存在具有特殊风景游赏价值的景观。为了使这些景观能发挥应有的作用,并且能长久存在、永续利用下去,在风景区规划中应编制典型景观规划。

例如:崂山海上日出、黄山云海日出、蓬莱海市蜃景等,都需要按其显现规律和景观特征规划出相应的赏景点。岩洞风景资源,如桂林的芦笛岩、柳州的都乐岩、肇庆的七星岩、宜兴的善卷洞、北京的石花洞,景观特征风格各异,均需按其特色规划游览欣赏方式。石林风景也是千姿百态,如云南路南石林的岩溶风景地貌、广东仁化丹霞山的石柱风景地貌、海蚀形成的烟台芝罘岛的石婆婆等,均成为该风景区的标志,其游览欣赏内容都围绕此展开。

又如:岩溶风景区的山水洞石和灰华景观体系,黄果树和龙宫风景区的暗河、瀑布、跌水、泉溪河湖水景体系,黄山群峰、桂林奇峰、武陵峰林等山峰景观体系,峨眉山的中、高、低山竖向植物地带景观体系,均需按其成因、存在条件、景观特征,规划其游览欣赏和保护管理内容。

再如:武当山的古建筑群、敦煌和龙门的石窟、古寺庙的雕塑、大足石刻等景观体系,也需按其创作规律和景观特征,规划其游览欣赏、展示及维护措施。

因此,风景区应依据其主体特征景观或有特殊价值的景观进行典型景观规划,应包括典型景观的特征与作用分析,规划原则与目标,规划内容、项目、设施与组织,典型景观与风景区整体的关系等内容。

第二节 规划原则

风景区是人杰地灵之地,能成其为典型景观者,大多是天成地就之事物或现象,即使有些属于人工杰作,也非一时一事之功,能成为世人皆知的典型景观,大多历经世代持续努力才能成功。因而,典型景观规划的第一原则是保护典型景观本体及其环境,第二是挖掘和利用其景观特征与价值,发挥其应有作用。

例如,河北南戴河沙丘和福建海坛沙山都有其形成原理和条件,把这些海滨沙景开辟成直冲大海的滑沙场是利用其价值,但是,在滑沙活动中会带动一部分沙子冲入海中,这就同时要求十分重视和保护沙山的形成条件,使之能不断恢复和持续利用。

因而,典型景观规划必须保护景观本体及其环境,保持典型景观的永续利用;应充分挖掘与合理利用典型景观的特征及价值,突出特点,组织适宜的游赏项目与活动;应妥善处理典型景观与其他景观的关系。

第三节 规划内容

一、植物景观

除少数特殊风景区以外,植物景观始终是风景区的主要景观。在自然审美中,早期的"毛发"之说,近代的"主景"、"配景"、"基调"、"背景"之说,均表达了其应有的作用和地位。在人口膨胀和生态面临严重挑战的情况下,植物对人类将更加重要。因此,风景区植被或植物景观规划也愈具有显要地位和作用。

风景名胜区内所覆盖的植被品种是极其丰富的,几乎包含了中国植物的绝大多数种属,其中有许多经济植物、药用植物,还有不少珍贵的稀有植物。它们形成大片延展的"风景林"而发挥其观赏价值,是风景名胜区自然景观的重要构成部分。风景林由于森林的构成树种、植物组合状况和生长情况的不同而表现为不同的"林相"。林相是山岳植被的基本面貌,它以绿色形成植被色彩的基调,但却具有从暖绿到冷绿的千差万别;树叶的郁闭程度、树冠的形状、枝干的姿态又形成它的质地、轮廓的千变万化。

在植物景观规划中,要维护原生种群和区系,不应大砍大造而轻易更新改造;要因景制宜提高林木覆盖率,不应毁林开荒造这修那;要利用和创造丰富的植物景观,不应搞大范围的人工纯林;要针对规划目标,分区分级控制植物景观的分布及其相关指标。

在处理各项用地比例时,要分别控制其绿地率和林木覆盖率,其中新建区的绿地率不得低于 30%,并应有相当比例的高绿地率(大于 70%)控制区。

在处理风景林时,要分别控制其水平郁闭度和垂直郁闭度,其中,由单层同龄林构成,其水平郁闭度在 0.4~0.7 之间者为水平郁闭林;由复层异龄林构成,其垂直郁闭度在 0.4 以上者为垂直郁闭林,常由 3~6 个垂直层次组成。

在处理疏林草地时,要分别控制其乔-灌-草比例,其疏林的乔木水平郁闭度应在 0.1~0.3 之间,其草地的乔木水平郁闭度一般在 0.1 以下,即在草地上仅有少量的孤植树或树丛。植物景观规划应符合以下规定:

(1)维护原生种群和区系,保护古树名木和现有大树,培育地带性树种和特有植物群落;人工种植应似天然植被。

（2）因境制宜地恢复、提高植被覆盖率，以适地适树的原则扩大林地，发挥植物的多种功能优势，改善风景区的生态和环境。

（3）利用和创造多种类型的植物景观或景点，重视植物的科学意义，组织专题游览活动。

（4）对各类植物景观的植被覆盖率、林木郁闭度、植物结构、季相变化、主要树种、地被与攀缘植物、特有植物群落、特殊意义植物等，应有明确的分区分级的控制性指标及要求。

（5）植物景观分布应同其他内容的规划分区相互协调；在旅游设施和居民社会用地范围内，应保持一定比例的高绿地率或高覆盖率控制区。

二、竖向地形

随着生产力的发展和工程技术手段的进步，人们改造地球、改变地形的力度和随意性都在加大。然而，随意变更地形不仅带来生态危害，而且使本来丰富多彩的竖向地形景观逐渐趋同或走向单调，同时，这也是同巧于利用自然的人类智慧背道而驰的。

竖向地形是其他景观的基础，也是最常见而又丰富多彩的风景骨架。为了保护和展现地形特征，保护自然遗产，针对竖向地形规划的正反经验教训，提出常规而又易于被忽视的基本要求。竖向地形规划应符合以下规定：

（1）维护原有地貌特征和地景环境，保护地质珍迹、岩石与基岩、土层与地被、水体与水系，严禁炸山采石取土、乱挖滥填盲目整平、剥离及覆盖表土，防止水土流失、土壤退化、污染环境。

（2）合理利用地形要素和地景素材，应随形就势、因高就低组织地景特色，不得大范围地改变地形或平整土地，应把未利用的废弃地、洪泛地纳入治山理水范围加以规划利用。

（3）对重点建设地段，必须实行在保护中开发、在开发中保护的原则，不得套用"几通一平"的开发模式，应统筹安排诸如地形利用、工程补救、水系修复、表土恢复、地被更新、景观创意等各项技术措施。

（4）有效保护与展示大地标志物、主峰最高点、地形与测绘控制点，对海拔高度高差、坡度坡向、海河湖岸、水网密度、地表排水与地下水系、洪水潮汐淹没与浸蚀、水土流失与崩塌、滑坡与泥石流灾变等地形因素，均应有明确的分区分级控制。

（5）竖向地形规划应为其他景观规划、基础工程、水体水系流域整治及其他专项规划创造有利条件，并相互协调。

三、建筑景观

在分析风景因素中，有的把建筑物比作"眉眼"、"点缀装饰"、"画龙点睛"，有的把建筑物当做"组织"和"控制"风景的手段，有的把建筑物作为"主景"，把山水作为"背景"或

"基座"。在保护自然的呼声中,也有把建筑物看作"肆意干扰"大自然的败笔或劣迹。当然,在风景区中,建筑物还是满足功能需求的设施。随着人与自然关系的变化,人们对建筑物在风景及风景区中的地位和作用还会有各种各样的认识和描述。然而,建筑物和建筑景观的确是风景区的活跃因素,将其纳入风景区有序发展之中,会是合乎情理的共同认识。

比如过去名山寺观的修建,不像平原地带那样展开建筑的横向铺陈,也难于保持建筑群的严整格律,历来的匠师们并没有采取简单化的做法,即大规模地平整土地、改造地形来勉强迁就格律,而是因地制宜,充分利用传统建筑木框架结构的灵活性和个体组合为群体的随意性,以建筑的横向和纵向布局来协调于基址的自然环境和地貌特征。这种"因山就势"的做法,某些论者认为是受到古代比较落后的技术条件的限制。这诚然是一个原因,但并非主要原因。中国古代的土、石方工程曾经有过极宏大的规模,达到一定高度的技术水准,如像水利工程、筑城工程、陵墓工程等。对于名山寺观建筑而言,大规模改造地形,非不能也,实不为也。这是一种尊重大自然而非"人定胜天"的设计思想,风水学说就要求建筑工程少动土方、不破石相。

"因山就势"的设计并非仅仅是一般地以建筑来顺应基址的地貌和自然环境,而且还积极地调整建筑的布局来突出地貌形胜和环境特征,使得建筑成为"风景建筑"而与自然环境相映生辉、相得益彰。优秀的设计,甚至能够把基址的不利条件转化为造景的因素,更增加了其为"风景建筑"的魅力。

建筑景观规划应符合以下规定:

(1)应维护一切有价值的原有建筑及其环境,严格保护文物类建筑,保护有特点的民居、村寨和乡土建筑及其风貌。

(2)风景区的各类新建筑,应服从风景环境的整体需求,不得与大自然争高低,在人工与自然协调融合的基础上,创造建筑景观和景点。

(3)建筑布局与相地立基,均应因地制宜,充分顺应和利用原有地形,尽量减少对原有地物与环境的损伤或改造。

(4)对风景区内各类建筑的性质与功能、内容与规模、标准与档次、位置与高度、体量与体形、色彩与风格等,均应有明确的分区分级控制措施。

(5)在景点规划或景区详细规划中,对主要建筑宜提出:总平面布置、剖面标高、立面标高总框架、同自然环境和原有建筑的关系四项控制措施。

四、雕塑景观

雕塑景观在风景区中有着重要的点题作用和科学文化艺术价值,有时也成为主景。不论是摩崖造像、石窟造像、殿堂塑像、露天雕塑、地下雕塑以及各种装饰美化、徽号标志性雕塑,均普遍存在于古今风景区中,并以其生动的风景素材作用吸引着广大游客,有的还成为"人类奇迹"或"世界之最"。20世纪80年代以来,雕塑再一次成为风景区发展中的热点和争议焦点。因而,雕塑景观规划应是风景区规划的重要专项内容之一。

造像始于北魏,盛于唐代,大抵所造者,释迦牟尼、弥勒,以观音、势至为多。起初不过刻石,其后或施以金涂彩绘。其形体之大小广狭,制作之精粗不等。造像有两种:一种在石窟里面,也称石窟造像;另一种是在露天崖壁上雕造神佛石像,也称摩崖造像。它不受洞窟的限制,高度可达十余米甚至数十米,如四川乐山大佛,利用江岸大崖壁雕成,佛的脚掌上可容数10人站立,气魄宏伟,蔚为壮观。这类造像在各地风景名胜区里所见甚多,是山地风景的重要点缀。

摩崖,即镌刻在山崖或山壁上的文字,内容多为纪功颂德、叙事抒怀之作,目的在于垂之久远、昭示后人。最早的实物是汉代保留下来的,如《石门颂》、《西峡颂》是记录修建巴蜀栈道的情况,被后世奉为汉隶书法的精品。摩崖文字几乎遍布于各地风景名胜区,东岳泰山更是历代摩崖文字之集大成者,著名的如经石峪的北齐石刻《金刚经》,篇幅巨大,气势磅礴,被誉为"大字鼻祖,榜书之宗"。北岳恒山大字湾的峭壁上镌刻着"恒宗"两个大字,气魄之宏伟冠绝古今。诸如此类,不胜枚举,都足以成为风景名胜区人文景观的重要内容,具有很高的历史价值和艺术价值。

雕塑景观规划应符合以下景观要求:

(1)维护有价值的原有雕塑及其环境,保护各级文物类雕塑和地方特有雕塑。

(2)有效调控新雕塑的建设规划,其功能作用应与风景区协调融合,并成为其中的有机组成要素。

(3)雕塑题材应服从风景环境的整体需求,其中,重要主题雕塑应与风景意境或情趣相适应,标志、徽记、装饰、美化类雕塑应与风景环境相协调。

(4)雕塑的布局和选址,应因地制宜、顺应地形、适应环境,并满足游览功能和观赏条件的需求,雕塑创作与其环境设计应同步进行。

(5)对各类雕塑的形式、风格、材料、体量、色彩、艺术质量等,均应有明确的控制性要求。考虑风景名胜能千古留存的特性,露天雕塑应能适应大自然外力的作用。

这里所列的五项内容,是风景区雕塑景观规划的基本要求。当雕塑要成为整个风景的主题或主景雕塑时,应另作专门的题材和环境的可行性调研分析或论证。例如,花果山孙大圣的主题雕塑、一些烈士陵园的主题雕塑,均作过多次的专门论证和分析。

五、溶洞景观

溶洞风景是能引起景感反应的溶洞物象和空间环境。溶洞景观包括特有的洞体构成与洞腔空间,特有的水景、光象和气象,特有的生物景象和人文景源。岩溶洞景可以是风景区的主景或重要组成部分,也可以是一种独立的风景区类型。

当前,我国已开放游览的大中型岩洞有200多个,因而溶洞景观在风景区规划中占有重要地位。人们不能安全到达和无法欣赏的岩溶地下环境没有风景意义,只有具备一定的游览设施和欣赏条件的溶洞,才有风景价值。在大型洞府中,常常需要附加人工光源和相关设施才能欣赏风景。因此溶洞景观规划有着独特的内容和规律。

溶洞景观规划应符合以下规定:

(1)必须维护岩溶地貌、洞穴体系及其形成条件,保护溶洞的各种景物及其形成因素,保护珍稀、独特的景物及其存在环境。

(2)在溶洞功能选择与游人容量控制、游赏对象确定与景象意趣展示、景点组织与景区划分、游赏方式与游线组织、导游与赏景点组织等方面,均应遵循自然与科学规律及其成景原理,兼顾洞景的欣赏、科学、历史、保健等价值,有度有序地利用与发挥洞景潜力,组织适合本溶洞特征的景观特色。

(3)应统筹安排洞内与洞外景观,培育洞顶植被,禁止对溶洞自然景物滥施人工。

(4)溶洞的石景与土石方工程、水景与给排水工程、交通与道桥工程、电源与电缆工程、防洪与安全设备工程等,均应服从风景整体需求,并同步规划设计。

(5)对溶洞的灯光与灯具配置、导游与电器控制,以及光象、音响、卫生等因素,均应有明确的分区分级控制要求及配套措施。

第四节　实　例

一、九寨沟风景区典型景观规划

1. 典型景观概述

九寨沟风景名胜区以高原钙化湖群、钙化瀑群和钙化滩流等水景为主体的奇特风貌,在中国乃至整个世界上都堪称一绝,因而钙化水景正是九寨沟风景区的典型景观。钙化水景呈以下三种形式:

钙化湖群:风景区内百余个湖泊,个个古树环绕,奇华簇拥,宛若镶上了美丽的花边。湖泊都由激流和瀑布连接,犹如用银链和白绢串联起来的一块块翡翠,各具特色,变幻无穷。湖面光华闪烁,水底色彩斑斓。微风捶拂,层层彩影晃动,动静形色交错,画面变化万千。

钙化瀑群:风景区所有的瀑布都从密林里狂奔出来,就像一台台绿色织布机永不停息地织造着各种规格的白色丝绸。这里有宽度居全国之冠的诺日朗瀑布,它在高高的翠岩上悬泻倾挂,以巨幅晶帘凌空飞落,雄浑壮丽。有的瀑布从山岩上腾跃呼啸,几经跌碰,似一群银龙竞跃,声若滚雷。激溅起的无数小水珠,化作迷茫的水雾,在阳光下常出现奇丽的彩虹。

钙化滩流:以珍珠滩为代表。一滩流水,倾泻而下,冲击着滩中星罗棋布的生物喀斯特体,于是溅起了千万朵晶莹夺目的水花,琅琅有声,恰似珍珠滚落。盆景滩中,一丝丝、一簇簇的高山柳、台湾松,半淹于水中,青翠欲滴,宛若一组组盆景。天然浑成、仪态万千的水中树奇观,令人倾心。

2. 典型景观的保护

九寨沟风景区钙化水景的特点是生态脆弱,如果没有严格的保护措施和合理的游人活动空间的限定,景观和自然生态系统极易遭到破坏。因而一方面在游览步道和观景摄影台的选线定点和建设方式上,一定注意不能破坏自然生态和景观环境,另一方面管理工作一定要到位。

3. 建筑景观规划

九寨沟风景名胜区的建筑应是共性与个性的有机融合体。高原藏乡的传统建筑风格是风景区所有建筑的共性,藏族建筑文化是风景区建筑的文脉。个性则表现于三类建筑的区别:风景游赏区内的居民建筑是原汁原味的高原藏乡建筑风格;风景游赏区内的服务部建筑与高原藏乡的传统建筑风格比较接近;旅游镇的建筑则是在尊重高原藏乡建筑风格的基础上的创作设计。

二、南北湖风景名胜区典型景观规划

1. 植物景观规划

(1)规划原则

①结合风景区自然条件,选用地带性树种,适地适树。

②结合风景区的景观需要,成片营造有季相变化、景观丰富的风景林,提高风景区的景观价值。

③科学抚育山地和海滨地区的生态保护林,形成林分结构稳定、生态功能强大的森林群落,提高风景区的生态效应。

④适当营造经济林,优化林副产品,发展旅游,促进地区经济发展。

⑤对度假村、旅游村等各级旅游服务设施和道路进行重点绿化,绿化屏挡与植物造景相结合,改善风景区的环境景观。

⑥植被改造依据景区的主要功能进行总体区划,点片设计,有序改造,分步实施。

(2)植物景观区划:根据现状植被分布特征、立地条件以及规划布局和景区、景点的建设要求,本规划将南北湖风景区的植物景观划分为风景林景观区、生态保护林景观区、经济林景观区、竹林景观区、旅游基地绿化区、疏林草地景观区、田园水乡景观区、城镇园林景观区以及植被自然恢复区9个区域。

①风景林景观区。风景林是指风景区内以游览观赏为主要目的的植物景观,主要分布在各规划景区内,重点在主要游览路线两侧、主要景点周围以及主要景观视线范围内。本规划在现状植被的基础上,参照自然群落模式,成片配置观赏价值较高的阔叶

树、色叶树和花灌木，特别是在松林内利用林中空地或适当疏伐，增加枫香、乌桕、槭树、银杏、香樟、海桐等秋色叶树种，逐步更替马尾松与黑松。湖边可选用南川柳、木芙蓉等树种，并在湖边种植芦苇、荷花等各种水生植物。同时应结合游览道路两侧配置各种花木，重点地段结合景点主题配置植物，形成特色的植物景观游览景点，使风景区远望层林尽染，近观山花烂漫，通过植物群落整体的季相、色彩变化，产生引人入胜的景观效果。

②生态保护林景观区。生态保护林主要分布在山林和滨海地区，作为风景区的整体环境背景，保护并烘托重点景区与景点。本规划在现有植被基础上，依据当地原生森林群落的结构特点，结合林相改造，引进或培育必要的建群树种，如香樟、苦槠、木荷、枫香、黄连木等，定向抚育，加快次生林的演替，使其尽快形成常绿阔叶林或针阔混交林。同时，保护下木层的白栎、乌饭树、算盘子、美丽胡枝子等野生灌木树种以及蕨、芒等各类林下草本植物，形成灌木层和草本层，使其由目前的单层松树林向多层次的松阔混交林发展，以增强林分的防护性能，从而构成群落结构稳定、生态功能强大的森林生态群落。

③经济林景观区。在南木山、北木山分布有较多的亚热带茶园，在许多居民点附近的山腰及山脚处则种植有成片的橘林，尤以黄沙坞更为集中。本规划在南木山、北木山、黄沙坞与石帆4个旅游村，结合其林业结构的现状与发展旅游的需要，适当开辟若干经济林区，种植茶、橘等经济树种，在保持生产能力的同时形成茶园和橘林景观，既可有直接的经济收入，也可以开展相应的劳作、采摘等旅游活动。

④竹林景观区。风景区内的竹林主要成片分布在南木山和北木山附近。本规划保护现有竹林作为特色植物景观区，供游人游览观光，也可开辟笋用林，开展竹林采笋等旅游活动。

⑤旅游基地绿化区。旅游镇、游人中心、度假村等各级旅游基地应作为绿化的重点地段。用植物美化基地环境，形成较好的景观；用绿化屏挡建筑外观，保持风景区整体的自然环境风貌。各类旅游基地应结合各自特点进行绿化，临湖的度假村应在湖岸加强绿化屏挡，种植垂柳、水杉、池杉等耐水湿的植物，并应种植一定比例的常绿树；入口与游人中心应结合水系、山坡等自然环境进行绿化，适当屏挡周边的服务区，突出风景区氛围；停车场绿化应能为车辆遮阴，并在周边进行屏挡。

⑥疏林草地景观区。此区位于三湾地区，面积约100 hm^2，本规划作为高尔夫球场和其他户外体育运动场地，植被以平缓起伏的草地为主，满足运动需要，草地上选用观赏价值高的树种，配置树丛、树群，组织场地空间，体现四季景观特色。

⑦田园水乡景观区。风景区东部地区水网密布，阡陌纵横，农作物以水稻、果园、菜园等为主，水乡田园特色突出。本规划在保持古朴自然的田园野趣的基础上，进一步丰

富农作物品种,并应时应季地开展以农作物种植、采摘等体验性活动为主的田园风情旅游和生态农业观光旅游。

⑧城镇园林景观区。本规划将风景区依托的漱浦镇划为城镇园林景观区,建议结合古镇与历史街区的保护,在逐步恢复古城风貌的基础上,适当开辟绿地广场和街头小游园,加强道路绿化,大力改善城镇景观形象。

⑨植被自然恢复区。本规划将风景区东部和南部沿海地区的生态湿地和一些无人居住、又不适合进行旅游开发的小岛划为植被自然恢复区,以保护和自然演替为主,控制人类活动干扰,维护植物景观的自然与原生状态。

(3)古树名木保护规划:具体保护措施包括:

①建立完善的古树名木档案,明确其位置、树龄、立地条件并且配有照片,定期检查,更新档案资料,实现动态管理。

②所有古树名木均需挂牌保护(但不准钉钉子、拴铁丝),游路两侧及游览景点内的古树名木应设防护栏,严禁游人攀爬、划刻、折采、砍伐。

③加强古树名木周边的小环境治理,提供良好的生长条件。

④加强古树名木的病虫害防治和养护管理,加强防雷、防火工作。对于衰老的古树名木,应在专家的指导下进行古树复壮。

2. 建筑风貌规划

(1)规划原则

①保护风景区自然山水环境,严格控制建筑物的体量、色彩、布局,建筑风格应与自然景观相融合。

②突出风景区内各个功能区与景区的不同特征,建筑形象与各区整体氛围和游览主题和谐统一。

③合理保护传统民居,强化建筑环境的地方乡土风格。

(2)建筑风貌规划

①风景核心区。该区集山、海、湖景观于一体,湖区湖水明静,岸线曲折;山区峰峦秀美,山谷迂回;滨海潮起潮落,海天一色;更有众多人文景观点缀其中。对其中村落的居民建筑,要求严格按照地方传统风格建设,高度不超过二层,色彩淡雅,以黑、白二色作为基调,力求隐于自然山水环境之中。区内尽量少构筑人工设施,必要的新建景观建筑和各类观景设施应结合自然地形,体量适宜,采用传统建筑形式与风格,色彩以白、灰、黑色为主,起到点景作用。现存寺院强调其宗教特性,突出赭红与深黄色调。登山步行道沿途的休息亭台,建筑材料以自然石材、原木、竹、树皮为主,突出自然野趣。

②休闲活动区。该区建筑风貌可适当在传统基础上创新,也可汲取外来建筑的营养,用新材料、新形式反映高尔夫等运动娱乐的主题,创造别于其他功能区的新形象。

建筑以二层为主,不得高于三层,并应限制三层建筑的数量。单体平面宜小不宜大,可采用三五成群的组团布局,并应顺应地形,隐于绿化环境中,形成良好的整体效果。

③古镇控制区。该区建筑风貌应突出乡土气息和地方特征,表现出浓郁的古镇风情和民俗氛围。吸收地方传统民居在布局、色彩、装修等各方面的特点,创造出具有强烈地方特征的建筑形象,逐步恢复具有悠久历史的江南古镇情调。区内建筑体量宜小,高度一般为一、二层,避免破坏传统的空间尺度;色彩宜素,多用黑、白二色;装修可采用地方民居常用的装饰图案;门面色彩也可采用乡间民居常用的黑色或赭红色。对历史上的主要街道应实行整体保护并逐步恢复原貌。

④田园风光区。该区建筑应力求融于自然的田园风光中,各组建筑应聚散有致,采用双坡顶,高度不超过三层,并以绿化掩映。建筑风格古朴,色彩淡雅,可用黑、白、青灰、棕等色。各类建筑的体量和尺度应适当,不得阻挡该区西部风景核心区的景观视线。

⑤风景恢复区。该区建筑风貌规划的重点是保护良好的自然生态环境,区内尽量少构筑人工设施,必需的管理和服务用房也应尽可能低矮隐蔽,以最大限度地保持其自然状态。

⑥风貌保存区与外围保护区。该区内应对各类建筑的高度、色彩、体量、风格进行适当控制,建筑风貌应与风景区整体环境相协调。

　　3. 湖区岸线景观规划

(1)现状情况:南北湖原是钱塘江的一处海湾,随着岁月流逝,形成泻湖,后经历代浚治,湖区逐步固定,现状湖面面积 1.2 km²,常水位 6.3 m。南北湖湖形曲折,中有长堤横贯,将湖分为南北,故而得名。

南北湖风景区内没有大的工矿企业,因而无工业污染。但南北湖的湖深较浅,蓄水能力较小,环湖 840 户、2700 多居民的生产和生活对湖水水质造成了一定的污染,目前南北湖水质介于Ⅲ类和Ⅳ类之间。

湖滨岸线及沿岸景观缺乏规划控制。在环湖岸线中,生活岸线占 52%,主要是环湖的村庄居民点,由于建筑密度过大,绿化很少,湖岸堆放垃圾,居民生活污水直接向湖中排放,对湖滨景观造成了很大的破坏。公路堤岸线占 37%,以交通功能为主,且离湖岸很近,限制了湖滨景观和绿化建设。工矿岸线占 1%,为秦山核电站的取水口。自然岸线仅占 10%,湖岸有山林、灌木和湖滨滩地,景观自然,未受破坏,但也远未充分利用。

(2)湖区岸线景观规划

①湖区疏浚,扩大蓄水能力。湖区疏浚工程浩大,投资也大,且湖泥的堆放也将形成问题,故应分期疏浚,在扩大蓄水能力的同时,清除湖内的污染物,并结合水面改造的

景观需要,堆岛筑堤,丰富景观,一举多得。

②水面改造,丰富湖面景观。综合考虑湖面、岸线、环湖山体及海域等多个景观层次,同时结合旅游发展的需要,本规划建议利用南北湖北侧的现状鱼塘,进一步开挖、组织小型水面,挖出的土方堆成一条曲折有致的长堤,将大、小水面分隔开来,在原有开阔水面的基础上,增添了幽深的韵味,既丰富了自然景观,也拓展了游览空间,扩充了游人容量,并与现状风景资源一起,共同形成双湖、双堤、双岛、双亭的景观系列和以成双成对、吉祥如意为中心的特色风景游赏文化,进一步增加了景点和旅游项目。

③岸线治理,改善景观环境

a. 环湖生活岸线应结合湖区疏浚,扩大湖岸,使其宽度大于 10m。沿岸布置绿化带,屏挡村落不佳景观。在环湖路下铺设排污管线,截流污水,防止污水入湖。待条件具备后,将环湖村庄分期分批搬迁出风景核心区。

b. 环湖道路应进行改线,新建或改建的道路应与湖岸保持一定距离,以便在湖滨留出充足的绿化和环境空间。同时对环湖道路进行交通管制,作为电瓶车专用游览路和步行游览路,限制其他社会车辆驶入。

c. 工矿岸线所占比重较小,对湖滨岸线景观影响不大,可在保持现状的基础上,利用芦苇、荷花等水生植物加以遮挡。

d. 自然岸线的比重应进一步加大,村庄搬迁和道路改线后的岸线都应作为自然岸线进行处理,在保护自然环境的同时,结合游览道路和景区、景点建设的要求进行绿化。另外,环湖山体是风景区绿化美化的重点,应在现状普遍绿化的基础上进行风景林营造,可参见植物景观规划。

第十一章　基础工程规划

由于风景区的地理位置和环境条件十分丰富，因而所涉及的基础工程项目也异常复杂，各种形式的交通运输、道路桥梁、邮电通信、给水排水、电力热力、燃气燃料、太阳能、风能、沼气、潮汐能、水利水电、防洪防火、环保环卫、防震减灾、人防军事和地下工程等数十种基础工程均可直接遇到。其中大多数已有各自专业的国家或行业技术标准与规范。

为此，本书选择应用最多、必要性最强、并需先期普及的四项基础工程，作为风景区规划中应提供的配套规划，并对四项规划的基本内容作了规定。又对四项规划作了特定技术要求，以适应风景区环境的特定需要。当然，除此仍应以本专业的技术规范为准。

风景区基础工程规划，应包括交通道路、邮电通信、给水排水、供电能源等内容，根据实际需要，还可进行防洪、防火、抗灾、环保、环卫等工程规划。

第一节　规划原则

风景区基础工程规划，应符合下列原则：

(1)符合风景区保护、利用、管理的要求。

(2)同风景区的特征、功能、级别和分区相适应，不得损坏景源、景观和风景环境。

(3)要确定合理的配套发展目标和布局，并进行综合协调。

(4)对需要安排的各项工程设施的选址和布局提出控制性建设要求。

(5)对于大型工程或干扰性较大的工程项目及其规划，应进行专项景观论证、生态与环境敏感性分析，并提交环境影响评价报告。

在风景区的基础工程规划中，一些大型工程或干扰性较大的工程项目常常引起各方关注和争议。例如铁路、公路、桥梁、索道等交通运输工程，水库、水坝、水渠、水电、河闸等水利水电水运工程，这些工程有时直接威胁景源的存亡，有时引起景物和景观的破坏与损伤，有时引起游赏方式和内容的丧失，有时引起环境质量和生态的破坏，有时引起民族与文化精神创伤。因此，对这类工程和项目，必须进行专项景观论证和敏感性分析，提交环境影响评价报告。

第二节　交通规划

风景区交通规划的内外要求相差甚远,因而才有"旅要快,游要慢"、"旅要便捷,游要委婉"之类的概括说法。

为了使客流和货流快捷流通,风景区对外交通要求快速便捷,这个原则在到达风景区入口或边界即行终止。当然,有时从交通规划本身需要出发又可将其分为两段,即对外交通和中继交通,但就风景区简而言之,其界外交通的基本要求是一致的。

风景区内部交通,虽然也要解决货流运输任务,但是它更兼有客流游览的任务,而且在多数情况下,客货流难以分开,客流的游览意义一般大于货流的运输意义,因而内部交通要求方便可靠和适合风景区特点。在流量上要与游人容量相协调,在流向上要沟通主要集散地,交通方式或工具要适合景观要求,输送速度要考虑游赏需要,交通网络要适应风景区整体布局的需求并与风景区特点相适应。

所以,风景区交通规划,应分为对外交通和对内交通两方面内容。应进行各类交通流量和设施的调查、分析、预测,提出各类交通存在的问题及其解决措施等内容。

风景区交通规划应符合以下规定:

(1)对外交通应要求快速便捷,布置于风景区以外或边缘地区。

(2)内部交通应具有方便可靠和适合风景区的特点,并形成合理的网络系统。

(3)对内部交通的水、陆、空等机动交通的种类选择、交通流量、线路走向、场站码头及其配套设施,均应提出明确而有效的控制要求和措施。

第三节　道路规划

风景区道路规划,应在交通网络规划的基础上形成路网规划,并依据各种道路的使用任务和性质,选择和确定道路等级要求,进而合理利用现有地形,正确运用道路标准,进行道路线路规划设计。

在路网规划、道路等级和线路选择3个主要环节中,既要满足使用任务和性质的要求,又要合理利用地形,避免深挖高填,不得损伤地貌、景源、景物、景观,并要同当地风景环境融为一体。

风景区道路规划应符合以下规定:

(1)合理利用地形,因地制宜地选线,同当地景观和环境相配合。

(2)对景观敏感地段,应用直观透视演示法进行检验,提出相应的景观控制要求。

(3)不得因追求某种道路等级标准而损伤景源与地貌,不得损坏景物和景观。

(4)应避免深挖高填,因道路通过而形成的竖向创伤面的高度或竖向砌筑面的高度,均不得大于道路宽度;并应对创伤面提出恢复性补救措施。

第四节　邮电通信

风景区邮电通信规划,需要遵循两个基本原则:一是风景区的性质和规模及其规划布局的多种需求;二是迅速、准确、安全、方便等邮电服务要求。其中,国家级风景名胜区要求配备同海外联系的现代化邮电通信设施。同时,人口规模和用地规模及其规划布局的差异,对邮电通信规划的需求也不相同,应依据风景区规划布局和服务半径、服务人口、业务收入等基本因素,分别配置相应的一、二、三等邮电局、所,并形成邮电服务网点和信息传递系统。

邮电通信规划应提供风景区内外通信设施的容量、线路及布局,并应符合以下规定:

(1)各级风景区均应配备能与国内联系的通信设施。

(2)国家级风景名胜区还应配备能与海外联系的现代化通信设施。

(3)在景点范围内,不得安排架空电线穿过,宜采用隐蔽工程。

第五节　给水排水

风景区的给水排水规划,需要正确处理生活游憩用水(饮用水质)、工交(生产)用水、农林(灌溉)用水之间的关系,满足风景区生活和经济发展的需求,有效地控制和净化污水,保障相关设施的社会、经济和生态效益。

在水资源分析和给水排水条件分析的基础上,实施用地评价分区,划分出良好、较好和不良等三级地段。

在分析水源、地形、规划要求等因素基础上,按三种基本用水类型预测供水量和排水量。其中,①生活用水包括浇灌和消防用水在内;②工业和交通生产用水,依据生产工艺要求确定;③农林灌溉用水,包括畜牧草场的需求。

为了保障景点景区的景观质量和用地效能,不应在其中布置大体量的给水和污水处理设施;为方便这些设施的维护管理,将其布置在居民村镇附近是易于处理的。

风景区给水排水规划,应包括现状分析,给、排水量预测,水源地选择与配套设施,给、排水系统组织,污染源预测及污水处理措施,工程投资匡算。给、排水设施布局还应符合以下规定:

(1)在景点和景区范围内,不得布置暴露于地表的大体量给水和污水处理设施。

（2）在旅游村镇和居民村镇宜采用集中给水、排水系统，主要给水设施和污水处理设施可安排在居民村镇及其附近。

第六节　供电能源

风景区的供电和能源规划，在人口密度较高和经济社会因素发达的地区，应以供电规划为主并纳入所在地域的电网规划；在人口密度较低和经济社会因素不发达并远离电力网的地区，可考虑其他能源渠道，例如：风能、地热、沼气、水能、太阳能、潮汐能等。

风景区供电规划应提供供电及能源现状分析、负荷预测、供电电源点和电网规划三项基本内容，并应符合以下规定：

（1）在景点和景区内不得安排高压电缆和架空电线穿过。

（2）在景点和景区内不得布置大型供电设施。

（3）主要供电设施宜布置于居民村镇及其附近。

第七节　供水供电及床位用地标准

风景区内供水、供电及床位用地标准应在表 11-1 中选用，并以下限标准为主。表 11-1 中的标准定额幅度较大，这是由于我国风景区的区位差异较大的原因，由具体级别及其他足以影响定额的因素来确定。在具体使用时，可根据当地气候、生活习惯、设施类型级别及其他足以影响定额的因素来决定。

表 11-1　供水、供电及床位用地标准

类别	供水（L/床·d）	供电（W/床）	用地（m²/床）	备注
简易宿点	50～100	50～100	50 以下	公用卫生间
一般旅馆	100～200	100～200	50～100	六级旅馆
中级旅馆	200～400	200～400	100～200	四、五级旅馆
高级旅馆	400～500	400～1 000	200～400	二、三级旅馆
豪华旅馆	500 以上	1 000 以上	300 以上	一级旅馆
居民	60～150	100～500	50～150	
散客	10～30L（人/d）			

[实例1]赤水风景区基础设施规划(图11-1)

一、给排水规划

1. 给水

赤水风景区远期总用水量约为 2 858 m^3/d。除复兴镇、大同镇、官渡镇、葫市、市区服务网点由市政管网供水外,其余服务网点均为自备水源,形成自己独立的供水系统,水源就近利用溪流及河水。给水系统均采用生活和消防用水合用的同一供水系统,各景区分别设独立的取水泵房、输水管、净水站、高位水池给水系统,消防用水采用永久高压制,消防用水贮于高位水池。取水形式采用低坝及地面式取水泵房。净水站采用小型一体化净水器,净化后经消毒供用户使用。各景区高位水池调节容量按最高日用水量的50%计,消防贮水量按现行的《建筑设计防火规范》要求设施。

2. 排水

排水体制采用不完全分流制。各景区分别设置独立的生活污水排水系统,污水经排水管集中至污水处理站进行处理,餐厅(含油废水)设隔油池,局部处理后排入污水管道系统。停车场冲洗汽车废水设沉淀池,处理后就近排放。雨水利用地面坡度就近排放。各景区污水量按用水量的80%计。污水二级处理,采用一体化小型污水处理设备处理达到《GB 8978—88》一级排放标准后排放或农灌。

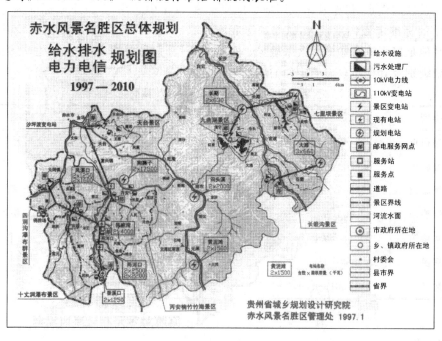

图 11-1　赤水风景区基础设施规划

二、电力电信规划

1.电力规划

每一景区设置 10 kV 变配电站,为保护景观,今后在各景区不再架设 35 kV 等级以上的架空线路。若需要设高压线路,应得到风景区管理处的同意方可实施。

近期规划对西南部四洞沟景区采用专线供电,电源取于陈家湾水电站;十丈洞景区电源就近取于水电站;丙安景区电源取于三岔河电站;东部的九曲湖景区、七里坝景区、长嵌沟景区电源分别来自长期电站和大滩电站;北部的天台景区电源来自沙坪渡电站。

远期规划考虑,为保证景区的供电可靠性,四洞沟景区拟从市区新建变电站引入一路 10 kV 专用线路,作为备用电源。十丈洞景区拟在香溪口水电站引入一路 10kV 备用电源。

2.电信规划

规划设置电话约 200 部,传输方式拟采用光缆线路,由各景点就近接入乡镇邮电局、所。远期进一步完善通信设施,提高通信能力。开通国内、国际长途直拨,实现电话自动化。

[实例2]丹霞山凤景区基础设施规划

一、给排水规划

1. 给水规划

(1)现状及规划原则:丹霞山风景名胜区内,由于特定的地质地貌特点,山上、山下都缺乏地下水,在植被茂密处偶有泉水,但不足以供给日常生活之用。锦江水源较为丰富,据测定,全部指标达到国家《生活饮用水标准》;风景区中心地带内尚有两个水库,即丹霞山下的碧湖水库和大石山的东坑水库也可以作为饮用水水源,库容量分别为 58 万 m³ 和 20 万 m³;另外,丹霞地貌集中分布区内,分布着多条溪流,如黄沙坑、庙仔坑等,也可作为分布在景区腹地旅游服务点的饮用水水源。

旅游区内,目前只有丹霞山附近有供水设施,其中山上各饭店、宾馆及寺庙、山下的溢翠餐厅和溢翠宾馆及原丹霞林场职工住宿区,都从碧湖中取水,锦园别墅则直接提取锦江之水,其他规划的旅游镇及旅游村都缺乏供水设施。

规划将着重解决旅游镇、村的饮用水问题,由于地形复杂,水源较缺,一般旅游点将不设供水设施,这也有利于风景资源的保护;供水管道及水塔、水厂等的设置必须以风景区保护规划的有关规定为依据,避开风景质量或敏感度较高的区域和部位。

(2)给水规划:丹霞风景名胜区内地形复杂,除旅游镇与瑶塘修养村、溢翠宾馆、锦园等接待区之间的统一供水较为方便外,其他各旅游村间的统一供水可能性很小,根据各旅游镇、村所处的地理环境、水源状况以及对环境的影响情况,规划提出下列用水标准,见表 11-2。

表 11-2　规划用水标准

旅游镇、村	游客用量（平均）(L/人·d)	服务员用量（平均）(L/人·d)
丹霞旅游镇、瑶塘休养村、溢翠和锦园	500	300
丹霞山上	200	100
夏富度假村、矮寨旅游村	500	300
金龟岩旅游村、巴寨旅游村	200	100

根据上述标准,各接待点的给水规划如下:

①丹霞旅游镇。远期规划为 2 500 个床位,5 000 人就餐,服务人员及风景区管理人员、家属等为 5 000 人,日需用水量为 4 000t,主要由水厂供给,水厂建在锦江上游、黄屋附近。水厂规模为 0.5 万 t/d,它同时为附近几个旅游村供水。

②瑶塘休养村。远期规划为 100 个床位,服务人员为 25 名,日需水量为 70t,主要由旅游镇水厂供给。

③丹霞山接待区(包括锦园、溢翠、山上的寺庙及饭店宾馆等)。现有 1 200 余个餐位,450 余个床位。规划不再扩大接待规模,并逐渐搬出部分招待所和宾馆,使住宿控制在 150 个床位、就餐控制在 1 500 人以内,服务人员 150 人以内。供水规划需考虑到最大需水量,故需按目前最大接待游客量及目前其他人员数计算,共需用水量为 800t/d,远期主要由旅游镇水厂供给。规划不再使用碧湖和锦园的供水站。

④夏富度假村。规划接待 300 人住宿,500 人就餐,服务人员及家属为 200 人,需用水量为 250t/d,水厂建在锦江边,取用锦江水。水厂规模为 300t/d。

⑤金龟岩旅游村。规划 50 个床位,100 人就餐,服务人员为 20 人,需用水量为 22t/d,水厂规模为 25t/d,取金龟岩山下溪涧之水。

⑥巴寨旅游村。规划 250 个床位,500 人就餐,150 名服务人员及家属,需用水量为 115t/d,水厂规模为 130t/d,取东坑水库之水。

⑦矮寨旅游村。规划 100 个床位,200 人就餐,服务人员为 50 人,需用水量 115t/d,水厂规模为 120 t/d,取锦江之水。

⑧其他露营村及服务点用水量小,就近取河、溪及水库之水,经过滤、消毒以供饮用。

2. 排水规划

(1)现状及规划原则:目前接待区缺乏排水设施,生活污水及雨水都沿自然溪谷流入锦江。丹霞山顶之生活污水造成的问题更为严重,致使许多名泉古井和瀑布都遭到严重污染,必须尽快予以治理。其他规划的旅游镇、村都临近锦江或锦江支流,在服务设施建设时,如不同时进行污水处理设施的建设,必将造成严重恶果。

污水处理将根据旅游服务点的规模、所处的地理位置及其对环境可能带来的冲击,分别采用污水处理厂、生物氧化塘以及土壤净化的方式进行。充分利用景观的高阈值区(如农田、森林区)进行污水的自然净化作用。而对低阈值区(如泉眼、瀑布等)应绝对保证不受污染。

(2)排水规划:污水量按供水量的75%计算。各接待点的排水规划如下:

①丹霞旅游镇。瑶塘休养村及丹霞山接待区的所有污水将通过污水管排到丹霞旅游镇附近的污水处理厂进行处理,并达到二级处理标准,污水处理厂日处理3 800t。

②夏富度假村。远期污水将达到225t/d,该旅游村四周有大面积的农田,故可通过管道将污水集中到合适的地点,建氧化池进行污水处理,后用于农田灌溉。

③金龟岩旅游村。远期将有污水16.5t/d,此服务点,地处风景区中心地带,污水处理应考虑3个因素:第一,这一带是许多溪流的上游,是阈值较低的分布区;第二,这一带风景质量较高,污水处理十分必要;第三,这一带分布着较为茂密的亚热带常绿阔叶林,群落结构复杂,景观生态阈值较高,所以可以选择合适的地方利用生物和土壤的自净能力。为此,规划将污水通过管道,排到较为隐蔽、植被茂密、离水源较远且远离游览道的山坡,分散到几个氧化池进行处理,后排入林地。

④巴寨旅游村。远期将有污水86 t/d,该旅游村的下游为农田,污水将通过氧化池处理后直接用于农田灌溉。

⑤矮寨旅游村。远期将有污水86 t/d,这一接待点地处锦江下游,且污水量不大,故全用氧化池进行污水处理,后用于农田灌溉,部分排入锦江。

⑥其他分散的厕所可由化粪池处理后,就近接入污水管道网,如附近没有污水管,可根据情况排入农田或林中,应绝对防止其对泉水、溪流等的污染。

二、电力规划

1. 供电现状及规划原则

目前只有丹霞山接待处有一定的电力设施,电源为凡口发电厂,通过110 kV架空电缆输往仁化氮肥厂,经变压站降压后,由黄屋接往丹霞山山上、山下各用电处。目前山上有小型变压器,可供电100 kW,自己尚没有自备的发电机。旅游服务设施与工厂、农田电动排灌需电之间的矛盾比较严重,经常出现晚上停电现象,不利于旅游服务质量的提高。随着风景名胜区内旅游服务系统的完善,目前的供电现状已不能适应旅游服务的需要,所以,需要对风景区内的供电系统进行全面规划。规划应从远期着想,主要输电线路(35 kV和10 kV)一次按规划投资,分支线配合各接待区的建设要求,分期实施,使供电方式经济、合理、现实,投资省、见效快。为防止重点旅游接待点夜间停电现象的发生,规划考虑这些重点区用两个电源供电。风景旅游区内,任何建设都必须以景观资源保护为前提,风景区的架空输电线路对风景视觉环境破坏很大,具体线路的设计和施工必须避开高敏感区和风景质量较高的地区,尽可能铺设地下电缆。

2. 供电规划

(1)用电负荷规划:用电负荷规划为高档床位(有电视、电冰箱、空调、热水器)500W,中档床位(有电视、空调、热水器)200W,普通床位50W,服务人员每人50W;近期综合最大用电负荷342.4 kW,中期692.8 kW,远期1 482.4 kW(表11-3)。

表11-3　丹霞风景旅游区用电负荷规划　　　　　　　　　　　　单位:kW

服务单位	近期	中期	远期
旅游镇	218	600	1 500
瑶塘休养村	10	40	50
丹霞山接待区(包括山上、山下)	200	200	200
夏富度假村	0	15	60.5
金龟岩旅游村	0	0	2
巴寨旅游村	0	11	30
矮寨旅游村	0	0	10.5
合计	428	866	1 853
同时率	0.8	0.8	0.8
综合最大用电负荷	342.4	692.8	1 482.4
线损	1.1	1.1	1.1
综合最大供电负荷	376.6	762.1	1 630.6

(2)电源:风景区的供电分别从3个地方引入,一是从由凡口到仁化氮肥厂的110 kV高压线接入;二是从由凡口经凡口畜牧场、黄子塘、大井到静村的110 kV高压线接入;三是由风景区南端高压线接入。第一条线路主要给丹霞旅游镇、瑶塘休养村和丹霞山接待区供电;第二条主要给夏富、巴寨、金龟岩各接待区供电,并作为瑶塘和丹霞山接待区的第二电源;第三条主要为矮寨旅游村供电。

(3)输电线路及变电器:外围供电线路以架空明线为主,在重点景区和高敏感区,应尽量采用地埋电力电缆,以免破坏风景视觉环境。变电站分别设在风景质量较低、敏感度较小的地区。规划要求低压配电线路供电半径最长不得超过500 m,偏僻孤立的服务点,单独设置配电变压器。

三、电信规划

1. 电信现状

目前旅游区内只有丹霞山接待区设有一电话总机,没有电报直发,没有电传,但有专线直拨电话,长途电话大多由仁化转接,通信效率较低。由于目前的接待中心地处丹霞山下山凹之中,因此电视信号很弱,电视接收效果很差。目前已有邮电所一个,营业种类包括通信、电报、电话等。

2. 电信规划

(1)邮电通信中心:规划在丹霞旅游镇设邮电通信楼,开设电报、直拨长途电话、电传等业务。内设微波控制点、自动电话交换机,办理售邮票、售报,微波发射点设在邮电楼上。

(2)邮电所:规划在丹霞山接待区设邮电所,扩大目前邮电所的营业范围,办理售邮票、售报,并设自动电话交换机。远期在夏富度假村也设一邮电所。

(3)代办点:在风景旅游区内的其他各旅游村,都设代办点,包括售邮票和设信箱。

(4)内外通信:景区内各服务点间采用电缆通信,保证整个风景区管理的方便性和服务系统的完整性,对外通信采用微波和程控的方式。

第十二章　居民社会调控规划

第一节　风景区居民社会调控规划的含义与重要意义

　　风景区居民社会调控规划是风景区规划的重要组成部分,属于专项规划。它以保护风景区风景资源和生态环境,促进风景区多功能、多因素协调发展为目的,主要对风景区内一定规模的常住人口(包括当地居民和直接服务、维护管理的职工人口),如涉及的旅游城镇、社区、居民村(点)和管理服务基地等在人口规模、居民点、经济发展、生产布局、劳动力结构等方面提出发展、控制或搬迁的调控要求,对居民社会进行整体的控制、调整和布局。

　　通过风景区居民社会调控规划,对风景区内的常住人口进行科学、合理、有效地控制和管理,使其与风景区协调发展,成为风景区建设发展中具有游赏吸引力的积极因素。但若忽视当地居民社会这一现实问题,在规划中回避、在管理中放任,则开山采石、毁林开荒、伐木建房、变卖风景资源材料等现象将不断发生。这时风景区的居民社会将成为极大的消极因素,对风景区的发展形成严重的制约,风景区的其他各种规划将失去意义,风景区的基本性质将最终改变。因此,风景区居民社会调控规划是风景区规划的重要组成部分,它对于风景区的健康、和谐、持续发展具有重要意义。

第二节　风景区居民社会调控规划的原则和主要任务

　　根据风景区的特点、主要功能和风景区规划的总体原则,风景区居民社会调控规划应遵循以下原则:

　　(1)严格控制人口规模,建立适合风景区特点的社会运转机制。

　　(2)建立合理的居民点或居民点系统。

　　(3)引导淘汰性产业的劳力合理转向。

　　根据以上原则,风景区居民社会调控规划在常住人口发展规模与分布中,需要控制人口规模;在社会组织中,需要建立适合风景区特点的社会运转机制;在居民点性质和分布中,需要为建立具有风景区特点的风土村、文明村配备条件;在产业和劳力发展规划中,需要引导和有效控制淘汰型产业的合理转向。

风景区居民社会调控规划的主要任务是:在风景区范围内科学预测和严格限定、控制各种常住人口规模及其分布的控制性指标;根据风景区需要,划定无居住区、居民衰减区和居民控制区。

第三节　风景区居民社会调控规划的内容和方法

风景区居民社会调控规划可以根据风景名胜区的类型、规模、资源特点、社会及区域条件和规划需求等实际情况,确定是否需要编制。凡含有居民点的风景区,应该编制风景区居民点调控规划;凡含有一个乡或镇以上的风景区,必须编制风景区居民社会调控规划。需要编制居民社会调控的风景区,其范围内将含有一个乡或镇以上的人口规模和建制,它的规划基本内容和原则,应该同其规模或建制镇级别的要求相一致,还要适应风景区的特殊要求和需要。同时,风景区居民社会调控规划与当地城镇居民点规划直接相关,因此,风景区居民社会调控规划除遵循以上原则外,其规划内容和原则还应按地域的统一要求进行。

风景区居民社会调控规划内容包括:风景区居民社会现状、特征与趋势分析;风景区常住人口发展规模与分布;经营管理与社会组织;居民点性质、职能、动因特征和分布;用地方向与规划布局;产业和劳动力发展规划等内容。下面主要介绍其中三点。

一、风景区常住人口发展规模与分布

风景区常住人口包括当地居民和职工人口,职工人口又包括直接服务人口和维护管理人口。风景区居民社会调控规划的主要任务是在风景区范围内科学预测和严格限定、控制各种常住人口规模及其分布的控制性指标。以上指标均应在居民容量的控制范围之内。

在规划中控制风景区常住人口的具体操作方法,是在风景区中分别划定无居住区、居民衰减区和居民控制区。在无居民区,不准常住人口落户;在衰减区,要分阶段地逐步减少常住人口数量;在控制区,要分别定出允许居民数量的控制性指标。这些分区及其具体指标,要同风景保育规划和居民容量控制指标相协调。

二、风景区居民点性质、职能、动因特征和分布

居民点系统规划应与城市规划和村镇规划相互协调,应从地域相关因素出发,在风景区内外的居民点规划相互协调的基础上,对已有的城镇和村点从风景区保护、利用、管理的角度提出调控要求;对规划中拟建的旅游基地(如旅游村、镇等)和风景区管理机构基地,也提出相应的控制性规划纲要。

规划中,对农村居民点的具体调控方法,是按其人口变动趋势,分别划出搬迁型、缩小型、控制型和聚居型四种基本类型,分别控制其规模、布局和建设管理措施。

三、风景区居民社会用地方向和规划布局、产业和劳动力发展规划

在风景区居民社会用地规划中,应选择合理的土地利用方式,调整用地分布和生产基地,不得在风景区范围内(尤其是在景点和景区内)安排工业项目、城镇和其他企事业单位用地,不得在风景区范围内安排有污染的工副业和有碍风景的农业生产用地,不得破坏林木而安排建设项目。在产业和劳力发展规划中,应确定行业结构和劳动力结构,推广生态农业和发展对土地依赖不大的非农业生产形式(如无污染的风景区乡镇企业和旅游服务业)。

第四节 实例:崂山风景区居民点调控规划(1990年)

一、概述

崂山风景区土地总面积为 457.3 km²。其中心区占 70.5%、丘陵占 18.7%、平原占 10.8%。总人口为 222 299 人,其中非农业人口占 9.3%,人口密度为 486 人/km²。耕地总面积为 98 189 亩,人均仅 0.44 亩,是一个人多地少的山区农村。

崂山风景区位于黄海之滨的青岛市东郊,由于有山临海和靠近城市的优越地理位置,居民的经济活动十分频繁。主要的经济活动有小化工、小五金、饮料和乳品加工、缝纫和轻纺等小型加工工业;交通运输业、建筑业;以采石业为主的副业;以海洋捕捞业为主的渔业;生产粮食、水果、蔬菜的种植业;饲养奶山羊、奶牛、猪和家兔等家禽的畜牧业。在青岛市郊区中属于经济发展居中等水平的地区。

二、居民点的分布

崂山风景区范围内有行政村 188 个,自然村 432 个。王哥庄镇、沙子口镇、夏庄镇、惜福镇、姜哥庄和登瀛是 6 个规模最大的居民点,人口规模为 5 000～10 000 人。其次是港东、青山、晓望、董家埠、段家埠、西九水、傅家埠、后金沟、前金沟、西宅子头、东宅子头、秦家小水和丹山 13 个居民点,人口规模为 2 000～5 000 人。以上两类居民点主要分布在道路交汇处、沿海的平原上或山地与平原的过渡地带上,它们或是乡、镇政府所在地,或是多个村委会所在地,或是部队的驻守地。规模为 1 000～2 000 人的第三级居民点有 43 个,占居民点总数的 10%;100～1 000 人的第四级居民点有 214 个,占居民点总数的 50%。这两类居民点散布于公路和山谷两侧。100 人以下的居民点 146 个,占居民点总数的 39%,其绝大部分位于远离交通道路的深山幽谷中。在地区分布上,崂山风景区内几乎所有的居民点都分布在 500m 等高线以下有公路经过的山谷和平原,平原的居民点相对大而集中,山谷的居点相对小而分散,这是由地貌类型的不同导致农业生产条件不同所决定的。平原地势平坦,交通发达,居民聚集生活方便,大部分居民点因人口迁移聚集而成。山区地形复杂,交通不便,农业生产受到较多条件的限制,居民点多是旧时看山守林的一户或几户人家单凭人口自然增长扩大而成。

从居民点的规模结构和居民点的地区分布与形成原因可以看出:风景区内 1 000人以下的居民点占总数的 84%,居民点的形成和分布在很大程度上依赖于农业生产条件的好坏和自然经济的发展。这说明崂山风景区的居民点体系还是一个小居民点多、分散广、以自然农业经济为背景的初级体系。在这种初级体系中,居民点之间没有合理的分工,绝大部分居民点影响范围小,其频繁的经济活动基于一种低效益地利用自然界的经济形式,包含有不少对自然资源的破坏性经营的因素,这些因素对要求注重保护自然环境的风景旅游业的发展已产生较大的制约作用。

三、经济发展与风景资源的开发和保护之间的矛盾

(1)景点集中的景区,居民分布过密,经济活动频繁,景区环境受到破坏。

(2)"剥皮式"作业的采石,使风景区内交通方便之处的山体伤痕累累,有的景物荡然无存,景色面貌全非。

(3)粮食种植业与林业争地,山坡上耕地多,水土流失严重。

(4)天然放牧使羊粪遍布道路,污染了旅游环境和水源。

(5)海洋资源丰富,捕捞业发达,但滩涂利用率低,海产加工业落后。

(6)个别景区的工厂太多,严重污染景区环境。

(7)工业结构中,旅游产品加工尚是空白,不利于旅游业发展。

(8)居民点建设缺乏统一规划,"脏"、"乱"、"差"现象使得旅游设施难以依托居民点而建。

四、居民点体系总体规划与设想

1. 人口控制与调整

严格控制外来人口的流入,外来常住人口必须局限高素质的行政骨干、技术骨干和服务技师及其家属。合理调整景区内部人口的分布,一方面在景区外围给居民创造更多的就业机会;另一方面鼓励山区居民外移,通过有计划地搬迁和招工等手段,减少景区内居民的数量。为实现人口向景区外缘移动与相对集中,规划将居民点的人口规模划分为四类加以调整。

(1)发展型:这一类居民点有沙子口镇、夏庄镇、惜福镇和王哥庄镇,都位于风景区之外的平原上,目前都是镇人民政府所在地,经济基础较好,其发展与扩大既有利于加快风景游览区内人口的外移,又可以带动全区经济发展。

(2)搬迁型:包括 14 个居民点,总户数为 984 户,总人口为 4 046 人。少部分是因为占据重要的旅游线路或景点而搬迁,如流清河、迷魂洞和双石屋等;而大部分是由于兴建水库而搬迁,如双河村、松山后、松山后西坡、三岔等。

(3)控制型:位于风景区外围平原上的一些规模较大的居民点和一些沿海渔村,居民的生产活动较稳定,对风景资源的破坏不大,只要控制人口规模,其存在有利于风景旅游资源的开发和保护。这一类共有 19 个村。

(4)缩小型:成群成片地分布在山区中,如南九水、北九水等地。居民频繁的经济活动对风景区的环境已造成了较大威胁,密集的居民点的分布很不利于风景资源的恢复。由于这一类居民点数量多,搬迁困难,只能通过风景区边缘人口规模发展型居民点的吸引,采取招工等手段将青年人吸引出来,从而使居民点规模逐渐缩小或衰落。

2. 居民点布局

崂山风景区散而广的居民活动不利于旅游资源的保护和开发,集中组织居民生产和生活是必要的。随着经济的不断发展,人们愈来愈向往和追求文明而高效益的城市生活,城镇化是一个必然的趋势,集中组织居民生活是可能的。为了充分利用丰富的旅游资源,开展度假、旅游、康复和娱乐等旅游活动,有必要在适当地点兴建旅游镇和旅游村等旅游设施。风景区和一些规划水库上游的大居民点建筑杂乱,卫生条件差,应逐步缩小其规模,基于这些原则与要求,规划将居民点划分为三类建设。

(1)建制镇:现有人口 7 000～10 000 人,位于景区的外缘,是镇政府所在地,规划发展到 2～3 万人,将作为风景区的行政中心或经济中心进行建设,经济发展方向是以食品工业和旅游产品加工业为主,用地规模控制在 3 km² 以内。共有 4 个建制镇:沙子口镇、夏庄镇、王哥庄镇和惜福镇。

(2)旅游基地:分为旅游镇和旅游村两种。建成为以度假、旅游、康复和娱乐为主的服务基地,经济发展方向是以旅馆、饮食为主的旅游业,旅游基地共 5 个,其中旅游镇 1 个:仰口镇,床位 3 000 张,以中高档设施为主,居民为 3 000 人,用地为 1.1～1.2 km²;旅游村 4 个:流清、青山、泉心和北九水旅游村,床位为 1 000～1 500 张,以中低档设施为主,用地控制在 25～30 hm²。

(3)农村居民点:包括所有的农业自然村,经济发展主要以种植水果蔬菜、饲养奶山羊、渔业等农业生产和村办企业为主。现状人口在 2 000 人以上的有:登瀛、姜哥庄、董家埠、段家埠、九水、晓望、港东、青山、傅家埠、后金沟、前金沟、西宅子头、东宅子头、秦家小水、丹山。登瀛现有人口 6 200 人,规划减少到 3 000 人;九水现有人口 2 600 人,规划减少到 500 人;其他 13 个居民点控制现有规模。对以上 15 个居民点要求统一规划、统一建设。

3. 工业布局调整

崂山风景区的工业主要是小型的化工、钢铁、五金、饮料和日用品加工,集中分布在区内的平原地区,从整个风景区来看,其工业对风景区环境污染不大。但在个别地点上,工业布局与景区环境保护之间仍存在矛盾,尤以王哥庄的仰口最为突出。仰口分布有化工厂、料石子、水貂厂、冷库等工业企业,其中污染最大的是年产碘 3.5t 和年产海藻酸钠 200t 的化工厂,每年向大海排出的废水(含氧化钙和盐酸等成分)达 16 万 t,对附近的天然海滨浴场——仰口湾的环境威胁日益严重,化工厂冒着滚滚黑烟的高耸烟囱对景区也是大煞风景;另一方面,化工厂由于用淡水量大,扩大生产已不可能。因此,从风景区环境的保护和工厂本身发展来看,仰口化工厂必须迁出景区。此外,位于北宅乡五龙村河北的北宅玛钢厂,年排出废渣 800t,不利于风景资源的保护,近期必须控制其发展,远期迁出景区。

风景区的工业结构中,旅游产品的加工尚是空白。根据当地的资源特点,今后崂山风景区的工业布局,既要避免安排有污染(或大宗)的工业项目,又要加大为旅游服务的加工业比重,如饮料、水果、方便食品、海产品加工等食品工业。

4. 教育规划与布局

崂山风景区是一个人多地少的山区农村,教育发展规划主要有两个方面,一是搞好义务教育,二是加强职业教育。

在普通教育方面,在规划前期,风景区必须普及九年制初等教育,初中升学率由现有的 80% 提高到 95%,同时还要抓好学龄前教育和幼儿教育;在规划中期,重点发展高中教育。初中教育、学前教育和幼儿教育以乡镇自己投资发展为主,国家适当资助经济较落后的乡镇;高中教育则走国家和乡镇共同兴办的道路。在职业教育方面,农职中学生与普通中学生的比例应达到 1∶1。为了实现教育发展计划,在对风景区现有中学进行调整后,保证每个乡镇有一所县制完全中学,在沙子口镇、夏庄镇和王哥庄镇分别兴建一所职业中学和一所农业中学,在沙子口镇建一所旅游职业学校,在惜福镇建一所农业中学。到规划后期,全区有完全中学 5 所,职业中学 3 所,农业中学 3 所。

5. 部队用地的调整

根据风景区的开发需要和部队平战结合的可能,规划拟对极少数军事用地做出适当的调整与安排。当前,正确处理崂顶和一些岬角等地区两者间的关系是本规划考虑的重点。

崂山是沿海的一座名山,名山的山顶常常是风景优美和旅游开发价值最大的地区,游名山必须登山顶是游人的心理和社会惯例。以崂顶为中心的 800 m 等高线以上地区,风景点密布,聚绿树秀色和山石奇景于一体,是崂山精华所在。因此,建设崂顶是开发崂山风景资源的重要组成部分。但是,目前崂顶上建有部队观通站,900 m 等高线以上地区划为禁区,对崂顶旅游资源的开发十分不利。规划建议崂顶对游人开放可采取以下两种形式:搬迁观通站于附近山头,崂顶全部对外开放;近期搬迁观通站若难实现,崂顶除局部地区外,大部分地区对国内游人开放,军民合作管理崂顶旅游。

崂山头面海一侧在规划中其旅游设施和游览路线应主动避开军事设施,集中于南侧布局。此外,规划将南窑附近的军事基地划入风景恢复区内,并且在设施布点和游线规划时从视线上尽量避开。

6. 社会组织

(1)行政管理范围的确定:为尽快改变崂山风景区管理混乱的局面,规划建议成立一个不低于县团级的权力机构来加强风景区的统一管理和建设,其行政管理范围包括沙子口镇、王哥庄镇、北宅乡、夏庄镇和惜福镇5个乡镇的区域,全区土地面积457.3 km²,人口222 299人,行政村188个。

(2)风景区内部的行政管理:根据景点分布相对集中和景区间性质相对差异以及基本保持行政村完整的原则,规划建议将风景区划分为9个风景游览区和5个风景恢复区。9个风景游览区分别成立风景游览区管理处来管理,5个风景恢复区分别成立相当于乡镇级的风景恢复区人民政府来管理。

(3)体制运营、治安管理等条例的建议:为了保证规划工作的延续和有利于规划设想的实现,有必要制订一系列有助于规划实现的管理措施。为此对崂山风景区的体制运营和治安管理,提出以下建议:

①崂山风景区依法设立人民政府,全面负责风景区的保护、利用、规划和建设,风景区内的所有单位除业务上受各自上级主管部门领导外,都必须服从人民政府对风景区的统一规划和管理。

②崂山风景区的土地任何单位和个人都不得侵占,除对规划中拟建旅游设施的土地必须实行有偿使用外,其他风景游览区内不得建宾馆、招待所和休、疗养机构;在珍贵景物周围和重要景点上,除必需的保护和附属设施外,不得增建其他工程设施。风景区内的各项建设都应与景观相协调,不得建设破坏景观、污染环境、妨碍游览的设施。

③崂山风景区必须做好封山育林、植树绿化、护林防火和防治病虫害的工作,切实保护好林木植被和动植物的生长栖息条件以及道、教、宫、观等建筑物的环境。风景区内的林木应设立专管机构按照规划进行抚育管理,不准擅自砍伐,确需更新、抚育性采伐的,须经专管部门批准。古树名木,严禁砍伐。

④崂山风景区在划定的要求范围内必须严禁采石业,政府对现在已从事采石业的农民进行登记注册后,采取优先招工、优先贷款和优先给予经济资助等措施安排其生活出路。

⑤崂山奶山羊的牧养必须有计划、有控制地在景区划定范围外进行,不得在景区内和旅游线上放牧。

⑥严禁在风景旅游区内新建工厂,规划拟搬迁的工厂和居民点必须按规划有步骤地尽早搬迁。

⑦制订一些切实可行的有助于山区居民向外迁移的措施,鼓励山区居民尤其是青年人进入城镇生产和生活。

⑧严格控制崂山风景区,尤其是风景游览区内的常住人口,外来常住人口必须局限于高素质服务人员和管理人员。

⑨崂山风景区的交通分外围交通和区内公共交通两个系统有组织地管理,在时间上、数量上和车辆类型上有控制地限制车辆入景区。

⑩侵占风景区土地,进行违章建设的,由有关部门或管理机构责令退出所占土地,拆除违章建筑,并可根据情节处以罚款。

⑪乱开山、乱采石、乱放牧、损毁林木植被、捕杀野生动物或污染破坏环境的,以及违章经营的,由有关部门或管理机构责令停止破坏活动,赔偿经济损失,并可根据情节处以罚款。

⑫破坏风景区游览秩序和安全制度不听劝阻的,由有关部门给予警告或罚款,属于违反有关治安管理规定的,由公安机关依法处罚,若情节严重,触犯刑律或违反国家有关森林、环境保护和文物保护法律的,依法惩处。

第十三章　经济发展引导规划

第一节　规划特点

　　风景区的经济现象是由一系列与风景区管理经营有关的经济活动引起的,它通常包括:管理机构和管理职工对各种资源的维护、利用、管理等活动,当地居民的生活和生产活动以及社会在风景区进行的旅游活动等。我国1985年颁布了《风景名胜区管理暂行条例》,具体规定了风景区的保护宗旨、措施及发展方针。但是,由于我国社会、经济、政治、文化等方面的实际情况,我们的风景区不仅有大的旅游活动,同时还有大量的生产经营活动,使得风景区除了游憩、景观、生态功能之外还成为一种特定的经济功能。

　　风景区经济是一种与风景区有着内在联系并且不损害风景的特有经济。虽然具有明显的有限性、依赖性、服务性等特性,但也是国家和地区的经济与社会发展的组成部分及特殊地区,对地方经济振兴还起着重要的催化作用,因而国家经济社会政策和计划也是风景区经济社会发展的基本依据。

　　就基本国情和现实看,风景区既有一定的经济潜能,也需要有独具特征的经济实力,需要有自我生存和持续发展的经济条件。国民经济和社会发展计划确定的有关建设项目,其选址与布局应符合风景区规划的要求;风景区规划所确定的旅游设施和基础工程项目以及用地规划,也应分批纳入国民经济和社会发展计划。这就加强了风景区规划与国民经济和社会发展之间的关系。为此,风景区规划应有相应的经济发展引导规划与有机配合。

　　经济发展引导规划,应以国民经济和社会发展规划、风景与旅游发展战略为基本依据,形成独具风景区特征的经济运行条件。

第二节　风景区经济的性质

　　风景区经济是指与风景区有内在联系而不损害风景的特有经济系统。其性质包括以下几方面含义:

一、与风景区有内在联系

　　主要指经济活动直接或间接为风景区功能服务而言。风景区的功能归纳起来有:

审美功能,科研功能,教育功能,旅游功能,启智功能。服务则指积极地体现而非消极地影响。比如农业,它是风景区山水田园风光的直接组成部分,另外也为旅游业提供大量的农副产品,是旅游功能的正确体现者,因此它属于风景区经济的范畴。相反,不能正确体现风景区功能的任何经济活动(如某钢铁企业),即使在风景区界限以内,也不是风景区经济而只是一般的社会经济。这种一般经济与风景区经济是不相容的,长远考虑必须迁出。

二、不损害风景

在风景区内,即使体现风景区功能的经济活动,只要损害风景(包括生态环境),也不能列入风景区经济范围,如第三产业中为旅游业服务但破坏景观的旅馆、饭店等基础服务设施。

三、特有

风景区是一种特殊环境,它主要满足人们的精神文化需要,这种特性决定了风景区经济与一般区域经济的差别。作为一般区域经济主体的第二产业在风景区域受到较为严格的限制。这种"特有"的经济系统,是由经济学与风景学共同作用形成的。

四、经济系统

任何经济都是一种复杂的系统,对于风景区这个特有的系统,它既包括旅游经济,也包括当地居民的某些生活生产经济,涉及的行业众多,包括旅游业及其商饮餐宿服务业、交通、建筑、农业等部门。

正确认识"风景区经济"的概念非常重要。如果我们将其等同于一般的区域经济,将风景区内的一切经济活动均列入"风景区经济"这一特定的概念范围,那么某种程度上等于承认了这些活动在风景区存在的合理性,亦即陷入"存在即是合理"这一哲学误区,这对风景区的保护及其建设都是不利的。

第三节　风景区经济的特殊性

风景区经济既属于经济学的范畴,更有风景学的内涵,因而它不同于一般的城市、农村经济,也不等同于单纯的旅游经济。具体说,风景区经济的特殊性表现在以下几个主要方面:

一、限制性

风景区的性质决定了风景区的建设必须把风景效益置于首位,风景区在产业部门选择,尤其是产业空间布局方面都受到风景科学本身的严格限制。诸如对风景区产生三废污染的工业禁止发展、规划的风景建设用地不能随意使用、为游人兴建的服务设施不能破坏景观等。

二、服务性

由风景区提供的服务包括翻译导游服务、住宿服务、饮食服务、交通运输服务、旅游物质供应服务以及各种其他与旅游直接或间接相关的服务。这种服务不仅是一种经济行为,要求服务的数量和质量必须符合确定的价格,而且也是一种社会行为,要求服务必须遵循社会公德,热情周到。风景区的这种服务性,影响着风景区第三产业的发展及其他产业各部门间的结构与布局。

三、催化性

旅游业是风景区的重要产业,不仅直接经济效益显著,而且其相关效益也十分可观。据国家旅游计划司统计,旅游业每直接收入1元,就给国民经济相关行业带来3.7元的增值效益,旅游业每直接就业1人,就给社会提供间接就业机会5人。我们把这种旅游业的间接效益称为风景区经济的"催化"作用。

四、文化性

风景区的经济建设具有强烈的科学文化内容,它包括作为供给一方的从业人员的文化素质、旅游产品的艺术水平、风景建设的文化内涵等,以及作为消费一方的文化层次和文化道德水准。因此,风景区经济的文化性具有双向要求。

五、磁场性

风景区吸引力的大小决定于风景资源的质量和吸引强度,诸如资源特色、组合状况、空间分布等。这种吸引力符合距离衰减原则,因此,利用具有特色的风景资源强化中心磁场的磁力和磁场辐射范围,是风景区经济建设的重要任务。

六、依赖性

主要指对风景区的依赖性,风景资源被破坏,从长远的观点看风景区的经济也将随之衰败。如果风景资源破坏了,风景区经济失去了依赖的基础,"皮之不存,毛将焉附",经济又如何能持续发展?

充分认识风景区经济的特殊性,对正确制定风景区经济的发展方向及政策具有十分重要的作用。

第四节　规划内容

风景区是人与自然协调发展的典型地区,其经济社会发展不同于常规乡村和城市空间,因而,风景区规划中的经济发展专项规划,也不同于常规的城乡经济发展规划,这个规划重在引导,把常规经济政策和计划同风景区的具体经济条件和性质结合起来,形成独具风景区特征的经济发展方向和条件。所以,经济发展引导规划有三项基本内容,一是经济现状调查与分析;二是经济发展的引导方向、经济结构及其调整、空间布局及其控制；三是促进经济合理发展的措施等内容。其中经济结构与空间布局是两个关键问题，两者的合理化即形成风景区经济发展的导向。一方面要通过经济资源的宏观配置，形成良好的产业结构，实现最大的整体效益；另一方面要把生产要素按地域优化布局，以促进生产力发展。为使前者的经济结构和后者的空间布局两者合理地结合起来，就需要正确分析和把握影响经济发展的各种因素，例如资源、交通、市场、劳力、集散、季节、经济技术、社会政策等，提出适合本风景区经济发展的权重排序和对策，确保经济稳步发展，防止"掠夺式经济"的流毒。

一、风景区经济结构

风景区的经济结构合理化，要以景源保护为前提，要合理利用经济资源，确定主导产业与产业组合，追求规模与效益的统一，充分发挥旅游经济的催化作用，形成独具特征的风景区经济结构。

经济结构的合理化应包括：①明确各主要产业的发展内容、资源配置、优化组合及其轻重缓急变化；②明确旅游经济、生态农业和工副业的合理发展途径；③明确经济发展应有利于风景区的保护、建设和管理。具体体现在：

1. 确定主导产业，其余产业协调发展，追求规模与效益的统一

主导产业的确定，对风景区经济有较大的影响。同时，产业的"相关协调"要求产业部门结构的"链条式联系和网络式构造"保持比例均衡，比如旅游业的单项突进，就有可能加剧交通运输业的"瓶颈"效应。因此，围绕主导产业，其余一些基础产业部门必须协调发展。任何经济的发展，仅仅靠规模的扩大是不行的，还必须依靠效益的增长，而且，单个产业部门经济效益的最大化也并不等于最佳的综合经济效益。比如旅游业，无限制地追求游人数量确实给旅游部门增加了收入，但却给生态环境、基础设施带来了更大的压力和破坏，也就是说，综合经济效益并不一定提高。因此，旅游业的发展速度和规模应该有一个最佳限额，达到这个限额后就"封顶"，不再追求游客数量的增长，而是争取提高游客在本地区的平均消费水平。

2. 充分发挥旅游业对经济的"催化"作用

地方工农业经济也应为旅游业提供丰富的产品，尤其是具有地方特色的旅游购品。改革开放以来，我国第三产业在国民生产总值中的比重由 1980 年的 18% 上升到 1989 年的 26.3%，对促进社会分工、市场发育、经济繁荣发挥了重要作用。作为具有"服务性"的风景区经济及为风景区服务的"门外经济"，第三产业的发展更应走在前列。

经济结构合理化，要重视风景区职能结构对其经济结构的重要作用。例如，"单一型"结构的风景区中，一般仅允许第一产业的适度发展，禁止第二产业发展，第三产业也只能是有限制地发展；在"复合型"结构的风景区中，其产业结构的权重排序，很可能是旅—贸—农—工—副等；在"综合型"结构的风景区中，其产业结构的变化较多，虽然总

体上可能仍然是鼓励三产、控制一产、限制二产的产业排序,但在各级旅游基地或各类生产基地中的轻重缓急变化将是十分丰富的。

二、风景区经济的空间结构布局及其消长规律

1. 风景区经济的空间布局

主要指风景区产业部门的空间位置选择,它是风景区能否在保护建设的前提下开发利用的重要保障。尽管我国风景区类型多样,情况各异,但产业的空间布局仍有一些共同的规律,违背了这些规律,不但造成对景观和生态的严重破坏,而且妨碍风景区经济的持续发展。

风景区经济的空间布局合理化,要以景源永续利用和风景品位提高为前提,把生产要素分区优化组合,合理促进和有效控制各区经济的有序发展,追求经济与环境的统一,充分争取生产用地景观化,形成经济能持续发展、"生产图画"与自然风景协调融合的经济布局。

空间布局合理化应包括以下内容:

(1)应明确风景区内部经济、风景区周边经济、风景区所在地经济三者的空间关系和内在联系;应有节律地调控区内经济、发展边缘经济、带动地域经济。

(2)明确风景区内部经济的分区分级控制和引导方向。

(3)明确综合农业生产分区、农业生产基地、工副业布局及其与风景保护区、风景游览地、旅游基地的关系。可以将地区经济划分为门内经济、门外经济、域外经济三种,以更好地探讨风景区经济发展与地区经济发展的关系。

①门内经济。指风景区界限范围以内的经济,尤其是由旅游活动直接引进的经济活动,也包括少量为旅游业间接服务的农业生产等活动。它与门外经济有清楚的地域界限,狭义的风景区经济即指门内经济。这里是风景区的"资源保护基地"及"游览审美基地"。

②门外经济。指风景区界限外缘的城(镇)或个别风景区界域以内的原有城(镇),作为风景区高级服务中心或基地而提供的以第三产业为主的部门经济。它们均与旅游业相关,如商业、娱乐、餐饮、旅馆等服务行业,另外也可能有少量第一产业、第二产业的存在。门外经济没有明确的外围界限,它可能本身就是风景区的外围保护范围,也可能在保护范围之外。门外经济与门内经济共同构成风景区域经济,即广义的风景区经济。

③域外经济。指行政地区除去风景区域外的经济部分,它与门外经济并无明确的地域界限,但至少在风景区外围保护带以外。其功能主要为整个地区国民经济服务,因而是多种产业部门尤其是一、二产业发展的主要场所。同时也为风景区提供部门建设资金、生活生产用品及旅游购品,因而是风景区的"生产基地"。域外经济与风景区域经济共同构成地区经济。

在研讨经济布局合理化时,要重视以上三者间的差异及关系。例如:在门内经济中,常是主营一产、限营三产、禁营二产;在门外经济中,常在旅游基地或依托城镇中主营三产、配营二产、限营一产;在域外经济中,常在供养地或生产基地中主营一产、二产,在主要客源地开拓三产市场。

2. 风景区经济的空间消长规律

目前,我国风景区内仍有较多的经济部门和复杂的经济结构,这是国情。但是,随着生产力水平的提高,国民经济的全面发展和科学文化事业的发展,风景区的经济学属性应越向外越强,越向内越弱,在空间结构上应逐步依照"门内消、门外长"的变化规律去发展。也就是说,逐步减小门内经济活动的比重,以充分体现风景区是广大国民接受自然环境教育以及娱乐享受的特殊公共场所的宗旨,而为风景区服务的大量设施则放在"门外"。

(1)这是我国风景区发展的传统与特色:中国风景区的开拓和建设,一开始便有高度文化和山水美学素养的人士参与,充分体现了中国山水美学思想的指导作用。"选自然之神丽,尽高栖之意得",人们站在山水审美与宗教精神生活双重需求的高度上去认识自然,认识风景,与之相适应,为审美与宗教而服务的大量设施均设置在风景区"门外",从而形成了"门外经济"养"门内精神文化活动"的历史传统。因此,认真研究我国山水文化的深刻内涵以及风景区的发展历史,保持我国风景区经济发展的传统与特色,是坚持风景区经济正确发展方向的重要环节。

(2)这是风景区发展的国际化趋势:国家公园系统对风景资源有严格的管理措施,又有先进的利用方式,我国的风景区经济在保持自身传统的同时,积极吸收国家公园先进的管理和利用方式,以国家公园的标准来建设我们的风景区,这是风景区及其旅游业发展逐步走向国际化的重要保证。

认清了我国风景区经济发展的历史、现实及国情,应该看到风景区在相当一段时间内,还必须发展经济。但这种发展必须有明确的趋向,按照其空间消长规律,正确划分部门空间,合理布局,以风景资源带动风景区域经济及地区经济的全面发展。

第五节　风景区经济发展的地域影响因素分析

在风景区这个特定的地域内,影响其经济发展的因素较多,只有对这些因素作出全面系统的分析,才能准确地找出风景区经济发展的优势与不足,从而结合自身的实际情况,分轻重缓急地划分正确的分期建设项目,确定合适的产业经济发展政策。

一、自然因素

自然因素包括自然条件和自然资源。自然条件系指风景区的地质、地貌、气候、水文、植被等,它是风景区生产方式尤其是农业生产方式的主要决定因素,也是风景地貌构景的基础以及风景资源类型的决定因素。自然资源则包括作为风景资源的自然景观(也包括人文景观)以及物质生产的自然资源,其中风景资源决定着风景区的特色,是产生风景区经济的"动力"资源。下面几个因素必须重点探讨。

1. 资源品质

包括资源质量与特色。因地制宜开展具有本民族、本地区风格的特色旅游,是打开旅游开发新局面的重要手段。泰山近几年举办的重阳登山节活动,吸引了大批国内外游客,是一种很好的尝试。

2. 资源时空分布和类型组合

如果资源类型过于单一,或受季节变化限制过大,空间分布上景点离散,资源密度小,则在我国目前的交通条件及游人消费水平看,将影响风景区的整体开发价值。

3. 环境质量和环境容量

风景区要求有安全、便利、幽静、空气清新、水质洁净的环境,否则风景美就无从谈起。容量则是指在不破坏游人兴致的保护风景区环境质量要求时风景区所能容纳的游人量,它是风景区规模和效率的总标志。近几年来,我国风景区开发建设中出现了一些令人担忧的对环境破坏现象:一是工业生活污染、毁林开山等直接破坏环境的现象;二是在不适当的位置建设一些与风景区意境不协调的项目所造成的"破坏性建设";三是某些景点超容量的游览对环境、生态的破坏,如泰山岱顶,过于拥挤的人流早已把"天府静地"变成了"人间闹市"。

二、交通因素

风景区的外部交通是风景区与外界的联系方式,是决定风景区可达性的主要因素。尤其在我国目前的生产力水平下,风景区的外部交通是决定旅游市场、影响风景区经济整体发展的重要因素。

风景区的内部交通往往与资源的空间分布有关。首先,过于分散的景点加剧了游客对长时间行程的厌倦感,"旅"而不"游"的现象,影响了风景资源的综合价值。其次,风景区的路网密度、路面状况等也有一定影响。

三、人力因素

地域的文教事业、商品意识、管理水平、卫生状况等因素对旅游经济的发展具有不可忽视的影响。文化教育水平低,往往对市场变动信息和游客带来的各种商品信息采集、分析能力低,而从旅游业的发展中获取更多更有价值的商品信息,其效益往往比旅游经济本身效益还大。四川峨眉山、青城山也曾是交通闭塞、贫穷落后的地方,但当地政府及时调整农村产业结构,加工、服务、交通运输业迅速发展起来,取得了很好的经济和生态效益。

此外,旅游人才这个"软资源"的作用日趋重要,它不仅影响旅游服务的质量,而且直接影响游客的游娱情趣,并通过他们产生扩散作用。对于管理决策层,则必须树立正确的指导思想,在保护资源的前提下开发利用,正确兼顾眼前利益与长远利益、局部利益与整体利益,在协调各部门、各行业进行充分市场调研的基础上,制定风景区经济及旅游业的发展规划。

四、市场因素

旅游市场是实现旅游商品(包括各种旅游资源、旅游服务及旅游购品)的需求者与供给者之间经济联系的场所,集中表现为风景区游客的来源、构成及规模。影响市场的因素较多,主要有几点:①风景区本身的性质和特色;②风景区本身的地理位置。如与八达岭长城同为世界遗产的泰山,国外游人只占总游人数的1%左右,国内游人中也以省内游人为主;③旅游宣传。

五、集聚因素

集中和分散是产业空间布置的两个方面。集中可以减少交通运输费用,分散则反之。风景区必须建立一定的行业集中的旅游服务中心或基地,它一般以已有的城镇为依托进行改造建设。而有些行业则不宜过度集中,如利用率较低的高档宾馆、饭店等服务业,风景区之间必须各具特色,减少地域上形成的替代性。同时根据集中可以利用已有的市场区位、扩大市场服务范围的原则,适当加强各风景区的横向联合,形成网络状旅游路线,避免路线单调或走回头路的现象。

六、经济现状因素

地域的现状经济发展水平对旅游经济的发展以及整个风景区今后的发展有着举足轻重的影响,尤其对于经济还比较落后的我国绝大多数风景区来说。

1. 影响产业发展结构

我国的生产力水平,决定了工农业依旧是地区国民经济的命脉。一个地区的经济腾飞还必须依靠工业。而我国大多风景区所在地域的工业依旧是以劳动力和资源密集型产业为主的原材料、农副产业初级加工工业,这种工业对风景资源破坏大,环境污染严重,如制糖、造纸、建材等工业;在农业结构上,以种植业为主的农村经济不但限制了剩余劳动力的生产和转化,而且削弱了旅游纪念品、购物品的提供能力。因此,在大多经济水平低下的地区,旅游经济对城镇发展性质影响甚微。

2. 影响投资能力

风景区的一切建设需要大量投资,在国家投资有限的情况下,应该采取地方财政、集团投资(企业集团等)、民间游资相结合的投资方法,谁投资,谁受益。

3. 影响发展素质

包括文化素质、商品意识、社会风尚等,也包括对旅游产品的影响。凡是经济落后的风景区,大多具有淳朴的民风和令人陶醉的自然风光和田园风光。当地人们却似乎并不以此为"风景",更不思考从中能获取什么效益。

七、社会因素

社会因素包括政治、文化、国防等因素,它们是超经济的,也是独立于地理环境的。

总之,风景区经济系统是一项复杂的社会-地理系统。不同的地区、不同类型的风景区,这7个影响因素具有不同的重要性。采用目前已广泛使用的层次分析法,可以定量测算出这些因素的权重排序,然后采取相应的对策发挥特长优势,解决存在的不足,确保风景区经济稳步协调发展。

第六节　促进经济合理发展的措施

一、保护和提高风景品质,永续利用风景资源,是风景区经济合理发展的出发点

风景区的开发利用必须以保护为前提。黄山风景区 1979 年刚对外开放时,为了适应"打开大门"的需要,提高接待服务能力,大量商、餐、饮服务设施涌入景区,乱建乱搭局面混乱,作为重点景区之一的温泉景区,建筑繁杂,大有"城市化"之势。结果风景资源受到破坏,服务质量严重下降。游人减少了,从何发展?认识到这一点后,从 1984 年起,管理部门着手进行整治,先后外迁了长途汽车站、办公大楼、小学等单位,拆除临时建筑 19 处计 1 050 m²,同时大量绿化、美化,杂乱喧闹的局面大有改观,原有的优美环境可望再现。同时,封闭始信峰、莲花峰等老景区 2~4 年,让其休养生息,对游览热线、热点定时开放,定量游览,新开丹霞、天都峰等景区。既保护了风景资源,为游人创造了一个舒适的环境,增加了门票等门内经济收入,也带动了交通、通信、轻工生产等地方乡村经济的发展。这是一条良性循环的风景区经济发展之路。

二、风景区的土地利用是合理发展的关键

风景区的土地利用比较复杂,因为其风景用地往往和生产、生活用地交融在一起。两者关系处理好了,则生产、生活可以创造新的景观,如田园风光等;处理不好,生产、生活侵占风景用地,造成对景观的人为破坏。因此,广义的风景区土地合理利用必须做到以下几点:

1. 土地的合理利用

为了保证风景区生态、景观的完整性,风景用地在风景区必须得到充分的保障,它主要由一些山地、林地、水域和部分农业生产用地组成。因此,凡是现状的及规划的风景用地范围内的一切开发建设必须慎之又慎,不宜开垦的山地退耕还林,不宜围垦的水域退田还湖,不断提高风景用地的比例。严格限制工矿用地、生活用地。

2. 土地的美学利用

美学利用包括平面与立体两方面。平面上的美学利用,主要指为了使生产、生活用

地与风景用地更好地相融合,应尽力做到生产、生活用地"景观化",从风景审美的角度去艺术地使用这些土地,创造出新的景观。如农业用地成为田园风光,适度绿化及与两侧景观带的结合使景观贫乏的交通线成为"风景画廊"等;立体空间的美学利用,主要指景观空间的视觉效果和景观层次,合理利用地形地貌,变化安排土地用途。

3. 对于风景区内的生产用地以及门外、域外的土地,还必须进行充分地、科学地、有效地利用

即科学调整土地质量、潜力、生态系统等,提高土地利用集约化水平,充分开发土地后备资源潜力,以提高土地的产出率,做到地尽其利,物尽其用。

三、统筹规划地区经济,防止风景区的"城市化"和"孤岛化"

1. 风景区的"城市化"

它是由于风景区(门内)部门经济尤其是第三产业的商业、饮食餐宿服务业以及交通业过于发展,而且在布局上过分集中于一些游人较多、区位较好的景区景点,从而破坏了这些地区自然景观的原有风貌及氛围。基于这一点,风景区内旅游村、旅游镇的兴起与发展是一件十分慎重的事情,它们必须与优美的自然及人文景观保持相当的距离。

2. 风景区的"孤岛化"

这是指风景区周围土地的过度开发或不合理使用(包括产业部门的不合理布局),工业化、都市化的发展以及环境污染等原因而使风景资源受到严重威胁的现象。我国的风景区尤其是一些城郊型风景区,"孤岛化"现象早已存在,而且相当严重和普遍,如承德避暑山庄与外八庙。

风景区内的景区景点同样存在"孤岛化"问题。比如景点周围不合理地布局了大量商业服务设施、道路交通,农业上的毁林开荒,污染环境的工厂、工场(采石场等)等。必须采取有效措施解决这种"孤岛化"倾向。首先应将风景区经济与整个地区经济纳入统一规划,科学确定风景区域内城、市(县城)发展性质和规模。其次,在风景区(景区、景点)外围划定适当的保护范围,保护范围内禁止污染性工业部门的存在,对于农业、服务业、交通运输业等则采用指导性原则,以实现土地的合理利用。

四、制定发展政策作保障

比如行政措施与经济杠杆相结合。行政措施主要有国家的法律法规、各风景区的总体规划及管理条例等。同时,风景区管理还必须辅之以行之有效的经济措施。比如对风景区内不同地段、地点征收不同的营业所得税,即"位置差价"。另外,可以对景区内的经营单位和个人实行风景资源有偿使用政策,它主要体现在向收益单位征收资源保护管理费,例如风景区范围内及附近受益的商业、饮食、旅馆业、交通运输业等经营单位,与该风景区有关的旅行社等旅游经营单位,都应向风景区交纳收入所得税以作为风景资源保护管理费。在风景区范围内,新建或扩建单位,均应按其选址、性质、规模缴

纳资源管理费和基础设施配套建设费,这些行政、经济两手抓的措施,在浙江省和其他少数风景区已试行,效果非常好。

[实例]三亚区域经济发展分析与布局

1. 经济发展方向

三亚区域内气候温暖,环境优美,十大风景资源汇集,土地资源丰富。虽然基础较差,起点低,但有特区的优惠政策,丰富的资源条件,因而具备了作为一个地理上相对独立的经济实体——南部经济区的开发条件。

开发条件的差异决定了本区域经济发展的 3 个层次:其一,大力发展热带生态大农业,这是未来经济发展的基础,近期内脱贫致富的主要途径,远期作为建立出口型农业生产基地,发展外向型经济的组成部分。其二,为了积累资金和地区经济繁荣,近期积极发展地方工业,充实区域经济基础,优先发展无污染及少污染的企业,各类工业布局以不污染旅游环境为前提。其三,发展风景旅游业、高技术产业和第三产业,使之逐步成为未来区域的主要经济支柱,旅游业包括与之有关的各种产业,高技术产业应以实用性强的热带生物工程、超导材料、高技术电子产品等为主。

根据三亚区域在海南的地位、地区间经济增长的不平衡趋势以及经济建设特点,规划拟定三亚区域经济发展的目标是:坚持以改革促开发的方针,最终建成以旅游业和高技术产业为主导,三种产业协调发展的现代化风景旅游区域。力争在全区域按规划实现全省经济发展战略提出的总目标:以 20 年左右的时间达到人均国民生产总值 2 000 美元以上,即社会总产值达到 4 000 美元以上,相当于台湾 20 世纪 80 年代初期水平。

2. 经济发展步骤

自 20 世纪 80 年代以来,三亚区域社会总产值和国民收入均翻了一番,以建筑业、商业和农业的增长速度最快,分别为 26%、23% 和 21%。社会总产值结构中,农业占 45%,占比重大且上升速度快,其次是建筑业和商业。经济的增长表现为半自然经济结构特征。

区域内各市、县之间由于地理位置、交通条件、经济基础等差异,经济发展不平衡。三亚最快,6 年内全市社会总产值翻了两番,平均年递增率为 26.2%,国民收入翻了一番半,平均递增率为 23.7%;其次是通什市和陵水县,两项指标均翻了一番;保亭和乐东经济增长较慢,年平均递增速度低于 10%。旅游业的开发将加速区域内经济增长,区域内旅游资源的分布恰与目前经济增长的地区差异基本吻合,旅游资源的开发将加剧经济增长的不平衡性,并将持续一段较长的时间。

基于目前地区经济基础的差异,区域经济发展步骤应该是突出重点而有层次地推进。时间上分为三期:初期、中期、远期。增长幅度上分为三个梯度发展区:快速增长区(三亚市)、次快速增长区(通什市、陵水县及农垦系统)、一般增长区(保亭县、乐东县)。

其发展步骤为：

(1)近期:1986年到1990年或1992年,三个梯度发展区的社会总产值的增长分别为翻一番到翻一番半,全区域年均递增率为18.3%～28.6%,社会总产值由13.6亿元增加到37.2亿元,人均为2 300～2 800元,大致赶上全国平均水平,解决温饱问题。

(2)中期:在近期的基础上,再用5年、7年的时间(到1995年或1997年),三个梯度发展区的社会总产值的增长再分别翻一番到一番半,全区域年均递增12.3%～17.7%,社会总产值达到84亿元,人均5 800元,大致赶上全国比较发达地区水平,提前达到原定本世纪末的"小康"水平。

(3)远期:在中期基础上,再花10年或稍长时间,达到台湾20世纪80年代初的水平。社会总产值的增长为翻一番半到两番,全区域社会总产值达到约280亿元,人均16 900元,其增长速度为10.6%～12.8%。三亚区域内在未来20年中,社会总产值结构变化趋势是:第一产业由51%降至20%以下;第二产业由17%增至35%左右;第三产业由32%增至45%以上。

3. 工业成分与布局

三亚区域现状工业基础薄弱,工业成分少。主要生产部门有:以制糖业为主的食品工业、水泥建材、木材家具加工、原盐加工、钛砂矿开采及以水电为主的电力工业,主要表现为项目少、规模小、效益低。30%的全民所有制企业亏损严重。工业的发展需要充分利用本地资源,同时发展"三来一补"、"两头在外"的外向型工业。利用沿海砂矿,适当发展为本地服务的建材业;开采钛金属、石英砂等矿业,发展成开发研究型的尖端产业和诱导一些都市型产业与临机场型企业。三亚区域工业应向技术密集型产业及新兴产业的方向发展。其次是利用天然气资源,发展轻石化产品的后加工;利用莺歌海的盐,就地建立盐化工工业,一般不能搞大规模的、重污染的项目。根据城镇和地方经济发展的需要,发展为城镇和地方服务的能源工业、通用机械工业,发展以热作产品为主的农产品加工业,为旅游业和出口服务。

三亚区域是最大特区省的一部分,是国家的热带宝地、国际性旅游区。其工业成分划为4个层次、三大类型。4个层次是:国际性、全国性、全省性及区域性成分。三大类型是:老产业、发展产业和新型产业。三亚区域工业成分共选择23项重点产业,其中新型产业9项,发展产业9项。

三亚区域规划要求工业主要布局在两个市、3个县城和12个交通方便的镇驻地。形成沿海一条带、内陆4个点的集中布局形态。沿海地带宜布置国际性、全国性和全省性工业成分,有污染的工业成分应布局在海岸东、西两端,主要在西部;沿岸中部地带海湾浴场较多,风景资源集中,可布置无污染及少污染的工业项目。内陆4个点集中发展地方工业,逐步形成由内陆向海外辐射的外向型经济发展布局格局。

第十四章　风景区土地利用协调规划

风景区土地利用协调规划是风景区规划的重要组成部分,属于风景区专项规划,它表示一个风景区的土地在未来发展的利用模式,是风景区保护、建设和管理的重要依据,也是风景区可持续发展的重要措施之一。可以说风景区中的一切保护、开发建设活动都最终落实到土地上,土地利用协调规划同样也是风景区一切活动的依据。对于土地的不合理利用,将直接破坏风景区的自然生态环境和景源的游赏环境,造成风景区生态环境恶化、景源失去观赏价值,终将使风景区的性质发生改变。造成土地不合理利用的原因有很多,如规划中对于未来土地利用模式不明确、不合理或不可操作,管理中观念淡薄、缺乏执行规划的强有力手段和措施,资金上缺乏实施规划的经济支持等。其中,规划的原因是最根本的首要原因,许多原因都与规划直接或间接相关。从我国在前一阶段风景区建设中出现的毁林建房、乱砍滥伐、破坏风景古迹、滥建宾馆和饭店、滥建索道等破坏性建设的现象和由此而出现的风景区人工化、城市化、商业化等倾向中可以看出,土地利用不合理问题已经成为我国风景区建设中出现的严重问题。因此可以看出,风景区土地利用协调规划是风景区规划的重要组成部分,它对于指导风景区保护、开发和管理具有关键性作用,也是风景区可持续发展的重要措施。

那么,如何做好风景区土地利用协调规划、合理确定风景区未来土地利用模式呢?应从以下几个方面入手:首先应依据我国现行有关法律、法规和国家及地方政策;其次,借鉴相关区域土地利用规划的理论和方法;最后,以可持续发展为原则,结合风景区的实际情况,运用先进的科学技术,对风景区的土地进行多方面、多角度的分析、评价,通过多方案选择,才能制定出科学、合理、可持续的风景区土地利用协调规划。

第一节　土地利用规划的基本含义及基础理论

一、土地的含义及我国与土地相关的法律、法规

1. 土地的含义及属性

在《中国大百科全书》中对于土地的含义有狭义和广义之分。狭义的土地指陆地表层,也就是我们脚下的土地;广义的土地指陆地、内陆水域和滩涂,包括已耕地、荒地、林地、草原、草山、草坡、石山、沼泽、荒坡、河流、湖泊等,它包括各种类型的陆地和内陆水域、沼泽等。土地利用规划中的"土地"指广义的土地而言,包括规划范围内地面上所有

自然物和人工物所占用的土地。土地不仅仅是一种客观物质,而且具有多方面的属性。首先,它是由气候、地貌、岩石、土壤、植被等自然要素组成的自然综合体,是地球上所有生物的家园,是自然历史发展的产物,受自然规律制约;其次,它与人类过去、现在和未来生产、活动相结合,是人类一切活动的载体,是人类生存和发展的基础,具有人文特征和一定的经济利用价值。因此,土地既具有与自然相关的自然属性,又具有与人类经济、社会活动相关的经济属性、社会属性和法律属性。

以上土地的各种属性之间紧密相连、相互制约、相互影响,而且特定区域(如城市或风景区)的土地,其属性也具有各自的特殊性。也就是说,土地的属性既具有其共性,又具有其特殊性。

目前我国风景区已形成国家级风景名胜区和省级风景名胜区的风景区体系,可以说每一处风景区都是一处国家或地方的自然与文化遗产,有些成为世界性的遗产,而土地正是这一遗产的载体。因此,风景区土地的属性具有以下几个特点:

(1)自然属性:风景区的土地自然生成、不可移动,具有良好的生态环境和优美的景观环境,是自然留给人类的自然遗产。

(2)社会属性:风景区土地上的文物古迹是祖先为我们留下的宝贵文化遗产,理应属于国家所有;风景区供广大的国内外游客观赏,同时风景区土地又有着明确的隶属,并由权力机构管理、调控。

(3)经济属性:风景区的土地具有相应的经济潜力,在特定的环境与地点,可以产生地点价值。但风景区的经济属性受到自然属性和社会属性的制约。

(4)法律属性:风景区土地也是一项不动资产,其地权的社会隶属受法律保护。国家相关的法律、法规在风景区同样具有法律效力。

2. 我国与土地相关的法律、法规

由于土地是由自然要素组成的自然综合体和一切人为活动的载体,人们对土地的不同利用方式直接或间接地产生了各种各样的环境问题,土地利用的不合理是环境恶化的最重要、最根本的原因,再加上我国土地资源的特点是绝对数量多而人均占有量少,如人均耕地仅为世界平均值的1/3、人均林地占世界平均数的1/5,农、林、牧总用地仅占世界平均值的1/4至1/3等,对土地的不合理利用必然加剧我国环境的恶化。因此,我国政府为保护生态环境、合理利用土地资源、保持生物多样性和维护生态平衡,围绕土地及其环境制定了相关的法律、法规。有关的法律、法规有《中华人民共和国土地管理法》、《中华人民共和国森林法》、《中华人民共和国野生植物保护法》、《中华人民共和国野生动物保护法》、《中华人民共和国水土保持法》、《中华人民共和国文物保护法》、《中华人民共和国自然保护区条例》等,这些法律、法规在进行风景区规划和建设时都必须严格执行。

以上法律、法规对人们在土地上的行为作了明确的、强制性的规定,这些规定包括以下内容:

(1)在《中华人民共和国土地法》中规定:合理利用土地、珍惜土地资源是我国的基本国策;我国实行土地的社会主义公有制,即全民所有制和劳动群众集体所有制;国家实行土地用途管制制度等。

(2)在《中华人民共和国森林法》中规定:森林资源属于国家所有(由法律规定属于集体所有的除外);森林分为防护林(包括水源涵养、水土保持林、防风固沙林等)、用材林、经济林、薪炭林和特种用途林(包括国防林、实验林、母树林、环境保护林、风景林、自然保护区的森林)五类;以国防、环境保护、科学实验等为主要目的防护林和特种用途林中的国防林、母树林、环境保护林、风景林,只准进行抚育和更新性质的采伐;特种用途林中的名胜古迹和革命纪念地的林木、自然保护区的森林,严禁采伐等。

(3)在《中华人民共和国水土保持法》中规定:一切单位和个人都有保护水土资源、防治水土流失的义务;禁止毁林开荒、烧山开荒和在陡坡地、干旱地区铲草皮、挖树兜;禁止在25°以上陡坡地开垦种植农作物;对水源涵养林、水土保持林、防风固沙林等防护林只准进行抚育和更新性质的采伐;在水力侵蚀地区,应当以天然沟壑及其两侧山坡地形成的小流域为单元,实行全面规划,综合治理,建立水土流失综合防治体系。在风力侵蚀地区,应当采取开发水源、引水拉沙、植树种草、设置人工沙障和网格林带等措施,建立防风固沙防护体系,控制风沙危害。

(4)在《中华人民共和国野生植物保护法》中规定:保护的野生植物是指原生地天然生长的珍贵植物和原生地天然生长并具有重要经济、科学研究、文化价值的濒危、稀有植物;国家保护野生植物及生长环境;野生植物分为国家重点保护野生植物和地方重点保护野生植物;国家重点保护野生植物分为国家一级保护野生植物和国家二级保护野生植物;地方重点保护野生植物是指国家重点保护野生植物以外,由省、自治区、直辖市保护的野生植物等。

(5)在《中华人民共和国野生动物保护法》中规定:保护的野生动物是指珍贵、濒危的陆生、水生野生动物和有益的或者有重要经济、科学研究价值的陆生野生动物;野生动物资源属于国家所有;国家保护野生动物及其生存环境,国家对珍贵、濒危的野生动物实行重点保护;国家重点保护的野生动物分为一级保护野生动物和二级保护野生动物;地方重点保护野生动物是指国家重点保护野生动物以外,由省、自治区、直辖市重点保护的野生动物等。

(6)在《中华人民共和国文物保护法》中规定:在我国境内具有历史、艺术、科学价值的古文化遗址、古墓葬、古建筑、石窟寺和石刻,与重大历史事件、革命运动和著名人物有关的、具有重要纪念意义、教育意义和史料价值的建筑物、遗址、纪念物,历史上各时代珍贵的艺术品、工艺美术品等均受国家保护；地方各级人民政府保护本行政区域内的文物等。

(7)在《中华人民共和国自然保护区条例》中规定：自然保护区指对有代表性的自然生态系统、珍稀濒危野生植物物种的天然集中分布区、有特殊意义的自然遗迹等保护对象所在的陆地、陆地水体或者海域，依法划出一定面积予以特殊保护和管理的区域。自然保护区可分为核心区、缓冲区和实验区等。

此外，在《风景名胜区管理暂行条例》中对土地及其利用也作了规定：风景名胜区的土地，任何单位和个人都不得侵占。风景名胜区内的一切景物和自然环境，必须严格保护，不得破坏或随意改变。在游人集中的游览区内，不得建设宾馆、招待所以及休养、疗养机构。在珍贵景物周围和重要景点上，除必需的保护和附属设施外，不得增建其他工程设施等。

二、土地利用规划的含义和主要任务

1. 土地利用规划的含义

土地利用规划是在一定区域内、在土地资源调查的基础上，依据区域经济发展和自然特性，在时空上进行土地资源分配和合理组织，制定土地资源利用的宏观控制性战略措施，是对未来土地超前性的计划和安排。

土地利用规划是通过对土地利用行为施加社会控制来保证土地利用符合各种需求，只有土地利用规划才能使土地利用目标得以实现。科学合理的土地利用规划能处理好近期工程和远期工程、眼前利益和长远利益的矛盾，可以协调人与地、资源保护与开发建设的关系，是实现可持续发展的重要措施之一。

2. 土地利用规划的主要任务

根据系统理论中结构决定功能的观点，土地利用结构同样也决定着土地利用的功能，以至土地利用的效益。可见，土地利用规划的核心是土地利用结构，只有合理的土地利用结构，才能保证一定地域内土地利用系统的良性循环、结构优化、配置合理、功能和效益持续。而土地利用结构是由各类土地的位置、规模、时空布局、形状等形成的。因此，土地利用规划的主要任务是：根据区域发展战略和发展规划要求，结合区域的自然生态和社会经济具体条件，主要解决在未来的土地利用中的定量、定性、定位、定序的问题，明确用什么地、做什么用、用多少地、什么时候用，以平衡土地供需矛盾，优化土地利用结构，寻求符合区域特点的土地利用规划。

由于风景区独特的风景资源优势和主要开展欣赏、休憩娱乐等的活动特点，使风景区土地利用具有与其他区域土地利用完全不同的特点，它是以生态环境保护和风景资源保护优先为原则，力求在保护的前提下合理利用风景资源，将保护与观赏、休憩娱乐、各种服务及工程设施等各种用地统筹合理安排，形成良好的土地利用结构，以实现风景区的可持续协调发展。

三、土地利用规划的一般理论和方法

影响土地利用的有自然、历史、社会、人文等多方面因素,这些都是客观存在的,合理利用土地也是有客观规律可循的。下面以与风景区土地利用规划相近的城市土地利用规划为例,说明土地利用的一般规律及其规划的理论和方法。

1. 土地利用规划理论

我国城市土地利用规划的理论从 20 世纪 50 年代以来基本采取第二次世界大战前后国外流行的规划理论,西方国家在城市土地利用规划方面的研究早于我国,而且从影响土地利用的不同方面揭示出不同的土地利用规律,形成了多种土地利用规划的理论和方法。如用描述性的历史形态方法来归纳土地利用空间分异规律的生态区位学派(以轴向增长理论、同心圆理论、扇形理论和多核理论等为代表)、用空间经济学理论和系统的数理分析方法来演绎和构建城市土地利用理论模型的经济区位学派(以古典单中心模型、外在性模型、动态模型为代表)、强调对人的行为分析的社会区位学派和认为人为空间是权力运作的基础的运用政治经济学的理论和方法揭示城市土地利用内在动力的政治区位学派(以结构主义、区位冲突流派和城市管理学派为代表)。其中,生态区位学派中的同心圆理论、扇形理论和多核理论已被学术界誉为三大经典生态区位理论,被公认为"城市土地利用的理论基础"。

西方城市土地利用理论的研究进展见表 14-1。

表 14-1　西方城市土地利用理论的研究进展表

理论派系	生态区位学派	经济区位学派	社会区位学派	政治区位学派
研究问题	自然空间问题	经济空间问题	社会空间问题	政治空间问题
理论基础	人类生态学 古典经济学	新古典经济学	行为学	政治经济学(韦伯社会学、马克思主义等)
研究方法	历史形态学方法 发生学方法	空间经济学方法	行为分析方法	政治经济学方法(结构主义分析、冲突分析等)
研究重点	土地利用的空间形态模式及其演变模式	土地利用的区位经济模式及其发展方式	土地利用者的行为模式及决策过程	权利的空间分布模式及土地发展过程中权利机构的动机与影响力
土地利用者	生态人	经济优化人	社会人	阶级人

续表

辨认的驱动力	自然的驱动力	经济的驱动力	经济的、社会的驱动力	整治的、制度的、技术的驱动力
动力机制	自然竞争机制	市场机制	社会机制	权力机制
代表性的理论模型	同心圆模式 扇形模式 多核模式	单中心模型 外在性模型 动态模型	决策分析模型 互动理论	结构理论 冲突学派 管理学派等

（资料来源：刘盛和，周建民. 西方城市土地利用研究的理论和方法. 国外城市规划，2001）

这些理论分别从不同的角度揭示了城市土地利用规律：历史形态学方法揭示了城市土地利用的空间分异规律及其演变模式；空间经济学方法深入剖析了城市土地的价格构成，从经济学的角度定量化地解释了城市土地的空间结构；行为分析方法从人的理智决策、人的日常需求方面解释了人们对土地的选择和空间结构的影响；政治经济学方法极大地拓展和加深了人们对城市土地开发和空间结构的内在动力机制的认识。风景区土地利用虽然不同于城市土地利用，有其自身的规律，但这些理论对我们从多角度深刻理解土地利用规律、作好风景区土地利用规划有深刻的启发作用。

2. 土地利用规划实践

传统的土地利用规划方法可以说是一种物质环境规划，是一幅要在规划期限内实现的城市物质环境状态的蓝图，用以指导城市建设。但社会的发展是动态的、多变的，这种静态的、蓝图式的规划方法有着自身的局限性。因此，后来又出现了许多新的规划方法。下面以美国 20 世纪城市土地利用规划为例进行说明。美国 20 世纪的城市土地利用规划经历了从初期以城市空间设计和土地区划为主导的技术性专业开始，逐步融入其他学科的新的分支，而成为当代复合型土地利用规划。美国的当代复合型土地利用规划包括四种类型，即土地利用规划（The Land Use Design）、土地分类规划（The Land Classification Plan）、文字型政策规划（The Verbal Policy Plan）和开发管理规划（The Development Plan）。其中，土地利用规划沿用传统的绘图方法，绘制出未来的城市形态，规划形式虽然传统，但增加了新的规划内容和规划技术，这种形式也是我国土地利用规划常见的规划形式；土地分类规划是开发地区的规划总图，它也采用了绘图方式，但专注于开发战略，明确鼓励开发的地区和限制开发的地区，对确定的每个开发地段，制定出有关开发类型、期限、允许开发的密度、鼓励开发或限制使用等方面的政策；文字型政策规划有时也称为政策框架规划，主要是关于目标和政策的书面文本，通常包括目标、现状、规划项目以及与目标相关的政策。一般情况下，土地利用规划、土地分类规划和开发管理规划都含有文字型政策规划的内容；开发管理规划由地方政府的专门机构承担,是一项协调行动计划,强调特定的行动过程,它与实施措施相结合而成为固有规章的一部分。以上各种类型的规划并非各自独立,而是融合成美国当代混合型规划(图 14-1)。

以上美国当代复合型土地利用规划说明:土地利用规划涵盖的内容是多方面的,如发展战略、开发战略、实施政策、开发管理等,为我国风景区土地利用规划提供了新的思路和方法。

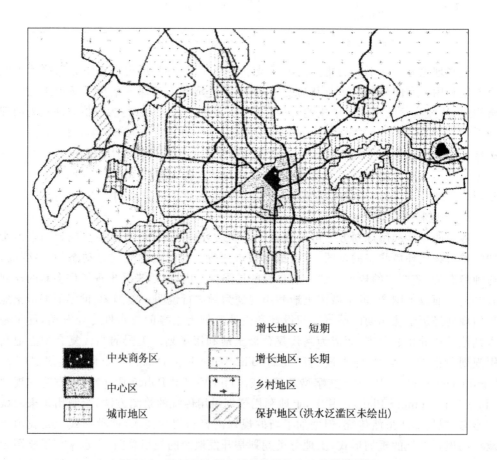

图 14-1　美国北卡罗来纳州佛斯县土地分类规划图

(该规划获得 1989 年美国规划学会荣誉表扬奖,规划明确鼓励开发和限制开发的地区,提出划分不同性质地块的方法,对各个地段的政策进行了详细说明,将开发用地划分为长期开发和短期开发两类)

第二节 风景区土地利用协调规划

从上述风景区土地的属性中可以看出,风景区的土地涉及自然和人类社会、经济、法律等各个方面,因此,风景区土地利用协调规划不仅与规划学相关,而且与生态学、美学、心理学、经济学、管理学等也密切相关,同时它还需要一定的预测、分析,这又与数学、计算机技术相关联,它是融汇了多个领域、多门学科的一项技术,它是在对风景区土地的组成、结构等综合分析和评价的基础上,考虑各类用地的相互影响,选择最佳土地利用形式,确定风景区用地的合理组织方式及布局形式,确定各类活动所在的地点、时间、方式、规模和依据。

一、风景区土地利用协调规划的原则

由于我国的基本国情是人均土地和人均风景区面积少,因此,必须充分合理利用土地和风景区土地,必须综合协调、有效控制各种土地利用方式,突出体现风景区土地的特有价值和特有功能。在我国《风景名胜区规划规范》中,风景区是指风景资源集中、环境优美、具有一定的规模和游览条件,可供人们欣赏、休憩娱乐或进行科学文化活动的地域。可见风景区的特有价值是风景资源集中、环境优美、具有一定的规模和游览条件,它的主要功能是供人们欣赏、休憩娱乐或进行科学文化活动。

因此,风景区土地利用协调规划应遵循以下原则:

(1)突出风景区土地利用的重点和特点,扩大风景用地。

(2)保护风景游赏用地、林地、水源地和优良耕地。

(3)因地制宜地合理调整土地利用,发展符合风景区特征的土地利用方式与结构。

以上规划原则,既体现了风景区规划的特点需求,也体现了国家土地利用规划的基本政策和原则。

二、风景区土地分类

风景区用地分类,首先以风景区用地特征和作用及规划、管理需求为基本原则,同时考虑全国土地利用现状分类和相关专业用地分类等常用方法,使其在分类原则和分类方法上相互协调,便于调查成果和相关资料互用与共享。

1. 风景区用地分类

风景区土地的用途有很多种,同一块土地也同时具有多种不同的用途,但有主导用途和非主导用途之分。风景区用地分类是依据土地的主导用途对其进行划分和归类的。具体分类如表14-2。

风景区用地分类的代号,大类采用中文表示,中类和小类各用一位阿拉伯数字表示。但我国现行的《风景名胜区规划规范》(GB 50298—1999)的土地分类中只有大类和中类,而无小类。若规划中土地分类需要小类,则需要根据风景区的具体情况来确定。

风景区内各类用地的增减变化,应根据风景区的特点、性质、当地条件和土地规划原则,因地制宜地制定。为更加充分地利用风景区的土地潜力,适合风景区用地特征,增强风景区的主导效益,通常应尽可能扩展甲类用地,配置相应的乙类用地,控制丙类、丁类、庚类用地,缩减癸类用地。

表 14-2　风景区用地分类表

类别代号			用地名称	范　围	规划限定
大类	中类	小类			
甲			**风景游赏用地**	**游览欣赏对象集中区的用地。向游人开放**	▲
	甲1		风景点建设用地	各级风景结构单元(如景物、景点、景群、园院、景区等)的用地	▲
	甲2		风景保护用地	独立于景点以外的自然景观、史迹、生态等保护区用地	▲
	甲3		风景恢复用地	独立于景点以外的需要重点恢复、培育、涵养和保持的对象用地	▲
	甲4		野外游憩用地	独立于景点以外,人工设施较少的大型自然露天游憩场所	▲
	甲5		其他观光用地	独立于上述四类用地之外的风景游赏用地。如宗教、风景林地等	△
乙			**游览设施用地**	**直接为游人服务而又独立于景点之外的旅行游览接待服务设施用地**	▲
	乙1		旅游点建设用地	独立设置的各级旅游基地(如组、点、村、镇、城等)的用地	▲
	乙2		游娱文体用地	独立于旅游点外的游戏娱乐、文化体育、艺术表演用地	▲
	乙3		休养保健用地	独立设置的避暑、避寒、休养、疗养、医疗、保健、康复等用地	▲
	乙4		购物商贸用地	独立设置的商贸、金融保险、集贸市场、食宿服务等设施用地	△
	乙5		其他游览设施用地	上述四类之外的独立设置的游览设施用地,如公共浴场等用地	△

续表

类别代号			用地名称	范　　围	规划限定
大类	中类	小类			
丙			**居民社会用地**	**间接为游人服务而又独立设置的居民社会、生产管理等用地**	△
	丙1		居民点建设用地	独立设置的各级居民点（如组、点、村、镇、城等）的用地	△
	丙2		管理机构用地	独立设置的风景区管理机构、行政机构用地	▲
	丙3		科技教育用地	独立地段的科技教育用地。如观测科研、广播、职教等用地	△
	丙4		工副业生产用地	为风景区服务而独立设置的各种工副业及附属设施用地	△
	丙5		其他居民社会用地	如殡葬设施等	○
丁			**交通与工程用地**	**风景区自身需求的对外、内部交通通信与独立的基础工程用地**	▲
	丁1		对外交通通信用地	风景区入口同外部沟通的交通用地。位于风景区外缘	▲
	丁2		内部交通通信用地	独立于风景点、旅游点、居民点之外的风景区内部联系交通	▲
	丁3		供应工程用地	独立设置的水、电、气、热等工程及其附属设施用地	△
	丁4		环境工程用地	独立设置的环保、环卫、水保、垃圾、污物处理设施用地	△
	丁5		其他工程用地	如防洪水利、消防防灾、工程施工、养护管理设施等工程用地	△
戊			**林地**	**生长乔木、竹类、灌木、沿海红树林等林木的土地，风景林不包括在内**	△
	戊1		成林地	有林地，郁闭度大于30%的林地	△
	戊2		灌木林	覆盖度大于40%的灌木林地	△
	戊3		竹林	生长竹类的林地	△
	戊4		苗圃	固定育苗地	△
	戊5		其他林地	如迹地、未成林造林地、郁闭度小于30%的林地	○

类别代号			用地名称	范　　围	规划限定
大类	中类	小类			
			园地	**种植以采集果、叶、根、茎为主的集约经营的多年生作物**	△
	己1		果园	种植果树的园地	△
己	己2		桑园	种植桑树的园地	△
	己3		茶园	种植茶树的园地	○
	己4		胶园	种植橡胶树的园地	△
	己5		其他园地	如花圃、苗圃、热作园地及其他多年生作物园地	○
			耕地	**种植农作物的土地**	○
	庚1		菜地	种植蔬菜为主的耕地	○
庚	庚2		旱地	无灌溉设施、靠降水生长作物的耕地	○
	庚3		水田	种植水生作物的耕地	○
	庚4		水浇地	指水田菜地以外,一般年景能正常灌溉的耕地	○
	庚5		其他耕地	如季节性、一次性使用的耕地、望天田等	○
			草地	**生长各种草本植物为主的土地**	△
	辛1		天然牧草地	用于放牧或割草的草地、花草地	○
辛	辛2		改良牧草地	采用灌排水、施肥、松耙、补植进行改良的草地	○
	辛3		人工牧草地	人工种植牧草的草地	○
	辛4		人工草地	人工种植铺装的草地、草坪、花草地	△
	辛5		其他草地	如荒草地、杂草地	△
			水域	**未列入各景点或单位的水域**	△
	壬1		江、河		△
壬	壬2		湖泊、水库	包括坑塘	△
	壬3		海域	海湾	△
	壬4		滩涂	包括沼泽、水中苇地	△
	壬5		其他水域用地	冰川及永久积雪地、沟渠水工建筑地	△

续表

类别代号			用地名称	范　　　围	规划限定
大类	中类	小类			
			滞留用地	**非风景区需求,但滞留在风景区内的各项用地**	△
癸	癸1		滞留工厂仓储用地		×
	癸2		滞留事业单位用地		×
	癸3		滞留交通工程用地		×
	癸4		未利用地	因各种原因尚未使用的土地	○
	癸5		其他滞留用地		×

注:规划限定说明:▲为应该设置;△为可以设置;○为可保留不宜新置;×为禁止设置。

(资料来源:《风景名胜区规划规范》(GB 50298—1999))

2. 用地分类与规划阶段

在我国《风景名胜区规划规范》(GB 50298—1999)、《国家重点风景名胜区规划编制审批管理办法》(2001 年 4 月)、《国家重点风景名胜区总体规划编制报批管理规定》(2003 年 6 月)等规范、规定中,对风景区工作阶段和土地利用规划作了相关规定,如风景名胜区规划分为总体规划和详细规划两个阶段,对于大而复杂的风景区可以增编分区规划;风景名胜区规划应当与国土规划、区域规划、土地利用总体规划、城市规划及其他相关规划相衔接;一般重点建设地段也可增编控制性详细规划和修建性详细规划;在编制国家重点风景名胜区总体规划前应当先编制规划纲要;国家重点风景名胜区总体规划中的土地利用协调规划应按照用地布局、功能分区和规划布局的要求和安排,按用地分类和使用性质,进行用地的综合平衡和协调配置;国家重点风景名胜区详细规划应当依据总体规划,对风景名胜区规划地段的土地使用性质、保护和控制要求、环境与景观要求、开发利用强度、基础设施建设等方面作出规定。

可见,在风景区规划中,规划工作是由粗到细逐渐深化的,可能有的规划阶段也相应地由粗到细分为规划纲要—总体规划—分区规划—详细规划 4 个阶段。在规划的不同阶段,土地利用规划工作的粗细程度、主要工作内容、解决的主要问题等方面都是不同的,可依据工作性质、内容、深度的需求,采用以上用地分类中的全部或部分分类,但不能增设新的类别,其中,在详细规划中多使用小类。

参照我国《城市规划编制办法》中的有关规定,规划的不同工作阶段与土地分类及规划内容的关系如下:

(1)城市总体规划中的土地利用规划,主要确定规划建设用地范围内的用地类型、结构和用地的规划范围等内容(用地以大类为主,中类为辅)。

(2)分区规划中的土地利用规划,规划各类用地界线等内容(用地以中类为主,小类为辅)。

(3)控制性详细规划中的土地利用规划,规划建设用地的各类不同使用性质用地的界线、各地块的使用性质、规划控制原则、各地块控制指标(控制指标分为规定性和指导性两类)等,作为城市规划管理的依据,并指导修建性详细规划的编制(用地分类至小类)。

三、风景区土地利用协调规划的主要工作内容

1. 土地资源分析评估

指对风景区土地资源的特点、数量、质量与潜力等方面进行综合评估或专项评估。专项规划是以某一种专项的用途或利益为出发点,综合评估是以所有可能的用途或利益为出发点。通过土地资源的分析研究评估,掌握用地的特点、数量、质量及利用中的问题,为评估土地利用潜力、平衡用地矛盾及土地开发提供依据。

2. 土地利用现状分析

指在风景区的自然、社会经济条件下,对全区各类土地的不同利用方式及其结构所作的分析,包括风景、社会、经济三方面效益的分析。通过分析,总结其土地利用的变化规律和有待解决的问题。

调查土地利用现状的方式很多,如航片、卫片、实地勘察等。土地利用现状分析成果可以用表格、图纸或文字的形式表示,不管用哪一种表示方法,均应明确土地利用现状特点,风景用地与生产用地之间的关系,土地资源演变、保护、利用和管理存在的问题。

3. 土地利用规划

土地利用规划是在土地资源评估、土地利用现状分析、土地利用策略研究的基础上,根据规划的目标与任务,对各种用地进行需求预测和反复协调平衡,拟定各类用地指标,编制规划方案和规划图纸。规划图纸的主要内容是土地分区,图中应标明土地利用规划分区及其用地范围。

土地利用分区也称为用地区划,既是规划的基本方法,也是规划的主要成果。它是控制和调整各类用地、协调各种用地矛盾、限制不适当开发利用行为、实现宏观控制管理的基本依据和手段。

风景区土地利用规划重在协调,不同的规划阶段、不同的规划任务、不同的基础条件,规划的繁简、粗细和侧重点也不尽相同。规划时应依据规划阶段、规划任务、基础条件等方面的不同,作出具有实际指导意义的规划成果。

4. 风景区土地利用平衡表

风景区土地利用平衡表应标明在规划前后土地利用方式和结构的变化,它是土地利用规划成果的表达方式之一。风景区土地利用平衡表应符合表 14-3 的规定。表中的用地名称是用地分类中的 10 个大类的名称。

表 14-3　风景区用地平衡表

序号	用地代号	用地名称	面积（km²）	占总用地的百分比（%）		人均（m²/人）		备注
				现状	规划	现状	规划	
00	合计	风景区规划用地		100	100			
01	甲	风景游赏用地						
02	乙	游览设施用地						
03	丙	居民社会用地						
04	丁	交通与工程用地						
05	戊	林地						
06	己	园地						
07	庚	耕地						
08	辛	草地						
09	壬	水域						
10	癸	滞留用地						
备注	_____年,现状总人口_____万人。其中:(1)游人_____ (2)职工_____ (3)居民_____ _____年,规划总人口_____万人。其中:(1)游人_____ (2)职工_____ (3)居民_____							

（资料来源:《风景名胜区规划规范》(GB 50298—1999)）

以上规划方法是土地利用规划中的传统方法,是用绘图的方法绘制出规划期内风景区土地的发展蓝图。同时,它还可以有其他的规划方法,如生态规划方法。

四、风景区土地利用规划方法——生态规划简介

生态规划方法是由美国宾夕法尼亚大学麦克哈格(L. McHarg)教授在其著作《设计结合自然》中提出并加以运用的。自 20 世纪 60 年代开创以来,得到了很大发展。生态规划的基本思想是获得最大的社会价值而损失最小。可以说这种方法属于上述美国当代复合型土地利用规划中的土地分类规划方法,它通过对规划范围内各种要素的分析,采用绘图叠加方式,确定出鼓励开发的地区和限制开发的地区。它引导人们按土地内在的适宜方向进行开发,对保证恰当地利用土地,提高土地的社会、生态价值具有重要意义。

1. 生态规划的几种方法

生态规划采用系统分析技术,其中最为重要的是土地适宜度分析方法,它是生态规划的核心。土地适宜度(Landuse Suitability)分析是指由土地的水文、地理、地形、地质、生物、人文等特征所决定的土地对特定、持续用途的固有适宜程度。下面介绍几种土地适宜度分析方法。

(1)地图叠加法:麦克哈格教授所运用的生态规划方法是在规划区域内,在社会和环境因素等各个方面通过地图叠加法进行土地适宜度的分析,以寻找土地利用最佳方案。这种方法的基本步骤可归纳为:

①确定规划目标及规划中所涉及的因子。

②调查每个因子在区域中的状况及分布(即建立生态目标),并根据对其目标(即某种特定的用地)的适宜性进行分级,然后用不同的深浅颜色将各个因子的适宜性分级分别绘在不同的单要素地图上。

③将两张及两张以上的单要素进行叠加得到复合图。

④分析复合图,并由此制定土地利用的规划方案。

麦克哈格及其同事在纽约里士满林园大路选线方案研究和斯塔腾岛(Staten Island)的土地利用研究中都运用了这种方法。在里士满林园大路选线方案研究中,首先明确了"最好的路线应是社会效益最大而社会损失最小的路线",难题是如何选定度量因素,以及度量因素效益的大小或损失的大小如何进行度量。许多度量因素无法确定其价值大小的,他们采用了等级体系,通过比较量度法划分等级进行比较,然后将划分的等级通过色调深浅表现在地图上,色调深的,表示社会价值大或自然地理障碍集中;色调浅的,表示社会价值小或自然地理障碍少。最后通过地图叠加及判断色调深浅,确定出社会损失小而社会效益大的方案,即地图中色调最浅的地方就是工程造价最少而社会损失最小的方案。在斯塔腾岛的土地利用研究中,他们采用了同样的思路,运用地图叠加法对斯塔腾岛在自然保护、消极游憩、积极游憩、住宅开发、商业及工业开发等5种土地利用进行了适宜度分析。首先是鉴别和选择对将来土地利用重要的要素,将涉及的30多种因素划分为气候、地质、地形、水文、土壤、植被、野生生物生境和土地利用等八大类,每一大类中鉴别和选择出将来对土地利用最重要的因素,如在气候大类中,空气污染和飓风引起的潮汐泛滥度被认为是最重要的因素;然后将这些因素按5种价值等级来进行分级评价;接下来将这些因素与具体的土地利用(如保护、消极休憩娱乐活动、积极休憩娱乐活动、居住建设、工业和商业建设)相联系,通过色调深浅评价因素的重要程度,如价值越高,颜色越深;最后将每种因素分别绘成不同的地图并叠加起来,制成适合于该岛土地利用的图纸,如保护地区图、游憩地区图及由居住、商业—工业组成的城市化地区图,以及保护—游憩—城市化适宜度综合图。这种方法能从土地的自身特点和利用潜力出发,寻找出土地的最适宜利用方式。

地图叠加法的优点是形象、直观,但缺点是这种方法实质是一种等权相加方法,而实际上各个因素的作用是不相同的,同一因素可能被重复考虑,且当分析因子增加后,用不同的深浅颜色表示适宜等级并进行重叠的方法显得相当烦琐,并且很难辨别综合图上不同深浅颜色之间的细微差别。但地图叠加法在土地利用的生态适宜度分析的发展中具有重要的历史意义,在此以后发展的新方法中,许多是以此方法为基本蓝图的,如因子等权求和法、因子加权评分法、生态因子组合法等都是在地图叠加法的基础上加以完善的。

(2)因子等权求和法:因子等权求和法实质上是把地图叠加法中的因子分级定量化后,直接相加求和而得综合评价值,以数量的大小来表示适宜度,使人一目了然,克服了烦琐的地图叠加和颜色深浅的辨别困难。计算公式如下:

$$V_{ij} = \sum_{k=1}^{n} B_{kij}$$

式中：i—— 地块编号(或网格编号);

$\quad\quad j$—— 土地利用方式编号;

$\quad\quad k$—— 影响 j 种土地利用方式的生态因子编号;

$\quad\quad n$—— 影响 j 种土地利用方式的生态因子总数;

$\quad\quad B_{kij}$—— 土地利用方式为 j 的第 i 个地块的第 k 个生态因子适宜度评价值(单因子评价值);

$\quad\quad V_{ij}$—— 土地利用方式为 j 的第 i 个地块的综合评价值(j 种利用方式的生态适宜度)。

因子等权求和法和地图叠加法统称直接叠加法,其应用的条件是各生态因子对土地的特定利用方式的影响程度基本相近且彼此独立。

(3)因子加权评分法:当各种生态因子对土地的特定利用方式的影响程度相差很明显时,就不能直接叠加求综合适宜度了,必须采用加权评分法。因子加权评分法的基本原理与因子等权求和法的原理相似,不同的是要确定各个因子的相对重要性(权重),对影响特定的土地利用方式大的因子赋予较大的权值。然后在各单因子分级评分的基础上,对各个单因子的评价结果进行加权求和,一般分数越高表示越适宜。其计算公式为:

$$V_{ij} = \sum_{k=1}^{n} B_{kij} W_k \Big/ \sum_{k=1}^{n} W_k$$

式中,W_k 为 k 因子对 j 种土地利用方式的权值,其他符号与前面的因子等权求和法相同。

加权求和的方法克服了直接叠加法中等权相加的缺点,以及地图叠加法中烦琐的照相制图过程,同时避免了对阴影辨别的技术困难。加权求和法的另一重要优点是将图形格网化、等级化和数量化(图 14-2),适宜计算机的应用,但从数学角度,它要求各个因子必须是独立的,而实际上许多因子间是相互联系、相互影响的。为了克服这一缺陷,土地利用的生态规划专家又发展了一个新的方法,称为"生态因子组合法"。

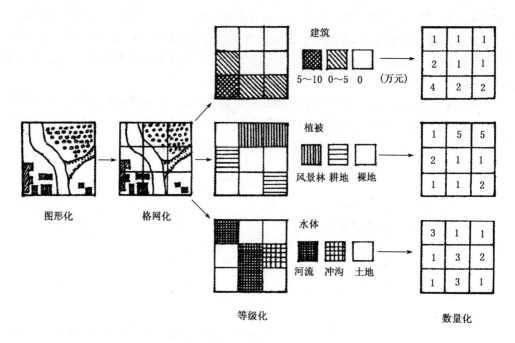

图 14-2　基础资料图形化、格网化、等级化和数量化示意图

(于志熙 1991)

(4)生态因子组合法:因子组合法认为对于某特定的土地利用来说,相互联系的各个因子的不同组合决定了对这种特定土地利用的适宜性。生态因子组合法可以分为层次组合法和非层次组合法。生态因子组合法在实际运用中比较难于把握。

2. 生态规划的基本程序

在以上方法中因子加权评分法是常用的方法。其基本程序为:

(1)区域的生态调查和登记。根据规划需要和可能来选择最有代表性和影响力的要素(因子),包括自然要素、社会经济、景观等方面。至于具体选择哪些因子,要结合城乡的具体情况来定。为便于调查、登记和输入计算机,可在规划区(或扩大)的地形图上按经纬度方向划分网格,逐网格编号统计。

(2)在生态调查的基础上,选取对特定用地(如工业用地、居住用地等)最敏感的因子。

(3)对每个单因子进行分级,确定权重值,并对各因子进行逐一评价,分别编制单项生态因子图。

(4)单因子图加权叠加,并对叠加结果进行分级,绘成图。

(5)根据综合适宜度评价结果,可编制各类用地生态适宜度图,为城乡建设用地、开发顺序选择、合理布局提供依据。

在土地利用规划中,当选取和确定适宜度因素和等级时,采用影响生态敏感性的生态因素和敏感等级来表明规划区生态敏感的程度,就称为生态敏感性分析。生态敏感性指在不损失或不降低环境质量的前提下,生态因子对外界压力或变化的适应能力。生态敏感度越高的区域,表明生态价值越高,对开发建设极为敏感,属于自然生态重点保护地段;生态敏感性越低的区域,表明可承受一定强度的开发建设,土地可用作多种用途开发。

如我国学者况平等在四川槽鱼滩风景区规划中就是利用了适宜度分析和敏感性分析,编制了风景区土地利用协调规划(图 14-3)。生态敏感性分析的目的是找出风景区内生态敏感的区域以便加以保护。在分析中重点考虑了 25°以上坡地、汇水集中区、珍稀物种生境区、植物群落、水域及影响区域、现状灾害区和潜在严重侵蚀区等;适宜度分析是对一些较大建设项目,如风景区或景区级游览服务设施用地、索道选址等进行适宜度评价,以作为土地利用规划的依据。

图 14-3　四川槽鱼滩风景区生态敏感性模型

(况平,夏义民 1999)

3. 生态规划的发展

生态规划的方法从 20 世纪 60 年代麦克哈格(L. McHarg)教授提出并运用以来,

有了很大发展,一些相关的及新兴的理论如景观生态学(Landscape ecology)也加入进来,成了生态规划理论的重要组成部分。景观生态学是研究景观单元的类型组成、空间配置及其与生态学过程相互作用的综合性科学。它研究的核心是空间格局、生态学过程与尺度之间的相互作用,在景观生态规划与设计中的一般原则为:整体优化原则、异质性原则、多样性原则、景观个性原则、遗留地保护原则、生态关系协调原则、综和性原则。这些为揭示土地利用规律、制定科学合理的土地利用协调规划提供了强有力的依据。

此外,在风景区土地利用协调规划中,遥感(Remote Sensing,RS)和地理信息系统(Geographical Information System,GIS)也扮演着越来越重要的角色,成为土地利用规划强有力的工具和技术手段。遥感是借助对电磁波敏感的仪器,远距离探测目标物,获取辐射、反射、散射信息的技术,具有客观、综合、动态和快速的特点。遥感可以获取相当丰富的地理信息,如陆地和资源卫星就可提供陆地表面的地质构造、岩性、地表水、地下水、植被、土地覆盖与利用、环境生态效益等的直接或间接信息。可以说,在土地利用生态整体规划中,遥感提供了最重要的信息数据。地理信息系统是由电子计算机网络系统所支撑的,是对地理环境信息进行采集、存储、检索、分析和显示的综合性技术系统。它一般包括数据源选择和规范化、资料编辑预处理、数据输入、数据管理、数据分析应用和数据输出、制图6个部分,其中核心功能是分析功能,它包括叠加处理、邻区比较、网格分析和测量统计。地理信息可通过野外调查、地图、遥感、环境监测和社会经济多种途径获取。地理信息系统是计算机技术开发和发展的产物,其根本思想是将各种形式的空间数据与各种数据处理技术结合起来,在计算机软硬件的支持下,进行空间数据的分析处理,它突破人为能力的限制,较多地将相关的生态环境、经济、社会等各个方面的因素考虑在内,使得土地利用的生态评价更加完整、综合,它把专家知识和计算机系统的巨大功能相结合,因而应用GIS进行土地利用规划是强有力的工具和技术手段,是一种新的发展趋势。

可见,遥感是最主要的数据收集手段,地理信息系统是数据贮存、分析、整理的最有力的手段。应用遥感和地理信息系统进行适宜度分析是一种新的发展趋势。它们具有信息量大、处理速度快的特点,并可使规划成为一个动态过程。